生物センシング工学

―光と音による生物計測―

近藤　直
小川雄一　編著
鈴木哲仁

西津貴久
椎木友朗　共著

コロナ社

は じ め に

「生物センシング工学」というタイトルは，2012年から京都大学農学研究科の一つの教育研究分野の名称として使い始めた言葉であり，編者ら所属教員が提供する科目の一つにもなっている。本分野は1925年，京都大学に「農業機械学」講座が設置されてから45年を経た1970年に3番目の農業機械関係の講座として設置された「農産加工機械学」を前身としており，比較的新しい研究分野といえる。その後，1995年に「農産加工学」と分野名を変更したが，その間，収穫後の機械やセンサを開発するための農産物の物理的特性の計測を基礎として発展してきた。

その名称変更でもわかるように，当講座が設置された後，機械工学が基盤技術となると同時に，機械自身を研究対象とすることは少なくなり，種々の工学的手法を用いたセンシングシステムが主たる研究対象となった。計測対象としては農産物にとどまらず畜産物や水産物まで幅広く取り込まれ，その計測手法は力学・熱，音・振動，電気，光・画像に加えて，最近では生化学にも及ぶ勢いである。

生物材料の特性については，すでにコロナ社より2巻に分けて出版した「農産物性科学(1)および(2)」があるのでご参照願いたい。本書では，それらで詳述した手法の中でも特に非接触で迅速にセンシング可能な「分光」，「画像」，「共鳴」，「音響伝播」を利用したものに絞って解説している。特に，生物材料から目的の情報をセンシングするための手法を中心に紹介することで，生物を対象とする多くの計測に貢献することを目的とする。また，「画像」や「照明」に関わる箇所については，これも既発刊の「農業ロボット(I)」の第2章を中心に記述してあり，本書は部分的にそれを改訂したものである。

以下に，章立てならびに編者および筆者を示す。

1章（近藤編）：生物センシング工学とは（近藤）

2章（鈴木編）：計測の基礎（2.1：鈴木，一部「農業ロボット(I)」近藤分を改訂，2.2.1〜2.2.3：西津，2.2.4：椎木，2.3.1〜2.3.6：小川，2.3.7，2.3.8：椎木）

3章（小川編）：生物を対象とした分光によるセンシング（小川）

4章（近藤編）：生物を対象とした画像のセンシング（近藤，一部「農業ロボット(I)」近藤分を改訂）

5章（近藤編）：生物を対象とした音のセンシング（5.1.1〜5.1.3，5.2.1，5.2.3，5.3.1〜5.3.3，5.3.5：西津，5.2.2，5.3.4：椎木）

生物センシングそのものが対象とする範囲は，食料生産を目的とした生物材料の器官・群落レベルの計測に限らず，細胞・分子レベルのスケールまでカバーするとともに，食料はもとより生命や環境の計測も含む。本書は京都大学農学部地域環境工学科が開講する「生物センシング工学」という３回生配当の授業の教科書として用いる目的で構成されているため，かなり食料生産における器官レベルの生物センシングを意識している。しかし，近年の農学の範囲は食料生産にとどまらず，生命および環境にも及ぶことより，それらに対しても本書で学んだことを基に積極的に自学自習されることを期待している。

一般に言われることであるが，理系の理論や技術はテキスト等の熟読だけでなく，自らの実験によって理解が深まり，習得が容易となる。特に生物を対象としたものは読んだだけではイメージできなかったところが明らかになるだけでなく，さらなる好奇心を呼び起こすことや，新たな発見となることも多い。「5.3.3　音響共鳴計測システムの自作指南」では，読者自身でヘルムホルツ共鳴実験を簡便に試してもらうため，著者の一人である西津教授のご好意により，計測・解析用ソフトウェア（volume.exe）をコロナ社のホームページで読者に公開している（p. 170 参照）。不定形の対象物の体積計測，音響の周波数解析を理解するための自己学習教材として役立つものと信じている。

本書の基本的な構成は，各章ともまずセンシング手法に関する基礎知識・理論ならびに手法の説明の後に応用例を解説している。応用例の説明では実験や実習等の副読本としても利用可能となるよう，また実際に農産物を扱った実験等が容易となるよう，写真や図を多く取り入れている。

本書では読者が生物を計測するシステムを自分自身で構成できるよう，また陥りやすい失敗を自分で発見できるような書き方としたつもりではあるが，まだまだ満足のいくレベルまで到達していない。近い将来，読者からのご批判，ご意見を基に，是非改訂したいと考えている。そのためにもできるだけ関係のある読者（例えば農学部のみならず，環境学部，工学部，情報学部等の学部学生および大学院生）に読んでいただき，生物の多様性や複雑性に基づくセンシングの難しさと面白さを体感してもらいたい。

最後に，本書の企画段階から深い理解で協力をして頂いた株式会社コロナ社の諸氏に感謝の意を表する。

2016 年 7 月

近藤　　直

目　　　　次

1　生物センシング工学とは

2　計 測 の 基 礎

3　生物を対象とした分光によるセンシング

4　生物を対象とした画像のセンシング

5　生物を対象とした音のセンシング

1 生物センシング工学とは

1.1　生物センシングの対象

種々の物性を有する生物は，水分を多く含む複雑な階層構造で構成されているという点が多くの工業材料との大きな違いであり，この多様な生物材料を適切に計測することは容易ではない。また，その生物材料は生きているがゆえに，時間とともに（短期的にも長期的にも）その形態や性質を変化させることが，さらに問題をややこしくさせている。

近年の農業技術，工学技術の発展および信頼性の高い農産物・食料供給に対する社会的要請があいまって，消費者に安心・安全な食品を提供するため，農産物，食品，動植物等に関わる情報を収集し記録することが，喫緊の重要な課題となっている。複雑で多様な農作物や農産物に情報を付加するには，その物性を正確に計測する技術が必要である。しかし，われわれの口に合うよう品種改良された国内の農産物ならびに食卓を豊かにしてくれる海外の食品は，いままで以上に多様な特性を新たに生んでいる。

同時に，圃(ほ)場からポストハーベスト，食品加工までのさまざまな食料生産のステージにおいて，生産物の情報収集，特性計測を行うために各種のセンサが議論されている。その計測対象のスケールは群落，個体，器官レベルにとどまらず，細胞，物質，分子レベルにまで及んでおり，後者のミクロスケールでのセンシングは，食料生産にとどまらず幅広い目的で行われることも多いことより，本タイトルの生物センシングの範疇(はんちゅう)は非常に広がっているといえる。

本書では，おもに食料生産，生物生産に関わる学生を対象とすることより，取り扱う対象は主として食料生産を目的とした動植物ならびにその生育環境として記述する。

1.2　生物センシングと食料生産に関わる問題

現在，食料生産に関わる最も憂慮すべきことは，人口増大によって生じると予測される食料不足である。2016 年 1 月現在，世界人口は 73 億人余りで，1 日に約 20 万人，1 年で 7 000 万人増えていると言われている[1)†]。**図 1.1** に示すように，2050 年には 90 億人を超えるというのが国連の人口

† 肩付き数字は，巻末の参考文献の番号を表す。

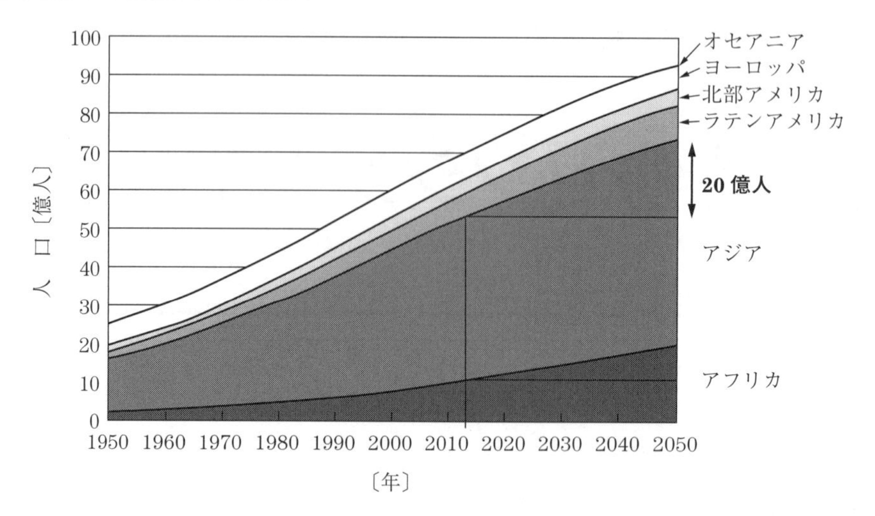

図 1.1　世界の人口増加[2)]

部門の予測[2)]である。その内訳は，アジア 54 億，アフリカ 20 億，ラテンアメリカ 8 億，ヨーロッパ 6 億，北アメリカ 4 億，オセアニア 5 000 万人である。

一方，**FAO**（Food and Agriculture Organization，国連食糧農業機関）の調査によると，世界は現在でも 8 億人の栄養不良の人口を抱えており，問題の国は特にアジアとアフリカに集中している（**図 1.2**）[3)]。2050 年までには，開発途上国を中心にさらに 20 億人の人口増大が予測されることより，いかにして先進国と成長著しい国々との間で技術協力を行い，食料増産を行うかということが

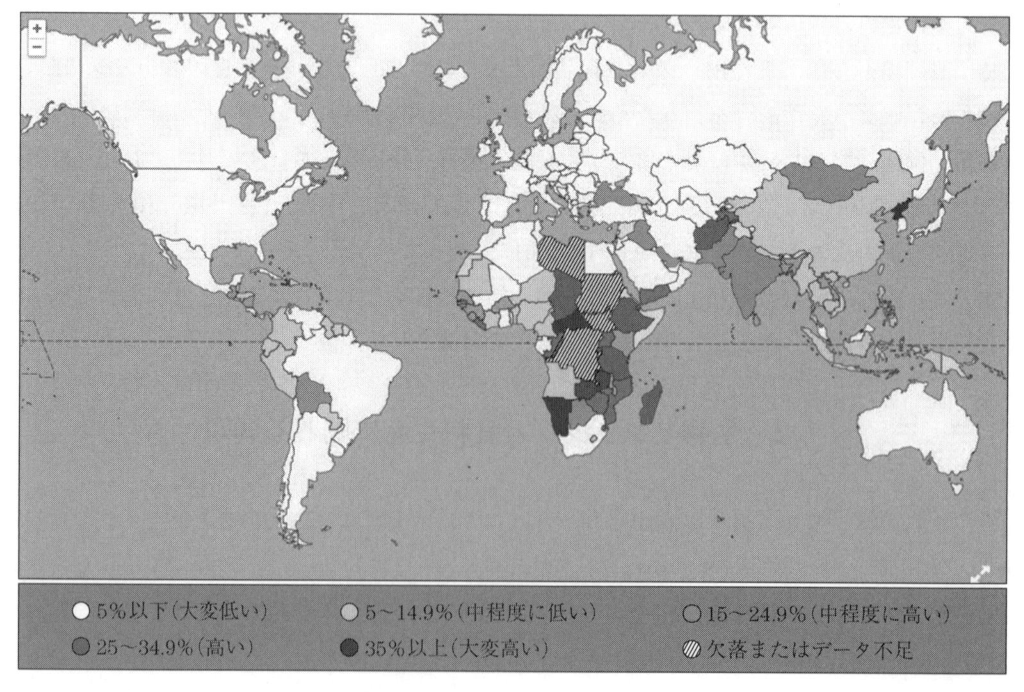

図 1.2　栄 養 不 良 人 口[3)]

大きな課題になっている。

ただし，どのような生産活動を行う場合でもそうであるが，環境にかかる負荷を考慮しなくてはならず，食料生産においても例外ではない。すでに，近年の地球温暖化は世界各地に大きな問題を引き起こすと予測され，アフリカや中央アジア各地では砂漠化が進んでいる。**UNEP**（United Nations Environment Programme：国連環境計画）によると，砂漠化の影響を受けている土地は全陸地の1/4とされ，耕作可能な乾燥地域の約70％に当たる約36億haに達しているとの報告[4]があり，ロシア南部やモンゴルでは耕作放棄地の増大や遊牧可能地域の激減が際立っている。中国やインドの超大国では都市部における大気汚染が深刻化し，頻繁にニュースでも取り上げられるほどである。大気だけでなく，土壌，水の汚染も言うまでもない。成長しているアジア各地での，農業現場における農薬や化学肥料の投与過多も指摘されている。

このような環境問題を解決しながら，現時点で栄養不足の8億人に加え，20億人のためにさらに食料増産を行うというのは容易ではない。この生産と環境保全の間のトレードオフ問題を解決するためには，種々の分野で新しい食料生産に関わる技術を開発する必要がある。筆者らの生物生産工学の分野においても，生物センシング技術を用いて対象となる農作物，農産物，食品を精密に計測し，その情報に基づいた最小限の農薬や施肥を行うことで，サスティナブルな食料生産を行うことが必須である。この精密農業の概念は1996年に提唱され，現在世界中に農業だけでなく，畜産業や水産業にまでその考え方が広まりつつある[5]。その中で，対象となる動植物および生育環境のセンシングは非常に重要な役割を有する。

実際に上述の食料問題を解決するには，世界の農用地の生産性を上げるだけではなく，現在，生産されている食料（例えば2012年の穀物生産量は22億トン）の1/3と言われる食品ロスを減少させることも，重要な貢献となる。品目によっては，食品ロスの6～7割に達するとも言われる熱帯地域の加工，貯蔵中の腐敗，先進国における食べ残しや賞味期限切れの廃棄される食品（2億2 200万トン[6]）にも，配慮をする必要がある。

例えば，貯蔵中の腐敗などで廃棄される農産物の多くは，人間や従来のセンサでは検出できないような微小なキズなどに，細菌などが侵入して腐敗することが大きな要因となっていることから，現在以上に微細な損傷に対するセンシング技術が望まれている。そのような微小なキズや腐敗は蛍光画像で検出できる可能性があることから，農産物の蛍光物質に関わる研究が加速され，近年各種の農産物において蛍光画像の実用化が始まっている[7),8]。このセンサは食品ロスを減少させられるだけでなく，品質を計測することも可能と考えられている。

このような食料生産および環境維持のためのセンサは，すでに20年前より実用化している近赤外分光法を用いた果実や野菜の内部品質センサ，カラー画像処理，屋外でのリモートセンシングや土壌センサなどとともに，生産物の情報を蓄積できる。それらの情報を毎年データベースに蓄積し地域で管理することにより，蓄積した情報に基づいて各農家に対する営農指導，および消費者への安心，安全な生産物情報を提供するトレーサビリティシステムにも貢献可能である。**図1.3**には，食料生産現場におけるセンシングとその情報の流れの例を示す。

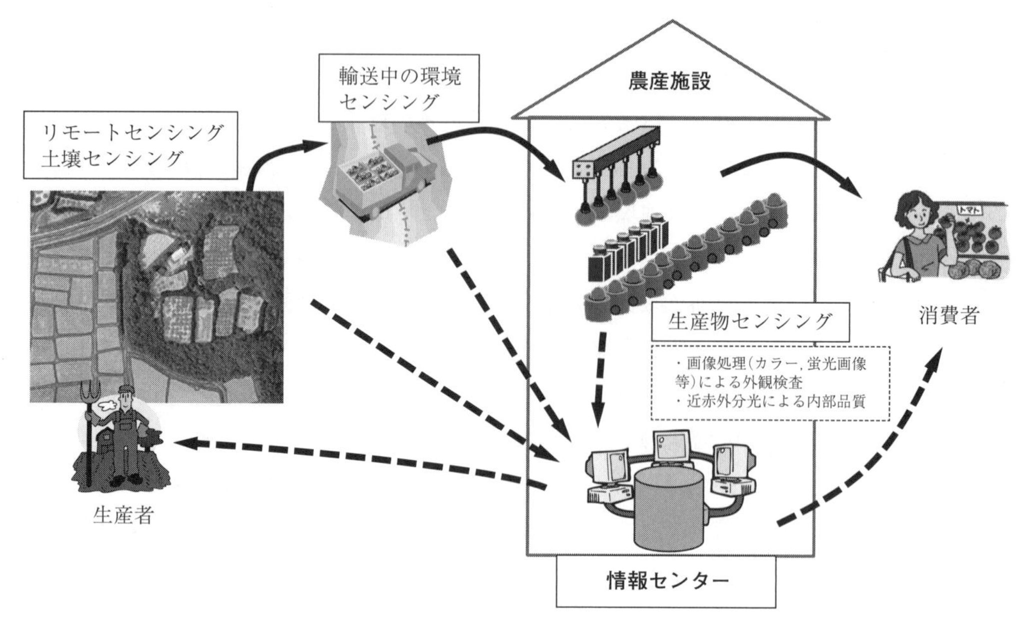

図 1.3　食料生産現場におけるセンシングとその情報の流れの例

1.3　生物センシングの手法とその計測上の注意

センシング手法は，対象物の何を計測するか，どのような対象物を計測するかによって大きく異なる。まず，基礎的な計測項目としては寸法，形状，体積，質量，密度が，また穀粒や粉体であれば流動性やレオロジーがあげられる。熱的特性の計測項目には，温度，熱量，比熱，熱伝導率，熱拡散率などが，力学的特性には，圧力，応力やひずみ，それに伴うポアソン比や弾性，粘性，粘弾性，摩擦，安息角などがある。音響・振動特性としては，周波数（特に共鳴周波数），対象物の振動の減衰係数の計測を，電気的特性としては，電圧，電気抵抗率，導電率，電気容量，磁束密度，インダクタンス，周波数，誘電率などの計測を行うことがある。さらに，光学的特性としては，反射率，透過率，吸光度，散乱，偏光などの計測を行うことが多い。一方，農産物や食品の香りや味といった生化学的特性[9]も計測することが行われており，化学的手法も生物センシングにおいて重要な位置を占めてきている。

本書では，迅速かつ簡便な非破壊検査が可能で波の性質を有する光と音を用い，複雑で多様な生物を対象にしたセンシング技術の基礎と応用に焦点を当て記述を進める。特に光技術はここ 20 年で非常に進歩し，X 線，紫外線，可視光，近赤外光さらにはテラヘルツ波までを対象とした分光情報あるいは画像情報が，種々の方法で計測されている。近年では，農作物，農産物，畜産物，水産物などの食料や加工食品のみならず，ヒトの細胞中の水溶液ならびに水和状態・水素結合の評価にまで研究[10]は及んでいる。音においても，不定形な農産物や水産物を対象にして，共鳴現象を利用した体積計測が空気中ならびに水中で行えること[11),12)]，安価で簡便な装置で位置検出の可能性があること[13]などの理由より，種々のセンシングを可能としている。

本書で学ばれる読者には，対象物が生物材料であるというだけで，その技術は工業材料とは大きく異なることの面白さに気づいてもらえればと考えている。特に，冒頭で述べた多様で複雑な構造を有し，継時的変化にも気を配る必要のある生物を対象としたセンシングにおいては，単に既成の装置を購入し，それで計測結果を得て解析を行うということだけでは正確な計測が行えないことが多い。本書では読者が対象物の特性を知ったうえで，計測システムを自分自身で構成できること，また陥りやすい失敗を自分自身で発見できることを目標に記述する。

そのわかりやすい例として，画像を用いたセンシングについてここで述べる。画像は対象物の色，形状，寸法などを容易に抽出可能で，比較的手軽に計測できることから簡便に用いられる計測方法の一つであるが，生物材料の表面は多層性を有し，その特性が時々刻々と変化していくことより，画像入力の際には正確なハードウェアのセッティングを心掛けてほしい。

まず，生物材料（例えば果実）を手に入れるときは，スーパーマーケットなどで購入するのではなく，できれば自分自身で収穫から手掛けてほしい。というのは，同じ品種でも株や樹木によってばらつきがあり，材料の特性が微妙に，あるいは大きく異なることもあるからである。また，一つの果実中でも部位によって（例えば果柄に近い部分，中央部，果頂部）特性が異なる。さらに，その特性は時々刻々と変化するため，材料の保存環境（温湿度，空気組成など）や経過時間にも留意してほしい。特に，魚類，肉類は水分の蒸発や品質の劣化が起こりやすい。

一般に，果実などは不定形で，その表皮にクチクラ層や特別な構造を有するものが多いことより，ハレーションや影が計測の障害とならないよう，各種フィルタの利用，最適な光の入射角を考慮して（例えばブリュースター角にしてｐ偏光を最小にするなど）システムを構築することをお薦めする。実際，光源からの光はクチクラ層表面で反射する光，ならびに表皮で吸収，散乱してカメラに入力される光に分けられるため，同じ装置を用いても目的に応じてフィルタなどの調整を行うことで，**図 1.4** のように異なる画像を得ることができる。

色を計測するのであれば，生物材料の特徴に基づき，光源の色温度，強度，対象物への入射角などを決めるが，ハロゲンランプなどの光源では，入力電圧が色温度，強度，寿命を変化させること

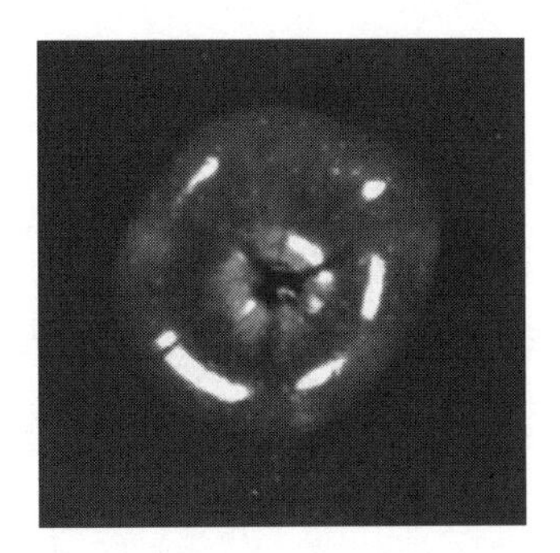
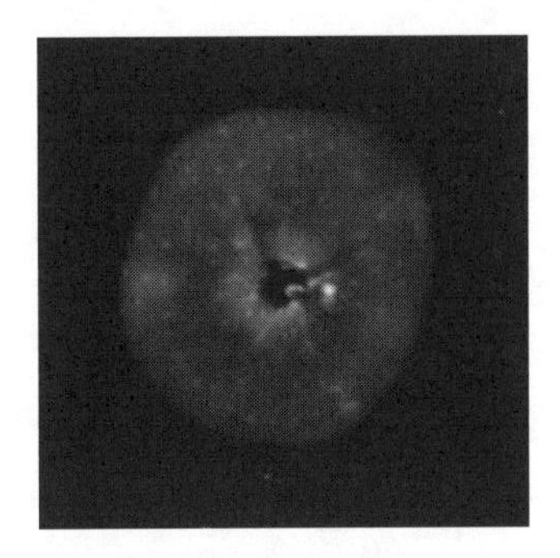

図 1.4 異なる偏光フィルタの調整によるリンゴの画像

より，まず0.01 V単位で電圧調整をしてもらいたい。続いて必要となる感度を有するカメラおよびレンズを選択し，ピントを合わせた後，露光およびホワイトバランスなどのセッティング行う。3次元的な奥行きや変化を有する対象物では，カメラレンズのF値，シャッタスピードを調整し，被写界深度をどの程度深くするかということも，対象物に応じて慎重に決定しなくてはならない。

このような計測を心掛ければ，繊細な生物材料を対象としたセンシング技術を学ぶことは，種々の問題解決能力を高めることにつながる。同時に，光や音という手段を通じて生物という非常に多様で奥深い対象物を，より深く知る喜びを感じてもらえると確信している。生物は研究者にとってはまだまだ知られていないことの多い対象物であると同時に，今後も変化していく対象物であることから，研究対象の宝庫であるといえる。本書で学ぶ学生には，是非とも物理，生物，化学などを幅広く勉強して，生物材料を計測する面白さを味わってもらいたい。

計測の基礎

2.1 光計測の基礎

農産物などの評価にあたり，不可視領域の光も含めたさまざまな種類の電磁波を用いた非破壊計測が行われており，重要な研究分野となっている。また，光源や検出器，光学素子など，計測のためのさまざまな機器が開発され，市販されている。しかし，波長帯域や目的に応じて，適切に機器の選択や配置を行わないと，信頼性のある計測は行えない。そのため，あらかじめ正しい光の知識と機器の特性を把握しておくことが肝要である。ここでは，はじめに光学部品の選定に必要な最低限の基礎知識を説明したのち，光源，ミラーなどの光学素子，検出器について順に説明する。

2.1.1 光とは何か

波は振動方向と進行方向が垂直な横波と，平行な縦波に分けられ，電磁波は**電場**（electric field）と**磁場**（magnetic field）による横波である。波長によって性質が大きく異なり，さまざまな名前に分類される（**図 2.1**）。光は電磁波のうち，波長がおよそ 1 nm（10^{-9} m）から 1 mm（10^{-3} m）の領域にあるものを指し，それより短い電磁波は **γ 線**（ガンマ）（γ ray）や **X 線**（X ray）の領域，長い電

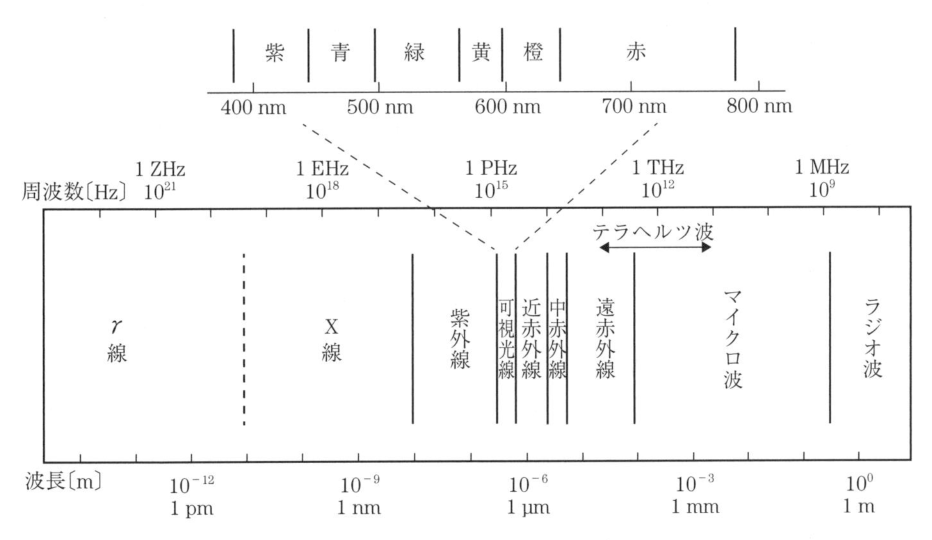

図 2.1 電磁波の種類[4)]

磁波は**マイクロ波**（micro wave）や**ラジオ波**（radio wave）などの電波領域となる。ただしそれら境界は明確には定められていない。

光のうち，われわれの目で感知できる波長が約 380〜780 nm の領域で，**可視光線**（visible ray）と呼ぶ。それよりも波長の短い領域が**紫外線**（ultraviolet ray），長い領域が**赤外線**（infrared ray）である。紫外線は 10〜380 nm の領域で，さらに波長の長い方から順に UV-A，UV-B，UV-C と分類される。太陽光に含まれる紫外線のうち，UV-C のように波長の短い光は，オゾンにより吸収されるため地上には到達しない。

可視光線より長い赤外線は，約 3 µm と 6 µm の波長を境に近赤外線，中赤外線，遠赤外線に三分される。特に中赤外領域には分子内の振動モードに対応した吸収ピークが見られ，検体の定性分析や定量分析に広く用いられている。また近赤外領域は，中赤外に位置する吸収ピークの倍音成分が位置しており，また中赤外よりも水を透過しやすいため水分が多い対象物と相性が良いことから，農産物の非破壊検査に用いられている。

また，赤外領域の 30 µm（10 THz）からマイクロ波領域の 3 mm（0.1 THz）に位置する帯域は，**テラヘルツ波**（terahertz wave）と呼ばれ，近年の光源や検出器の発達に伴い開拓されてきた領域であり，研究対象として注目されている[1)]。分子内および分子間の振動や緩和によるエネルギー吸収が観測される帯域であり，農産物・食品の分析への応用も研究されている[2)]。

電磁波は，電場 E と磁場 B をたがいに電磁誘導によって生じさせながら伝播するもので，その振る舞いはマクスウェルの方程式で表される。真空中の光速 c は波長によらず $2.997\,924\,58 \times 10^8$ m/s で一定の値となり，1 秒で地球を約 7 周半するほどに及ぶ。**図 2.2** のように光が速度 s で伝播するとき，時間 t における様子は

$$E = A \sin \frac{2\pi}{\lambda}(x - st) \tag{2.1}$$

と表される。ここで A は波の**振幅**（amplitude），λ は波の**波長**（wavelength）を表す。また，$2\pi/\lambda$ は**波数**（wavenumber）と呼ばれる値である。ただし赤外領域では，波長の代わりにその逆数を単位 cm^{-1} で表したものを波数と呼んでおり，異なる値を指すため注意が必要である。また**周波数（振動数）**（frequency）ν および**角振動数**（angular frequency）ω はつぎのように表される。

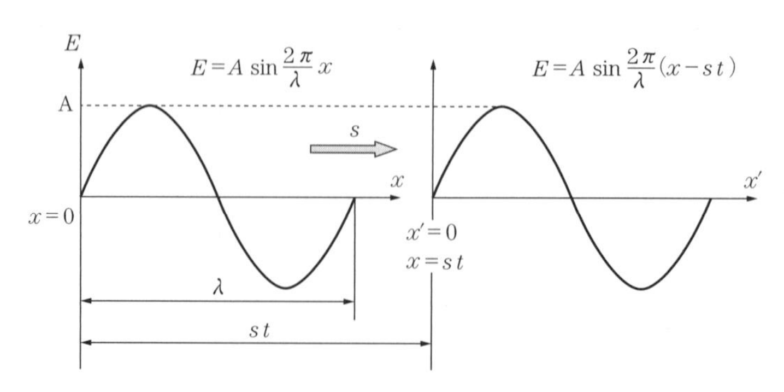

図 2.2　速度 s で伝播する波の様子[2)]

$$\nu = \frac{s}{\lambda}$$
$$\omega = 2\pi\nu \tag{2.2}$$

あらためて光の波の式(2.1)は

$$E = A\sin\left(\frac{2\pi}{\lambda}x - \omega t + \delta\right) \tag{2.3}$$

と表すことができ，カッコ内を**位相**（phase），δ を初期位相という。一方，上記のように波を三角関数で表すと数学的な処理が複雑になることも多いため，代わりに複素数で表現することも多い。その場合には，式(2.3)はつぎのように書き換えられる。

$$E = A\exp\left[i\left(\omega t - \frac{2\pi}{\lambda}x + \delta\right)\right] \tag{2.4}$$

複素表記にすることで種々の計算が容易になる。最終的な結果を得た後で実際の波動を表現するときには，実部を用いることとなる。

物質に光を照射すると，表面での反射光や内部での吸収が生じる。その応答は物質の光学定数，すなわち**屈折率**（refractive index）n および**消衰係数**（extinction coefficient）κ によって決まり，それぞれ光の進みにくさと減衰の大きさを表す定数である。これらの定数は複素数を用いて一つに表現され，**複素屈折率**（complex refractive index）$\tilde{n} \equiv n - i\kappa$ で定義される。**図 2.3** のように電磁波が吸収をもつ物質中を伝播するとき，その様子は下記のように表される。$2\pi\kappa/\lambda$ は**吸収係数**（absorption coefficient）と呼ばれ，単位長当たりの吸収の大きさを表す。

$$\begin{aligned} E &= E_t\exp\left[i\left(\omega t - \frac{2\pi\tilde{n}}{\lambda}x + \delta\right)\right] \\ &= E_t\exp\left(-\frac{2\pi\kappa}{\lambda}x\right)\exp\left[i\left(\omega t - \frac{2\pi n}{\lambda}x + \delta\right)\right] \end{aligned} \tag{2.5}$$

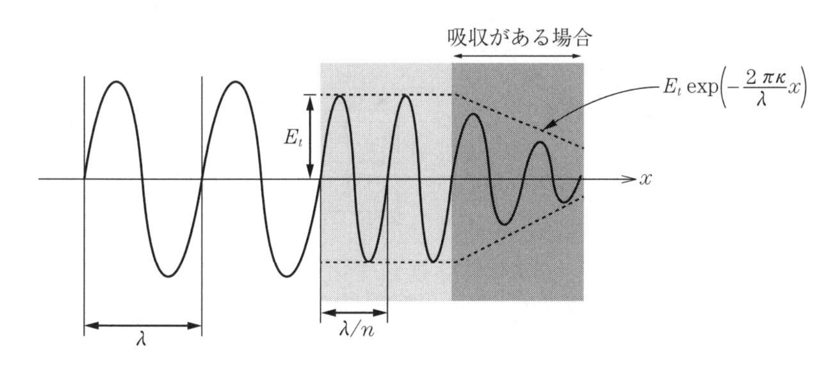

図 2.3　物質中における光の伝播

一方，電磁波は粒子としての性質もあわせもつことが知られており，そのエネルギー粒子を光子（フォトン）と呼ぶ。1 個のフォトンがもつエネルギー（J）は式(2.6)で表され，波長が小さく振動数が大きいほど高いエネルギーを有することを意味する。

$$E = h\nu = \frac{hc}{\lambda} \tag{2.6}$$

ここで，h はプランク定数（6.626×10^{-34} J·s），c は真空中における光速（2.998×10^{8} m/s）を表す。この式は電磁波の波長に応じてエネルギーが異なることを意味しており，スペクトル計測からさまざまな情報が得られる所以である。詳細は3章を参照されたい。

ここまでは，電界も磁界も同じ向きに1平面上で振動する場合を想定してきた。このように，電界や磁界の振動が特定の方向に偏った状態のことを**偏光**（polarization）といい，なかでも上記のように振動の向きが一定のものを直線偏光という。一方，一般に電界と磁界は，大きさも向きも時間とともに変化するベクトルで表される。偏光のうち，振動面が時間とともに変化するものは楕円偏光と呼ばれる。これは，同じ方向に進む二つの直線偏光に分解して考えるとわかりやすい[3)]。

図2.4のように z 方向に伝播する偏光光を x 方向と y 方向に分解したときに，両者の位相のずれが0または π であれば合成波は直線偏光となり，そうでなければ楕円偏光となる。さらに大きさが同じで位相がちょうど $\pm\pi/2$ ずれる場合には，ベクトルの先が一方向に回転して真円を描き，これを円偏光と呼ぶ。

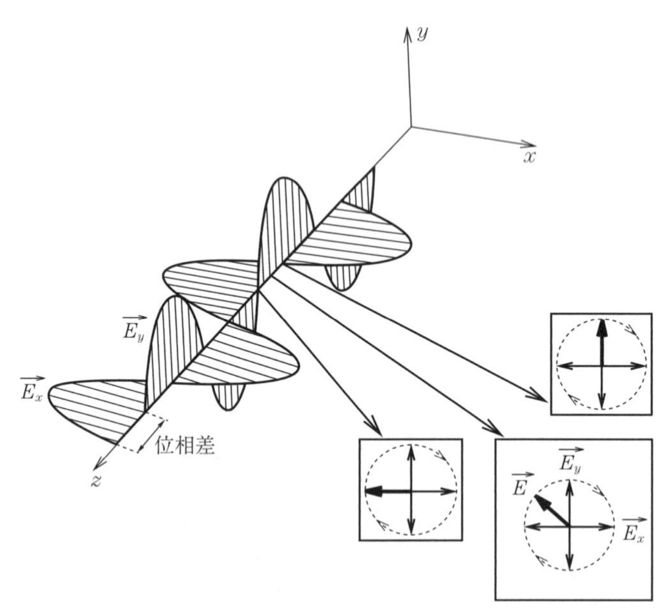

図2.4　電界の振動面と偏光[3)を改変]

つぎに，物質に対して直線偏光の光が斜めに入射する場合を考える（**図2.5**）。入射光，反射光，透過光の光路を含む面を入射面と呼び，この入射面と電場の振動面が直交する場合をｓ偏光，重なる場合をｐ偏光と呼ぶ。物質からの反射率は，偏光の向きや入射角によって変化する。特にｐ偏光では，反射率がきわめて小さくなる角度が存在し，その角度のことを**ブリュースター角**（Brewster's angle）と呼ぶ。

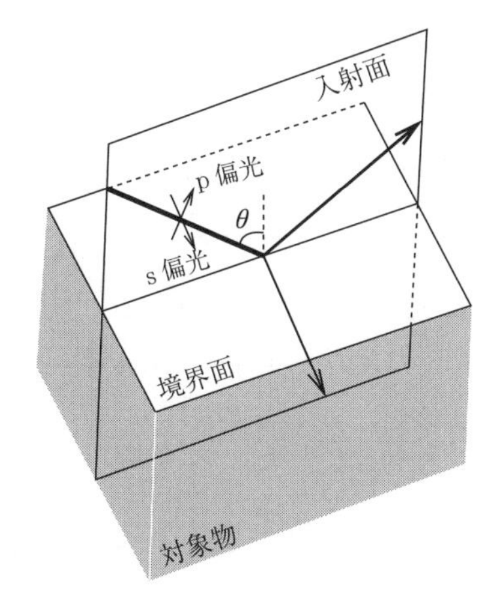

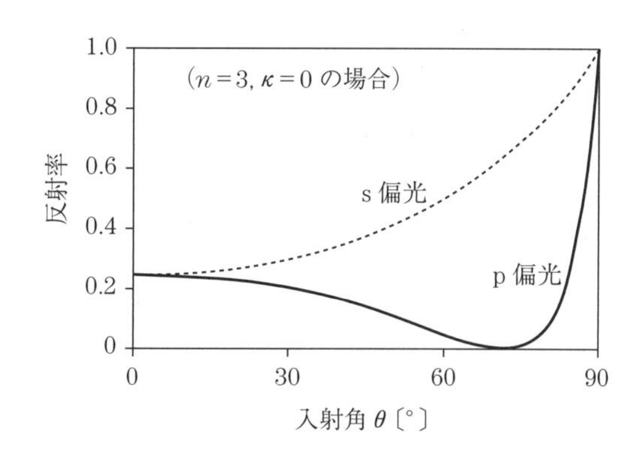

図 2.5　偏光の種類と反射率

2.1.2　光源の種類と特性

研究用途では，強力な光源といえばレーザが用いられる。レーザは発振器によって増幅され，波の位相がそろった状態の光源である。このように波の位相がそろっており干渉しやすい光をコヒーレント光，白熱ランプ光や太陽光のように，位相のそろっていない状態の光をインコヒーレント光という。レーザは出力パワーが大きいために，光源としてのみならず，金属加工などにも用いられている。出力波形によってさらにCW（continuous wave，連続波）の場合とパルス波の場合に分けられる。CWはスペクトル線幅が狭くパワーが集中しているのが特徴で，波長を走査して高感度高分解能な分光が可能になる。一方，パルスは，位相のそろったさまざまな波長の波が重なってできる波形であるため，スペクトル分布が広い。時間が短くパワーの大きなパルスレーザは，非線形効果の研究にも用いられるほか，時間領域分光，時間応答を計測する用途などにも用いられる。

一方でレーザ，環境変化によって動作が不安定になりやすく，コヒーレントであるために光路調整にも手がかかるため，特殊な用途を除き，汎用的な分光光度計やマシンビジョンにはインコヒーレントな光源が用いられる。分光とマシンビジョンでは共通する光源も多くあるものの，波長帯域の違いや輝度，寿命などによってさまざまな種類があり，それぞれの特徴を把握していないと思わぬ誤用をしてしまうこともある。本項では，インコヒーレント光源を対象に，選定に必要な基礎知識とともに光源の種類と特徴を説明する。

夜空に浮かぶ恒星がそうであるように，物体が高温になると赤みを帯び，さらに温度が上がると発光が可視領域全体に及び，青白く見えるようになる。すなわち，ある高温の物質が光源となるとき，その温度によって放射光の分光分布が決まる。そのため，ある光源が発する光の色について，同じ色の放射をする高温の黒体に置き換えて表現され，この温度のことを**色温度**（color temperature）と呼びK（ケルビン）で表す。例えば，昼間の太陽光は約5 000 K程度，後述するハロゲンランプは2 700～3 500 K程度のものが多い。黒体放射の輝度Iは，色温度Tと波長λからプランクの法則[4]で説明され，式(2.7)で表される。

$$I = \frac{2hc^2}{\lambda^5\left[\exp\left(\frac{hc}{\lambda kT}\right) - 1\right]} \tag{2.7}$$

ここで，k はボルツマン定数を表す。異なる色温度の光源から放射される分光分布を**図 2.6** に示す。色温度が上がるほどピークは高く，波長は短くなる。アミ部分は可視域を示しており，5 000 K の光源を使えば可視域で傾斜が小さく，色の分布が均等な光を得ることができる。また，ある黒体からのエネルギー放射 W と温度の関係はステファン-ボルツマンの法則，エネルギーが最大になる波長 λ_m と温度との関係はウィーンの法則で示され，それぞれ

$$W = \frac{2\pi^5}{15} \cdot \frac{k^4}{h^3c^2} \cdot T^4 \tag{2.8}$$

$$\lambda_m = \frac{hc}{\beta kT} \tag{2.9}$$

と表される。ここで，β は 4.965 の定数となる。これらの式は，すなわち黒体の温度が上昇するほど，放射エネルギーは 4 乗で増加し，波長は反比例して小さくなることを意味している。

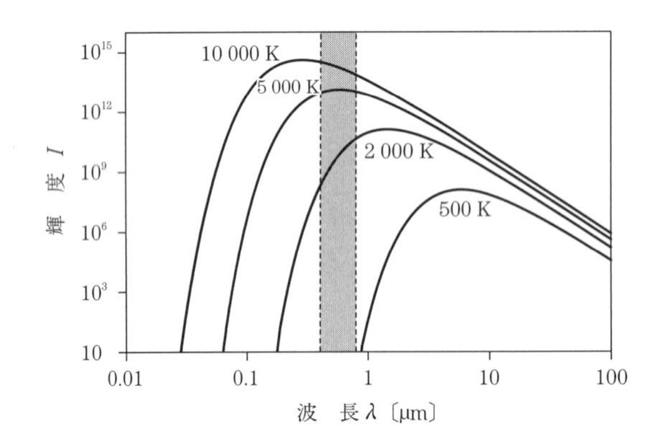

図 2.6　黒体の分光分布

一般に太陽光は**図 2.7** に示すように，紫外から赤外まで強度を有し，500 nm 付近にピークをもつ。ただし，太陽光による照度は時々刻々と変化し，色温度も時刻，天候，季節によって大きく異なる。一般に太陽光の色温度は 5 000〜5 500 K と言われているが，実際に朝夕，施設内に入り込む光は，2 000〜6 500 K 程度まで変ることも多いため，カメラの照明を太陽光とする場合には時間変化を考慮する必要がある。

またカメラで撮影する際には，測光量の情報が必須となる。光源からの放射量には放射エネルギー（J），放射束（W = J/s），放射照度（W/m²），放射強度（W/sr），放射輝度（W/m²·sr）があり，測光量はそれらに対応して光量（lm·s），光束（lm），照度（lux = lm/m²），光度（cd = lm/sr），輝度（cd/m² = lm/m²·sr）がある。ここではよく使われる測光量について説明する。

① **光　束**（lm：ルーメン）：光の量のことで，光源から放射される可視領域の光の総量をいう。厳密には，式(2.2)で示したように，ある面を単位時間当たり通過する放射エネルギーに比視感度を掛けたものである。

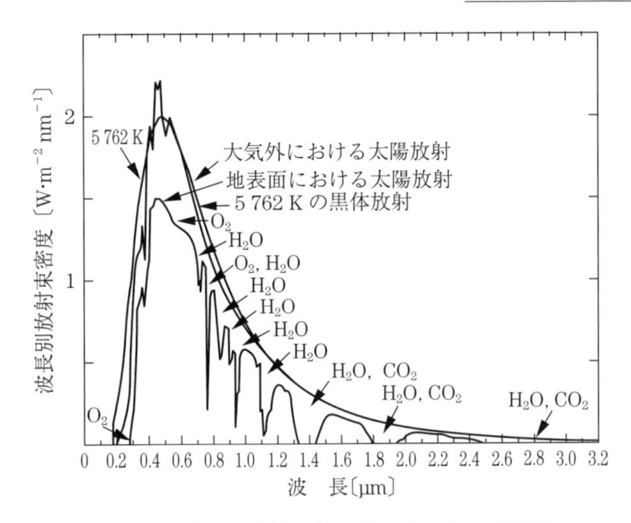

図 2.7　太陽光の放射エネルギー（AFCRL, 1965）

② **光　量**（lm·s：ルーメン秒）：光束を時間で積分した量。

③ **光　度**（cd：カンデラ）：光の強さの指標で，点光源に対して，ある方向の単位立体角当たりに放射される光束を表す（1 cd = 1 lm/sr：ここで sr（ステラジアン）は立体角であり，半径 r の球から底面積 A の錐体を切り取ったとき，その立体角は $\omega = A/r^2$〔sr〕となる。球全体の表面積は $4\pi r^2$ なので $\omega = 4\pi$〔sr〕となる。）

④ **照　度**（lx：ルクス）：単位面積当たりに入射する光束をいう。照度計で計測可能な量で，一般に可視領域の光を対象とする。ランプから 1 m 離れたところでは，A〔cd〕のランプを用いると A〔lx〕の照度が得られる（1 lx = 1 lm/m²：ルクスの記号は lx であるが，数値の直後に書いたとき紛らわしいので lux と書くこともある。）

⑤ **輝　度**（cd/m²）：光を受けている面をある方向から見たときの程度を示し，照度が単位面積当たりにどれだけ光が到達しているかを表すのに対し，輝度はその結果，ある方向から見たときにどれだけ明るく見えるかを表す指標である。つまり，照度は光源からの距離を大きくすると低下するが，輝度は変化しない。(cd/m² = lm/(sr·m²))。

これらの関係をまとめると**図 2.8** のようになる。参考までに，太陽光の光束および光度は，3.6

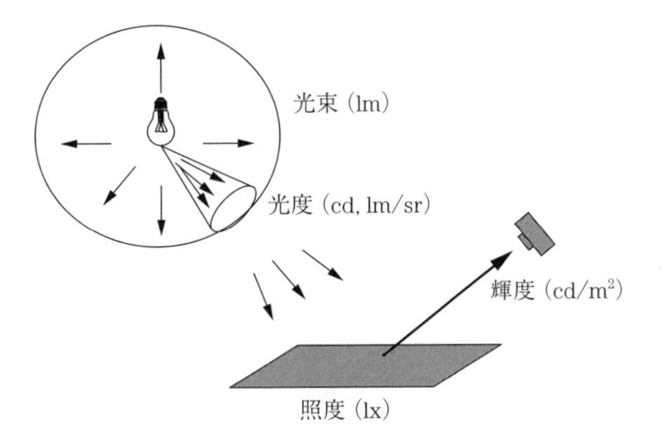

図 2.8　光束，光度，照度，輝度

$\times 10^{28}$ lm，および 2.8×10^{27} cd で，40 W の白熱球は，485 lm および 40 cd である。光源の選定に際しては，上記の測光量のほかに，消費電力，ビーム角，寿命なども注意すべきである。寿命は既定の条件下で，統計的に半分の数のランプが切れるまでの時間と定義されている。そして，寿命が近づくとともに光量は減少し，点灯時間と光束との関係を光束維持特性という。例えば，一般にハロゲンランプでは寿命時にほぼ 10％の減少率となる。

つぎに，分光光度計やマシンビジョンの照明として用いられる光源を大きく四つに分類して，それぞれの特徴を説明する。

（1） 熱 的 光 源　熱的光源は，高温に熱せられたフィラメントにより，先述のプランクの法則に従って放射される光を利用するものである。フィラメントの温度によって分光分布が左右される。各ランプの形状を**図 2.9** に示す。

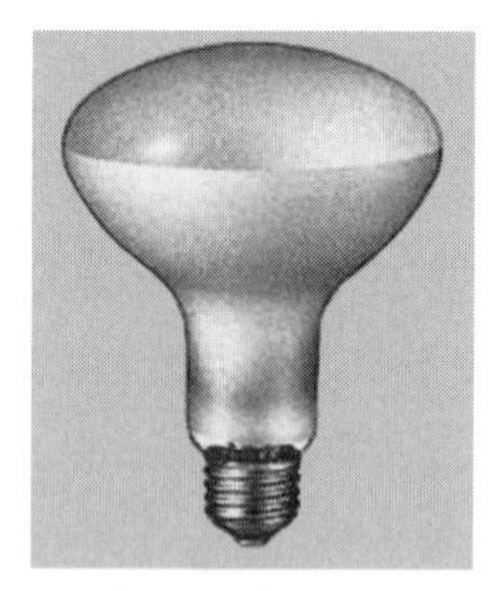

（a）白熱ランプ

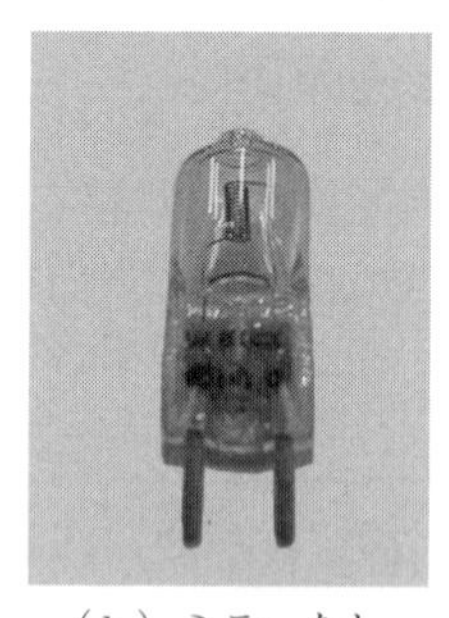

（b）ミラーなし
ハロゲンランプ

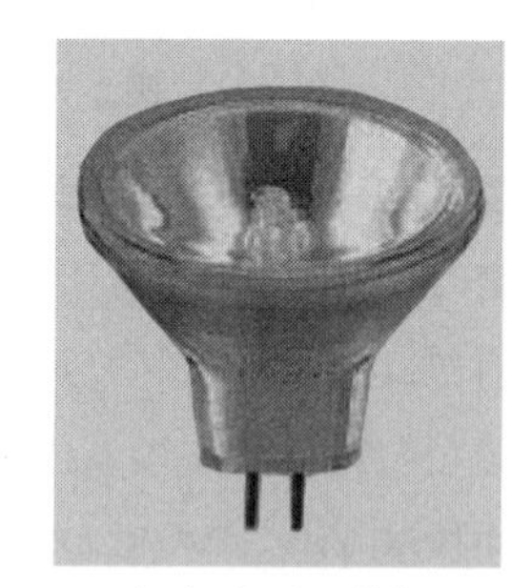

（c）ミラー付き
ハロゲンランプ

図 2.9　白熱ランプとハロゲンランプの例
（岩崎電気(株)イワサキランプカタログより転載）

白熱ランプでは，ランプ内のフィラメントに電流が流れると，フィラメント自体の電気抵抗によって 2 000 ℃以上に熱せられて白熱化し，やや赤みを帯びた白色光を発する。フィラメントには，金属中で最も融点が高く蒸気圧が低いタングステンが用いられる。家庭などでも昔からよく用いられるランプであり，ガラス球内面にはアルミニウムなどを蒸着させて，電気-光変換効率を上げているものの，後述するハロゲンランプなどの効率に比べると低く，寸法も大きい。

ただし演色性（物体本来の色を再現できている程度）はハロゲンランプと同様に高い。色温度は 2 000～6 000 K のものが多いが，色温度が 5 500 K 程度まで高くなると，500 W のランプで寿命が 50 時間程度と極端に短くなる（カメラ撮影用フォトリフレクタランプなど）。電源電圧は交流 100 V，110 V，220 V のものが一般的である。

一方，**ハロゲンランプ**の場合には，不活性ガスとともにハロゲンガスがランプ内に封入されている。タングステン（W）が高温になって蒸発すると，ハロゲンガス（X）と結合してハロゲン化タングステン（WX_2）を形成する。これが対流によって移動し，温度の高いフィラメント付近で再び，ハロゲンとタングステンに分離する。タングステンはフィラメントに戻り，遊離したハロゲンは再び前述の反応（$W + 2X \rightleftarrows WX_2$）を繰り返す。これをハロゲンサイクルと呼ぶ。

白熱ランプとの大きな違いは，このハロゲンサイクルを利用して，内壁が黒化したりフィラメントが細くしたりする変化を防いでいる点である。そのため，演色性は高く，高温発光して，非常に明るくなる。また長寿命かつ安価で利用できるため，マシンビジョンにも分光光度計にも一般的に広く用いられている。

光束維持率が高いのも特徴で，使用開始時と寿命時の光束の差が 10％程度しかなく，最後まで照度が変化しない。また，一般に定格電圧より 5％低い電圧を供給した場合には色温度や照度が低下するが，寿命が倍になることが知られている。分光光度計の場合には，可視領域と近赤外領域にのみ用いられる。

また，画像処理用によく用いられているハロゲンランプは，大別するとミラー付きのものとミラーなしのものがある。後者は全方向を照射するタイプであるため，特定の方向にある対象物を照射する際には，光の高効率利用のため，反射板を用いて光を集めることも多い。前者のミラーは，光量，色温度，寿命，照射角度などを左右する重要な要素であり，これによってランプの特性が変化する。前面には UV カットガラスが装着されていることも多く，これによって 300～350 nm の光をカットし，長時間照射した場合の対象物の退色などを防ぐ効果がある。

（**2**） **スペクトルランプ**　ランプ内に原子または分子を封入してアーク放電などにより励起すると，原子内で電子遷移が生じ，基底状態に戻る際に発光する。この現象を利用した光源をスペクトルランプと呼び，Na，Hg，H，Xe，Cd，Ar，He，Kr，Ne などが用いられる。

上記物質が低圧で封入されているとき，物質の種類ごとに固有のエネルギー準位をもち，遷移周波数に対応した線スペクトルをもつ光が得られる。そのため，演色性が低い一方で，分光光度計の波長校正用の標準として用いられることもある。さらに，蒸気圧を上げることで線スペクトルが広がり，連続スペクトルが得られるようになるため，分光光度計の光源に用いられるものもある。特に，ハロゲンランプでカバーできない帯域に用いられることが多い。

例えば，高圧 Hg ランプの場合は，紫外～可視領域にある本来の強いスペクトル線の幅が広がるため，連続光源として用いられる。キセノン（Xe）ランプは 185～約 2 000 nm までの広い波長域をカバーしており，蛍光の分光計測用の光源にも用いられる。さらに水銀（Hg）を混ぜて紫外域の放射強度を上げたランプも市販されている[5)]。Xe ランプならびに，Xe と Hg・Xe ランプの放射スペクトル分布を**図 2.10** に示す。

また，Hg とハロゲン化金属を混合したものはメタルハライドランプと呼ばれ，Na ランプや Hg ランプよりも演色性に優れている。メタルハライドランプ，高圧 Na ランプ，水銀ランプなどの汎用性の高い種類を総して **HID**（high intensity discharge）ランプと呼ばれることも多く，高輝度放電灯とも，単にディスチャージランプなどとも言ったりすることもある。

同じ消費電力なら，一般のハロゲンランプや白熱ランプよりエネルギー効率が高く，フィラメントがないため寿命も 12 000 時間程度と数倍長いものの，寿命時には光束は 50～70％程度しか維持されない。ただし，フィラメントをもたない放電灯であることより，点灯時に必要な高い電圧と，一定の電流制御を行う必要がある。そのため高電圧を作るインバータと安定器が必要である。

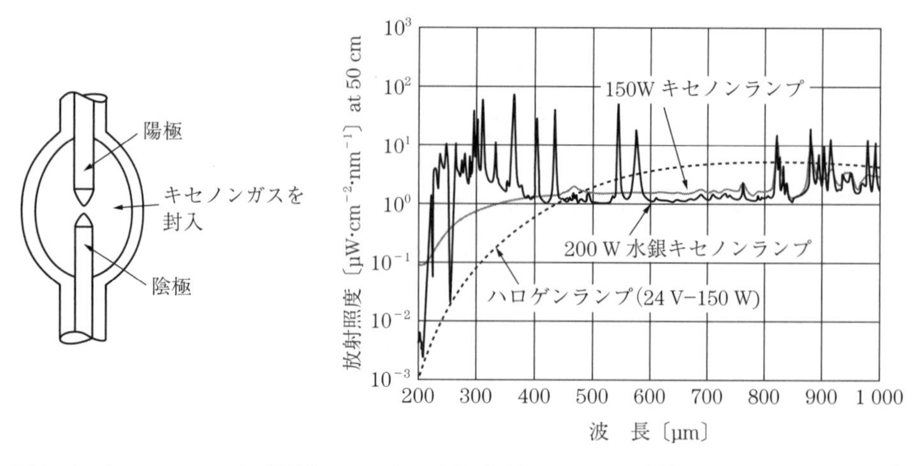

図 2.10　キセノンランプの構造とスペクトル分布（浜松ホトニクス(株)ホームページより転載[5)]）

（3）　**蛍光ランプ（蛍光灯）**　日常家庭で，最もよく使用されているのが蛍光ランプである。この原理は，まず電極に電流を流すと加熱され，フィラメントから熱電子が管内に放出されて放電が始まる。放電により流れる電子は，管内の水銀蒸気中の水銀原子と衝突して紫外線（253.7 nm）を発生する。この紫外線が蛍光管に塗布されている蛍光物質に照射され，可視光線となる。もともと紫外線を発生するため，捕虫器用ブラックライトなどは蛍光灯を用いるものも多い。

家庭で用いている蛍光灯をそのまま用いると，50〜60 Hz の低い周波数で点滅した光となるため，撮像するタイミングによって輝度が変わってしまい，安定した画像が得られないことが多い。したがって，画像処理用には 20〜60 kHz の高周波の蛍光灯が用いられる。一方，蛍光灯はハロゲンに比べて，色温度は高いものの，**図 2.11** に示すように波長によって強度にむらがあり，分光光度計には使われないほか，輝度が低く，演色性は 60 から 80 程度と必ずしも高くない。

蛍光ランプの特徴は，長いものを用いて広範囲を一度に照射できることである。ハロゲンランプ，白熱ランプと異なり，一般に細長い管で線光源であるが，その管を円形に丸めてリング状にしたり，ボール状にされているものもある。寿命は高周波のもので 1 000〜1 500 時間のものが一般的

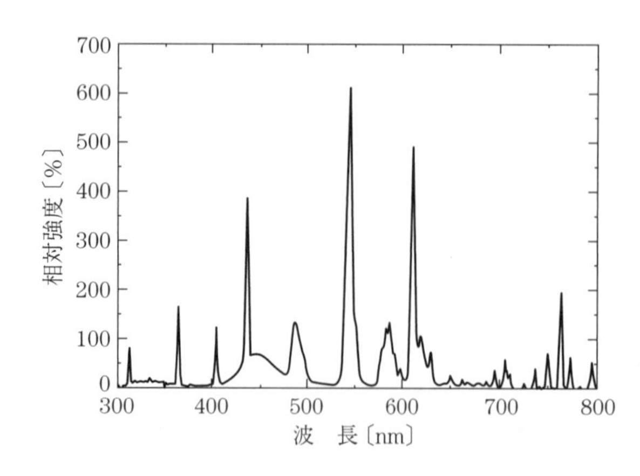

図 2.11　蛍光灯のスペクトル分布（電通産業(株)）

である。色温度は一般的な白色蛍光灯は4 500 K程度であるが，2 000 K台から9 000 Kまでのものが市販されている。

（4） LED　LED（light emitting diode，発光ダイオード）は，電気を流すと発光する半導体チップを利用した直径1～5 mmの小さな光源で，カメラの照明として利用する際は，これを数十個から数百個並べて使用する（**図2.12**）。長寿命，低消費電力，高色温度，小形など，さまざまな特徴をもった光源であり，近年では研究用のみならず，家庭用照明や交通信号，装飾用電灯などにも多く使用されている。緑色・赤色に加えて青色のLEDが開発されたことで，電光掲示板でさまざまな色の表現も可能になった。

図2.12 LED照明（左：林時計工業(株)，中，右：日進電子工業(株)より転載）

LEDチップの基本構造は，p形半導体とn形半導体が接合された「pn接合」部からなる。順方向（p層からn層の方向）の電圧をかけると，LEDチップの中を電子と正孔が移動し電流が流れ，移動の途中で電子と正孔がぶつかり再結合すると，生じた余分なエネルギーが光に変換され発光する[4]。半導体を構成する化合物に応じて発光波長を変えることもでき，現在では，中心波長が近紫外から中赤外までの広い範囲のものが開発されている。白色光の場合は2色以上の光を混ぜて白色に見せる。それらの放射特性を**図2.13**に示す。

可視域以外のLEDも存在し，特に近赤外の高出力なLEDも登場している。寿命は約30 000時間と，他の光源に比べて非常に長い。また小形であるために，対象物の形状や使用条件に合わせて数多くのランプを自由な配置で使用でき，特別にドームなどを作れば照度ムラの小さい照射が可能

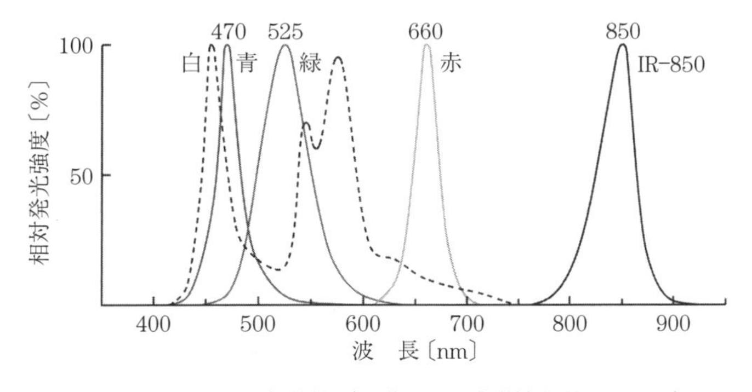

図2.13 LEDの放射特性（日進電子工業(株)製品カタログ）

である。指向角は15〜50°くらいのものが多いが，15°程度のLEDを数多く並べ10 cm程度離すと光の角度のばらつきが一定になるという特徴ももつ。

この他の利点として，電気-光変換効率が高いため低消費電力であること（白熱球の1/8，蛍光灯の約半分程度），応答時間が他のランプに比べ圧倒的に早いこと（1/1 000 000程度）があげられる。

表2.1は，以上のランプについて，特徴を大まかにまとめたものである。用途に応じて適切に使い分ける必要がある。

表2.1　各ランプの特徴

	白熱	ハロゲン	HID	蛍光	LED
輝　度	高	中	高	低	低
演色性	高	高	中	低	中
光束維持特性	高	高	低	中	高
寿　命	短	中	長	中	長
価　格	安	安	高	中	高

2.1.3　光学素子の仕組みと取扱い

（1）レ　ン　ズ　自明のことではあるが，光源と検出器だけで対象物の分光情報が得られるわけではない。光路やビームの拡がりを操作したり，光を波長によって分けたりすることが光学系設計には必須となる。特に，分光光度計の検出器やカメラの撮像素子で受光する際には，光を受光部に絞る必要があり，その代表的な光学素子としてレンズが用いられる。レンズには，形状，材質，サイズ，表面のコーティングによってさまざまな種類がある。

光がレンズ内を伝播するため，帯域に応じて吸収の小さい材質を選ぶ必要があり，紫外〜近赤外までの領域では合成石英やBK7などのガラス材料がよく使われるが，より波長が長い中赤外などの帯域ではフッ化カルシウム（CaF_2）やシリコン（Si），ゲルマニウム（Ge）などの結晶材料も用いられる。材質について詳細は3.1.4項を参照されたい。また表面反射によるロスを抑えるために表面にコーティングを施したものも市販されているが，使用できる帯域に制約があるため注意する必要がある。

凸レンズの場合は，レンズ表面の中央が膨らむように球面状に湾曲しており，平行光を凸レンズに入射すると，レンズ周縁部では光が屈折して進行方向が内側（光軸寄り）に曲げられ，出射側で集光される。このとき，レンズから集光位置までの距離はレンズによって固有であり，**焦点距離**（focal length）と呼ばれる。レンズに対して平行光が斜めに入射した場合には，集光位置は光軸からずれるものの，レンズからの距離は変らない。

レンズの大きな役割は，光路の操作のほかに，「像をつくる」ことである。被写体の1点から出た光のうち，① 光軸と平行に入射した光は焦点を通り，② レンズ中央を通る光は直進し，③ 焦点を通って入射した光は光軸と平行に出射する経路を介して，再び1点に集光する（**図2.14**）。この

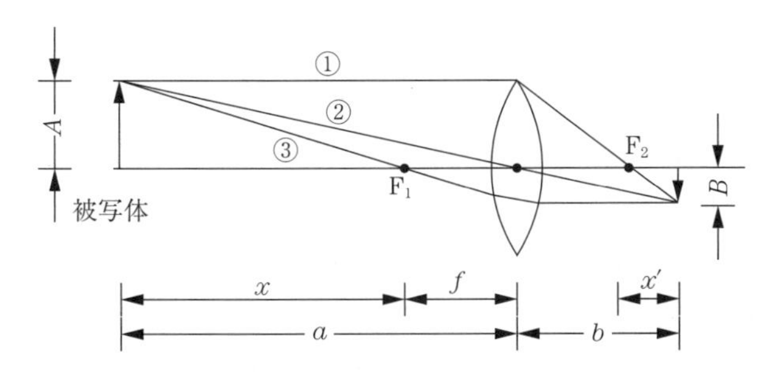

a：被写体からレンズの中心(主点)までの長さ
b：レンズの中心(主点)から撮像面までの長さ
A：被写体の大きさ
B：撮像面に映る被写体の大きさ
f：レンズの焦点距離
x：被写体から焦点までの長さ
x'：撮像面から焦点までの長さ

図 2.14　被写体と実像の幾何学的関係

とき，被写体の別の点から出た光も同様に 1 点に集光され，その位置にスクリーン等を置くと被写体の実像が映し出される。

被写体に対するこの像の大きさの比（B/A）が倍率となり，幾何学的関係から式(2.10)が成り立つ。また被写体や実像からレンズまでの距離は式(2.11)（**レンズの公式**）や式(2.12)（**ニュートンの公式**）のように単純な式で表される。

$$\frac{B}{A} = \frac{b}{a} \tag{2.10}$$

$$\frac{1}{a} + \frac{1}{b} = \frac{1}{f} \tag{2.11}$$

$$x \cdot x' = f^2 \tag{2.12}$$

レンズは「ビーム径を変える」ために用いられることもある。例えば，焦点距離の短い凸レンズに平行光を入射し，集光点をはさんで反対側に焦点距離の長い凸レンズを置けば，初めよりビーム径の大きな平行光を得ることができる。ただし，各レンズの焦点距離をもとに正しい位置に設置しないと平行光とならない。

一方，被写体と凸レンズ間の距離が焦点距離以下の場合，レンズを介して光を 1 点に集光することができないため実像ができない代わりに，被写体のある側に実物よりも大きい正立した虚像が見られる。この場合には，凸レンズを拡大鏡として用いることができる。また凹レンズの場合は，レンズ中央がへこむ構造をしており，レンズに入射した光が凸レンズの場合とは逆の方向に曲げられる。そのため凹レンズ単体では被写体からの光を 1 点に集光することができず実像が結ばれることはないため，必ず虚像ができる（**図 2.15**）。

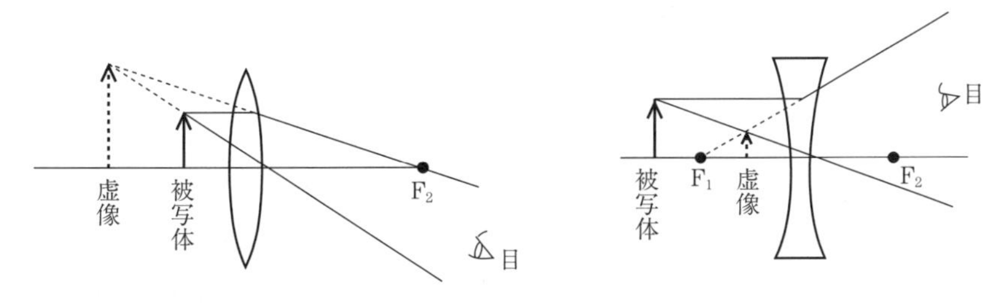

図 2.15　被写体と虚像の幾何学的関係

ここまでは，1点から出た光が凸レンズによって必ず1点に集光できることを前提としてきたが，実際には1点から出た光が1点に集光しなかったり，像に歪みが生じたりする。このようなズレを収差と呼び，単色光でも起るため**単色収差**という。

単色収差は，光がレンズ中央から離れた位置を通るために生じる「球面収差」，対象物が光軸から離れることで生じる「非点収差」，両者のズレが合わさってズレが三角形に見える「コマ収差」からなり，像のピントのボケを生じさせる。また，像が歪む「湾曲収差」や「歪曲収差」も存在し，カメラで撮影する場合には補正を要する場合がある。

一方，異なる波長の光が別の点に集光しズレが生じる場合もある。この場合のズレを**色収差**という。色収差の原因は，波長によってレンズの屈折率が異なり，集光位置がずれてしまうことによる。

単に検出器で光の強度を計測する場合や，照明用の光を集める場合には，厳密に集光させる必要はないため，収差を考慮する必要はない。しかしカメラでの撮像の際など，収差を減らす必要がある場合は，レンズ中央付近のみを使うようにビームを絞る，複数のレンズを用いる，屈折率の異なるレンズが貼り合わされたもの（アクロマティックレンズ）を用いて集光する，非球面レンズを用いるなどの方法がある。色収差に対しては，アクロマティックレンズを使用したり，フッ化カルシウムなど屈折率分散の小さな材質のレンズを使用したりすることで軽減できる。

（2）　ミ　ラ　ー　　ミラーは，光を反射させて光路を変えるために平面鏡が用いられることが多いが，球面鏡を用いてレンズのように光を集光させることもできる。この場合，レンズと比べ，進行方向が折り返しになってしまうものの，色収差がなく，反射時のロスが少なく済む特徴がある。

通常，ガラスなどの基板上に金属や誘電体を蒸着することで作られ，波長域によって蒸着する物質の特性が異なるため使い分ける必要がある。金属蒸着ミラーの場合，高い反射率を得るために，紫外から近赤外の帯域ではアルミニウム，赤外の帯域では金が用いられる。誘電体の場合は，SiO_2，TiO_2，MgF_2 などを交互に多層に蒸着して作られ，種類や厚さ，層数を調整することで，ある波長域で100％近くの反射率をもつミラーや，ある波長のみを反射させるミラー（ダイクロイックミラー）などを作製できる。

レンズのように平行光を集光する（またはその逆）ためには，球面鏡（凹面鏡），またはより収差の少ない放物面鏡が用いられる。**図2.16**の（a）のように，曲率半径 R の凹面鏡から a 離れた光軸上の点から出た光が反射して距離 b の点に到達した場合

$$\frac{1}{a} + \frac{1}{b} = \frac{2}{R} \tag{2.13}$$

と表され，式(2.11)のレンズの公式と一致する[6]。また，焦点距離は $f = R/2$ で与えられる。

金属蒸着されたミラーで保護膜がないものに関しては，蒸着膜が非常にはがれやすいため，指紋などの汚れがついてもクリーニングすることができない。その場合はブロアで空気を吹き付け，表面についたごみを飛ばす程度にとどめる。保護膜がある場合にはクリーニング可能であるが，傷が

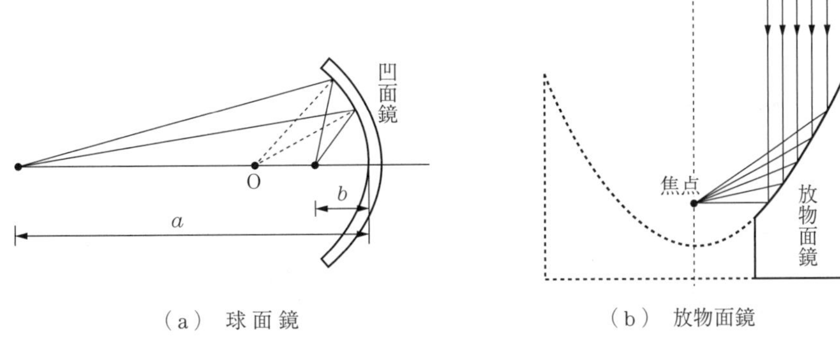

（a） 球 面 鏡　　（b） 放物面鏡

図 2.16　球面鏡や放物面鏡へ入射した光の光路

つかないよう，また手の脂をつけないよう細心の注意を払う。

アセトン，メタノール，エタノール，イソプロパノールなどの溶媒を適宜選択し，専用のティッシュに垂らす。溶媒をミラーに付けた状態で一方向にずらしていき，溶媒が残らなくなったらティッシュを離す。汚れが残る場合は上記の手順を繰り返す。この洗浄の手順はレンズやプリズムなど他の光学素子についても同様である。ただし，潮解性のあるもの，回折格子のように微細な構造をもつもの，機械的強度の弱い素子についてはクリーニングできないので注意する。クリーニングについてさらに詳しい説明は成書を参照いただきたい[6]。

（3） プリズム　プリズムは内部での光反射や屈折を利用して，光路やビーム形状を変化させたりするためのものと，さまざまな波長が混じった光を各波長に分けるためものがある。

前者の用途としては，例えば三角柱型の直角プリズムの一面から光を入射して内部で全反射させ，そのまま取り出すものがある。全反射面からわずかに染み出す電場を利用して対象物を密着し，減衰した反射光を計測する「全反射分光」には，このプリズムが用いられる。道路や自転車についている反射板には，コーナーキューブプリズムが多数並べられており，入射された方向に光を返すため，遠くでも光を当てると明るく見える。

一方，光を波長によって分けるためのプリズムを分散プリズムと言い，正三角形のものがよく用いられる。プリズム材料に屈折率分散があるために，入射した光が波長に応じて光路が分かれる性質を利用したもので，分光光度計にも用いられるが，反射ロスや吸収，屈折率分散に注意する必要がある。

（4） 回折格子（グレーティング）　回折格子は等間隔に多数の溝が並べられた素子であり，平行光を入射すると，別の溝から出た光との干渉によって強め合いが生じる。さらに角度によって強め合う光の波長が異なるため，角度に応じて異なる波長の光を得ることができる。紫外域から近赤外域までの分光光度計では，回折格子を用いて分光するものが多い。

図 2.17（a）に示すように，格子間隔（格子定数）d の透過型回折格子に対し，入射角 α に対して m 次の回折光を回折角 β で得た場合，それらの回折条件は下記の通り表される。

$$d(\sin\beta - \sin\alpha) = m\lambda \tag{2.14}$$

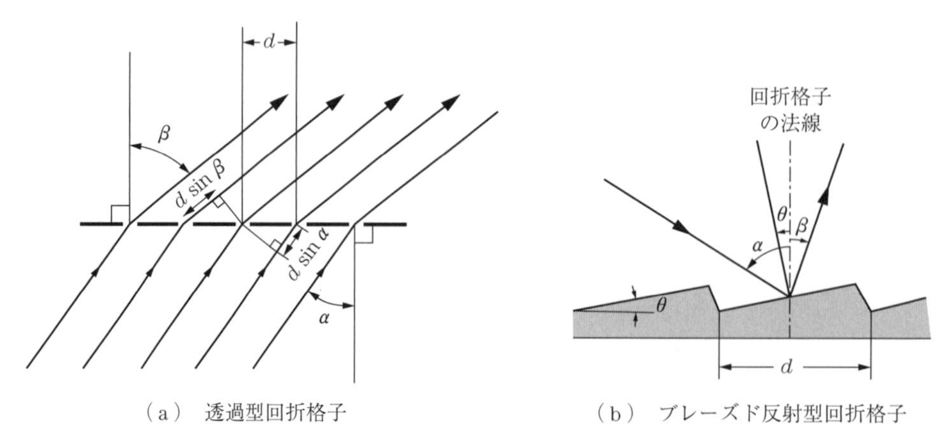

（a） 透過型回折格子　　（b） ブレーズド反射型回折格子

図 2.17 透過型回折格子とブレーズド反射型回折格子[7]

左辺は隣接する溝を通る光との光路差を表しており，これが波長の整数倍となるときに強め合いの条件となる。ただし，0 次回折光は波長によらず直進するため，分光には用いられない。ここまでは透過光の場合で説明したが，反射光に関しても同様となる。

一方で，分光光度計で用いる場合には，ある次数の回折光しか計測に用いないため，他の回折光が生じる分，入射エネルギーのロスが生じてしまう。そこで，実際の分光光度計では，ある次数の回折光を強くするために，図 2.17(b)に示すような三角形断面の溝をもったブレーズド回折格子が用いられることが多い[7]。ここで，α，β はそれぞれ回折格子法線から反時計回りを正とした場合の入射角，回折角である（図では β は負となる）。回折の条件は

$$d\,(\sin\beta + \sin\alpha) = m\lambda \qquad (2.15)$$

となり，溝の斜面の傾き θ と格子定数 d を調整し，入射光と m 次の回折光が鏡面反射の関係にあるとき，入射エネルギーを m 次の回折光に集中させることができる。そのときの波長をブレーズ波長，角度 θ をブレーズ角と呼び

$$\theta = \frac{\alpha + \beta}{2} \qquad (2.16)$$

で表される。また，個々の回折格子の特性を論ずる場合やカタログに記載する場合には，$\alpha = \theta$ となる（入射した方向に回折光が返る）1 次回折光の波長をブレーズ波長として用いられる。ただし，回折格子を用いるうえでは，ある回折角に次数が異なる別の波長の光が混ざるため，注意すべきである。それを避けるため，分光光度計では別次数の光をカットするフィルタを併用する場合もある。

2.1.4 検出器の種類と特性

ある種類のエネルギーを情報伝達のために別の形態に変換するものを，一般にトランスデューサと呼ぶ。分光光度計の検出器やカメラの撮像素子は，光エネルギーを電気的信号に変換するセンサであり，トランスデューサの一部といえる。ただし，当然ながら検出光の波長や必要な感度に応じ

て，さまざまな種類の検出器から適当なものを選択する必要がある。本節では，検出器を3種に大別して説明する。

（1） フォトダイオード，光伝導型素子　**フォトダイオード**（photodiode）は小形で高い電圧が不要であることが特徴で，可視カメラではSiフォトダイオードを平面状に並べたアレイが撮像素子に使用されている。また，回折格子などで分けられた光を1次元にならべたSiフォトダイオードアレイで検出することで，分光を高速化かつ小形化することが可能であり，実際にライン検査などにも用いられている。

フォトダイオードの例と基本構造を**図2.18**に示す[8)]。基本構造はLEDと同様で，p形半導体とn形半導体が接合された構造からなり，p層に正電極，n層に負電極が取り付けられている。また，p層とn層の間に不純物密度の小さい半導体（I層）をはさんで接合容量を小さくしたpin形もある。

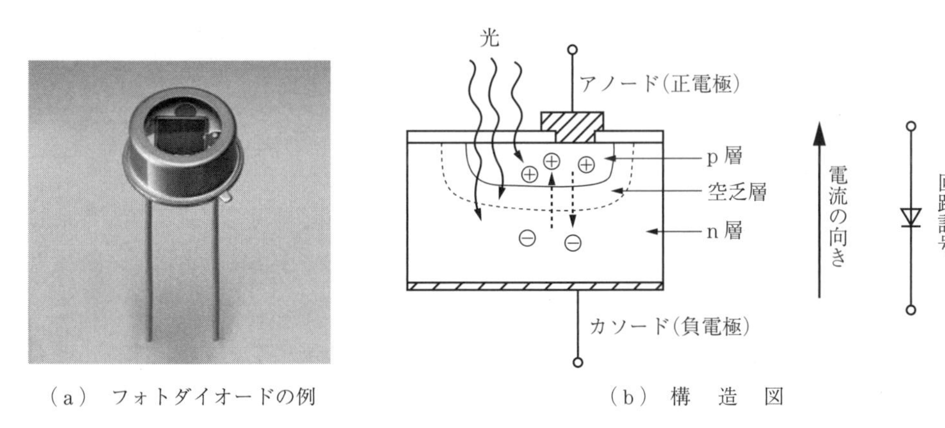

（a） フォトダイオードの例　　（b） 構 造 図

図2.18　フォトダイオードの例と構造図（写真は浜松ホトニクス(株)ホームページより転載[8)]）

pn接合部に光が入射し，その光子のエネルギーがバンドギャップより大きい場合，その光子数に比例して価電子帯にあった電子が励起されて伝導帯になり，正孔-電子対が生成される。これらがそれぞれ電界に従って移動し（ドリフト運動），p層は正孔が集まって正に，n層は電子が集まって負に帯電する。その状態で外部回路が接続されると，正孔と電子が外部回路を介して反対側の電極へ移動するため，電流が流れる。

受光する波長がある値を超えると，光子のエネルギーがバンドギャップより小さくなり，受光感度が急激に落ちる。また極端に短波長になると，表面での吸収が大きくなり感度が落ちる。よって，Siフォトダイオードの場合は320〜1 100 nmの間で用いられる。より長波長の帯域では，バンドギャップがSiよりも小さいInGaAsなどのフォトダイオードや，光伝導型素子であるPbS検出器などが用いられる。フォトダイオードと光伝導型素子の違いは正孔-電子対を前者では起電力として，後者は電気抵抗の変化として検出するものである。

（2） 光電子増倍管　**光電子増倍管**（photomultiplier tube, PMT）は通称フォトマルと呼ばれ，光子1個から検出できる高い感度，低い雑音が特徴であるため，高い検出感度が求められる用途に用いられる。**図2.19**に示すように[9)]，光子が光電面に入射して光電子1つが生じると，増倍

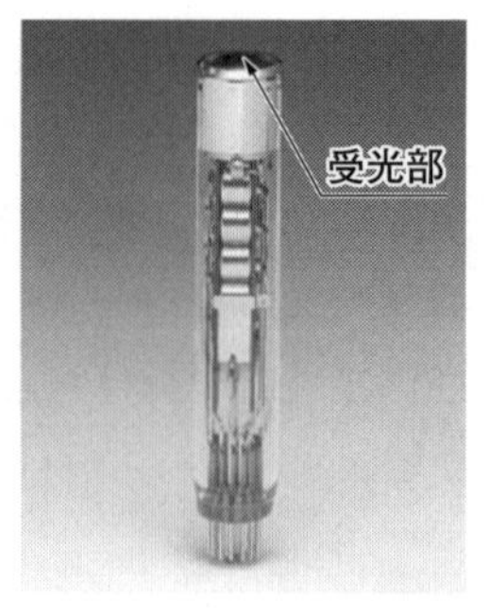

左：サイドオン型
右：ヘッドオン型

（a）　光電子増倍管の例

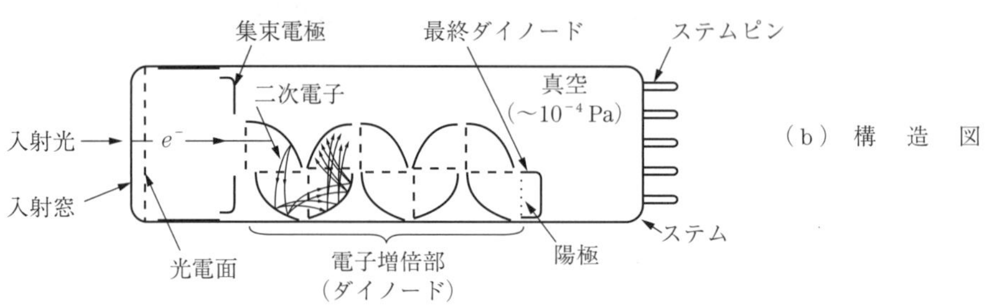

（b）　構　造　図

図 2.19　光電子増倍管の例と構造図（浜松ホトニクス(株)ホームページより転載[9]）

電極（ダイノード）に衝突し，二次電子を放出する。この過程を繰り返し，電子数が累乗で増幅され，陽極に到達して検出される。高くて安定した電圧をかける必要があるものの，その検出範囲は広く，光電面の材料を適宜選べば 115～1 200 nm の波長帯を検出することができる。また，X 線やガンマ線などもシンチレータなどによって波長域をシフトさせ，光に変えて検出することも可能である。

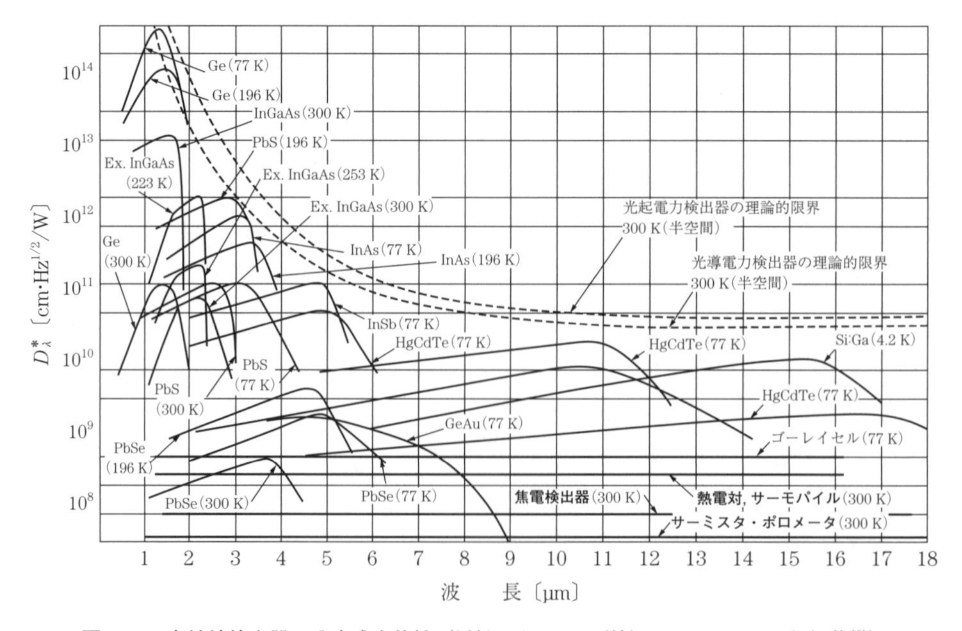

図 2.20　赤外線検出器の分光感度特性（浜松ホトニクス(株)ホームページより転載[10]）

また，増倍電極を増やし大きなPMTを用いることで，非常に高感度な計測も可能である。例えば，ノーベル物理学賞を受賞した小柴昌俊博士や梶田隆章博士の研究では，ニュートリノが水分子と衝突して生じる微弱な光を直径50 cmもの大きなPMTを用いて検出している。

（3） **熱的検出器**　熱的検出器は光を吸収することで生じる温度上昇を測定するものである。波長依存性が小さく広い帯域で使えるのが特徴で，特に赤外域では威力を発揮するが，検出感度や応答速度は他の検出器に大きく劣る（**図2.20**）[10]。図中縦軸のD^*は比検出能と呼ばれ，受光面積や雑音の大きさを考慮したうえで検出能力を示す指標である。熱起電力が生じる熱電堆（サーモパイル），自発分極が変化する焦電体（パイロエレクトロニック），容器内ガスの圧力が変化するゴーレイセル，抵抗が変化するボロメータなどがある。特にボロメータは液体ヘリウムを用いて極低温に冷却する必要があるが，テラヘルツ帯の検出器としても用いることができる。なお，赤外やテラヘルツの帯域ではヒトからの輻射熱も検出されてしまうため，注意を要する。

2.2　音 計 測 の 基 礎

2.2.1　可聴音と超音波

（1） **音とは何か**　**図2.21**に示すようにばねにおもりをぶら下げ，静止位置から少し下向きにばねを引っ張ってから離すと，おもりは上下振動を始める。振動は「時間的」におもりの位置が変動する現象である。金属棒の一端をたたくと，そこで発生した振動はつぎつぎに隣り合う領域に空間的に振動エネルギーを伝播していく。この振動は，図2.21と同様に，棒中の一点を見ると時間的な変動であり，時間を固定すると空間的にも変動している。これを波動という。

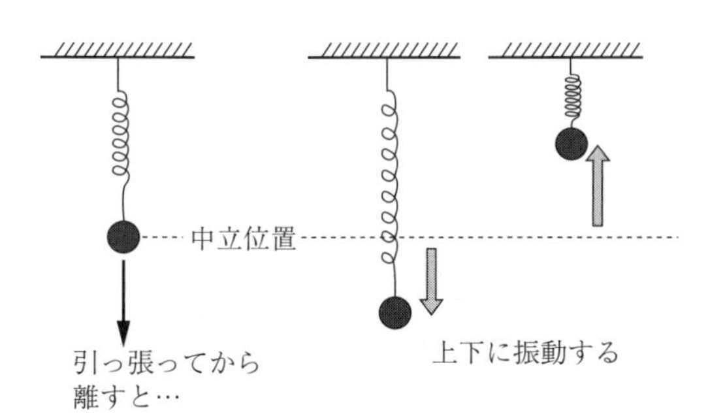

図2.21　ばね-質量系の振動様式

これは金属のような固体だけでなく，液体や気体でも同様である。液体や気体などの流体では，古典的な弾性力学にいうヤング率や剛性率の定義ができないか，もしくは零に近く，体積弾性率（逆数の圧縮率）が唯一の弾性率であることから，流体における伝播振動のモードは体積弾性率または圧縮率が支配する疎密波が支配的になる。このように主として流体中を伝播していく圧力波や粘性波のことを音波，もしくは音という。

この波は，**図2.22**に示すように媒質中に生じた疎の部分（低圧）と密の部分（高圧）が左から右へ伝播していく。波面上の一点に注目したとき，この点は図中に示すように，ある中立位置を中

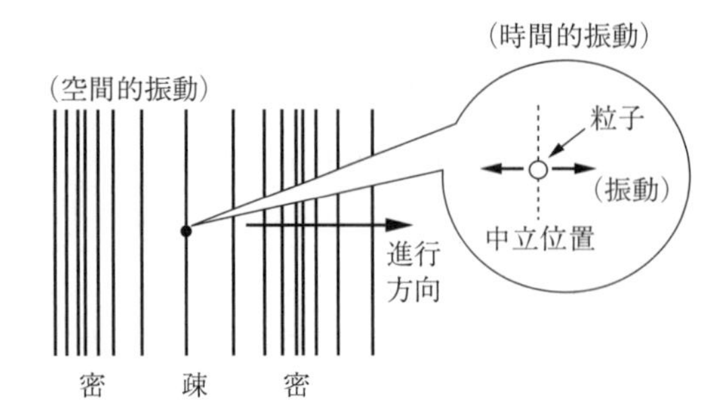

図 2.22　音の振動様式（実線は波面）

心に左右に振動をしている。この振動方向と音波の進行方向が一致する波を縦波という。ただし，後述の超音波では，表面波などの横波も音波の範疇として扱う。

流体中に音が伝播しているとする。流体中のある点$(x,\ y,\ z)$の時刻tにおける音圧を$p(t,\ x,\ y,\ z)$とする[12]。そのとき，この点まわりの微小部分が$\mathbf{d}(\xi,\ \eta,\ \zeta)$だけ変位すると，体積ひずみは$\mathrm{div}\,\mathbf{d} = \partial\xi/\partial x + \partial\eta/\partial x + \partial\zeta/\partial x$となる。体積弾性率を$K$とすると，その定義から$p = -K\,\mathrm{div}\,\mathbf{d}$が成立する。この式を時間$t$で微分すると次式が成立する。

$$\frac{\partial p}{\partial t} = -K\,\mathrm{div}\,\mathbf{u} \tag{2.17}$$

ただし，$\mathbf{u}$は変位ベクトル$\mathbf{d}$の時間微分で粒子速度という。

式(2.1)をさらに時間微分し，微小部分の運動方程式$\rho\partial\mathbf{u}/\partial t = -\mathrm{grad}\,p$（ただし$\rho$は密度）を代入すると次式を得る。

$$\frac{\partial^2 p}{\partial t^2} = \frac{K}{\rho}\,\mathrm{grad}\cdot\mathrm{div}\,p = \frac{K}{\rho(\partial^2 p/\partial x^2 + \partial^2 p/\partial y^2 + \partial^2 p/\partial z^2)} \tag{2.18}$$

式(2.1)を音圧pに関する波動方程式という。この式は基本的には気体と液体に適用される。ヤング率や剛性率が無視できないような系では，スカラー量である音圧を用いるのは適当ではなく，2 階のテンソル量である応力とひずみを用いる必要がある。2.2.3 項で少し触れるが，詳細については参考文献にあげている成書 13)，14)を参考にされたい。

（2）　振動数による音の分類　　空気中の圧力変動が耳の鼓膜を震わせると，われわれはそれを音として知覚する。しかし，音として知覚できる圧力変動の振動数は，20 ～20 000 Hz の範囲とされている。この振動数（周波数）範囲の音を可聴音という。この可聴域の音については古くから研究され，音響学という体系立った学問分野が確立されている。

20 Hz 以下の知覚できない音を超低周波音という。音として聴こえないが，振動として知覚することができる。例えば車の窓を少しだけ開けて高速走行すると，鼓膜をバタバタと繰り返し圧迫するような感じを受けることがある。これは高速走行により窓の隙間の部分がエアリードとなり，5.3 節で述べるヘルムホルツ共鳴が起こり，20 Hz 以下の低周波数の共鳴振動が発生しているためである。他にも大形の機械，高速道路，風車などでも超低周波音が発生する。耳には聴こえないものの，不快感のみならず，心身に影響を与えるために，近年問題になってきている。

また 20 000 Hz 以上の知覚できない音を超音波という。超音波は一般に伝播指向性があり，周波数が高いほど波長が短くなるため，精度が要求される測定に利用されることが多い。しかし可聴音よりも媒質中での減衰が大きいため，伝播距離が短くなる傾向にある。

2.2.2 発振装置と受振装置

（1） 発 振 装 置　可聴音の発振にはスピーカが用いられる。スピーカは電気信号を機械振動に変換し，さらに機械振動を音響振動に変換する機能をもつ装置である。電気振動を機械振動に変換する方法には大きく 2 種類あり，その変換方式をもつスピーカをそれぞれ動電型（ダイナミック型）スピーカと圧電型スピーカという[15]。

磁束密度 B の磁界の中で直角に置かれた導線に電流 I が流れるとき，導線の長さ l には，いわゆるフレミング左手の法則に従う向きに力 $F = BIl$ が作用する。**図 2.23** に示す動電型スピーカは，ボイスコイルの外側をドーナツ形の永久磁石が取り囲む形になっている。このボイスコイルに電流を流すことにより，コイルにつながっている振動板（コーン）を動かすことができる。

一方，圧電型の電気-機械振動変換には圧電体が用いられる。圧電体の板の両面に電圧を印加すると，板が圧縮または膨張する圧電逆効果と呼ばれる現象が利用される。圧電体として水晶やロッシェル塩などの結晶，そしてチタン酸バリウムや PZT（チタン酸ジルコン酸鉛）などを圧縮成形したものに，直流高電圧を加えて残留分極を生じさせた圧電セラミックが用いられる。

図 2.24 に示したものは，バイモルフ型振動子と呼ばれる電気-機械振動変換子である。2 枚の圧電セラミックを分極方向が逆になるように貼り合わせて交流電圧を印加すると，一方は伸び，他方は縮むため全体として大きな屈曲変位が起こる。これは可聴音だけでなく超音波の発振にも用いられるが，超音波発振では圧電体の厚み共振を用いることが一般的な方法である。

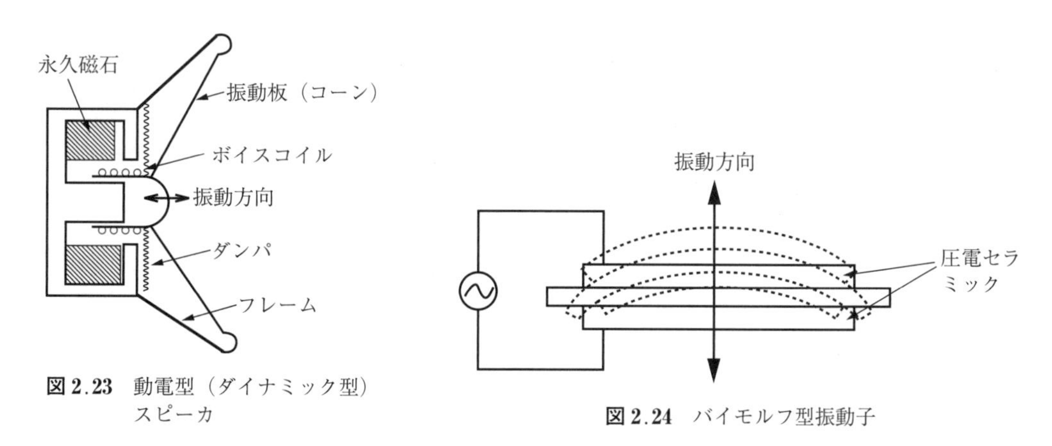

図 2.23　動電型（ダイナミック型）スピーカ

図 2.24　バイモルフ型振動子

この機械振動を音響振動に変換することで音が発生する。この変換方法には 2 種類あり，その変換方式をもつスピーカをそれぞれ直接放射型スピーカとホーン型スピーカという。直接放射型スピーカは音の波長と同程度のサイズの振動板から空気中に直接音を放射する[15]。図 2.23 の動電型スピーカ，図 2.24 のバイモルフ型振動子は，それぞれコーンと振動子を振動板とする直接放射型といえる。

機械振動を音響振動に変換するためには，振動板に接触している空気を効率的に動かす必要がある。その際に「のれんに腕押し」状態にならないようにするためには，振動板からみた媒質の手ごたえを大きくする必要がある[16]。

この手ごたえの大きさは，振動板上の平均音圧と振動速度の比で定義される放射インピーダンス Z_r（$= R_r + jX_r$，ただし R_r は放射抵抗，X_r は放射リアクタンス）で表される。振動板を半径 a の円板としたとき，波数 k との積 ka が 1 より小さい範囲，つまり円板の直径が波長より小さい場合には，波長が大きいほど音エネルギーの放射に関わる R_r は小さくなり，ka が 1 より大きくなると R_r は空気の固有音響インピーダンス（5.1.1 項を参照のこと）とほぼ同じ大きさになる[15),16]。音響インピーダンスとの差が小さいほど効率よく音響に変換されるため，振動板のサイズは波長よりも大きい方が音の放射効率がよくなる。

ホーン型スピーカは**図 2.25** に示すようなホーンを振動板の前につけることで，口径の小さい振動板でも効率よく機械振動を音響振動に変換することができる。ホーンにはいくつか種類があるが，図 2.25 には代表的なエキスポネンシャルホーン（指数ホーン）とコニカルホーン（円錐ホーン）を示す。エキスポネンシャルホーンは振動板側からの距離を x とすると断面積が $S = S_1 \exp(rx)$ で表され，コニカルホーンは断面の径が振動板からの距離に比例して大きくなっていく。いずれもホーン先端部での振動振幅が増幅されるため，振動板の振幅が小さくても音量が大きくなる。

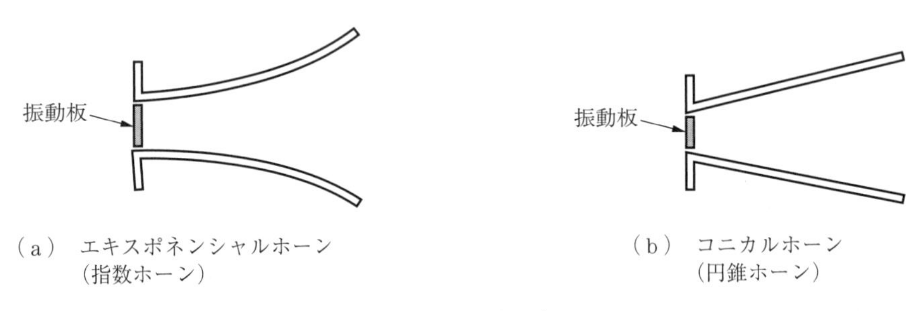

（a） エキスポネンシャルホーン（指数ホーン）　　（b） コニカルホーン（円錐ホーン）

図 2.25　ホーン型スピーカ

（2） 受 振 装 置　　可聴音の受振にはマイクロフォンが用いられる。マイクロフォンは音響振動を機械振動に変換し，さらに機械振動を電気信号に変換する機能をもつ装置である。この変換経路はスピーカのちょうど逆になる。機械振動を電気振動に変換する方法で分類すると，動電型（ダイナミック型）マイクロフォンと静電型（コンデンサ型）マイクロフォンの 2 種類がある。

図 2.26 に動電型マイクロフォンの構造を示す。音響振動はダイアフラムとそれにつながっているコイルを振動させ，磁界中をコイルが運動することでコイルに誘導電流が流れて電気信号に変換される。図 2.23 の動電型スピーカとほぼ同じ構造であるが，動電型スピーカをマイクロフォンとして利用することができる。

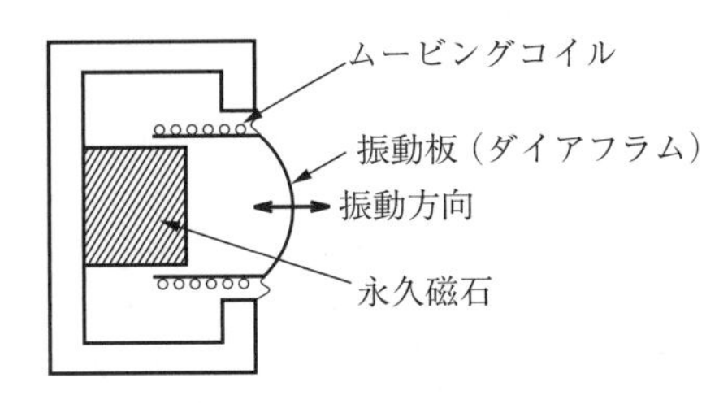

図 2.26　動電型（ダイナミック型）マイクロフォン

図 2.27 に静電型マイクロフォン構造を示す。2 枚の電極間に電圧をかけてコンデンサとして動作させる。そして一方の電極は振動板となっており，音響振動を受けると電極間の間隔が変わる。この間隔の変動が両極間の電圧変化をもたらす。

超音波については厚み共振を利用した圧電型発振子がそのまま受振子として用いられる。

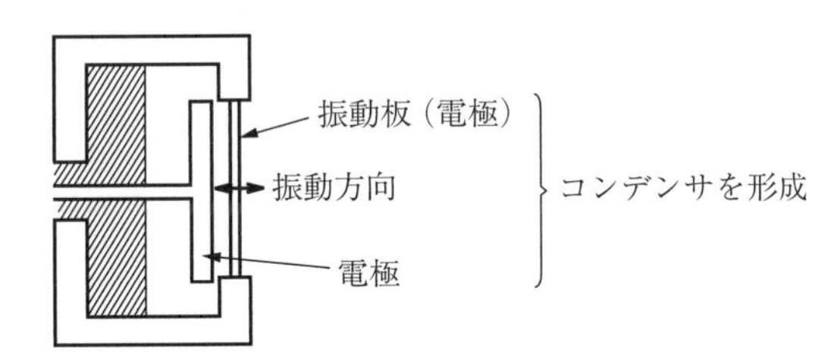

図 2.27　静電型（コンデンサ型）マイクロフォン

2.2.3 音速と吸収

（1）音速と弾性率　2.2.1 項では，音は流体媒質を伝播する疎密波として扱った。しかし生体を対象とした超音波測定などでは，対象媒質は明らかに流体ではない。そこでここでは固体様媒質に伝播する振動も広義の音として扱うこととし，空間的に無限に広がる均質弾性連続体中の平面波伝播現象について考えることとする。

一般化されたフックの法則より，応力テンソルとひずみテンソルの間の線形関係を示す 4 階のテンソル量として弾性率が定義される[13),17)]。いま，体積要素を**図 2.28** のように考える。ここで σ_{ij} は x_i 軸に垂直な平面に働く x_j 方向の応力を表すテンソルである（ただし，$i,\ j = 1,\ 2,\ 3$）。ひずみテンソルを e_{kl} とすると，応力とひずみの間に比例関係が成り立つため次式が成立する。

$$\sigma_{ij} = c_{ijkl}e_{kl} \tag{2.19}$$

ただし，c_{ijkl} は 4 階の弾性率テンソル，$i,\ j,\ k,\ l = 1,\ 2,\ 3$。

$e_{kl} = e_{lk}$，$\sigma_{ij} = \sigma_{ji}$ とすると，フォークトの記号，11 → 1，22 → 2，33 → 3，23 or 32 → 4，31 or 13 → 5，12 or 21 → 6 を用いて，式(2.19)は次式で表すことができる[17),18)]。

$$\sigma_m = c_{mn}e_n \qquad (m,\ n = 1,\ 2,\ 3,\ 4,\ 5,\ 6) \tag{2.20}$$

これを等方体（あるいは立方晶系）に適用した場合の c_{mn} は，つぎのようになる[18)]。

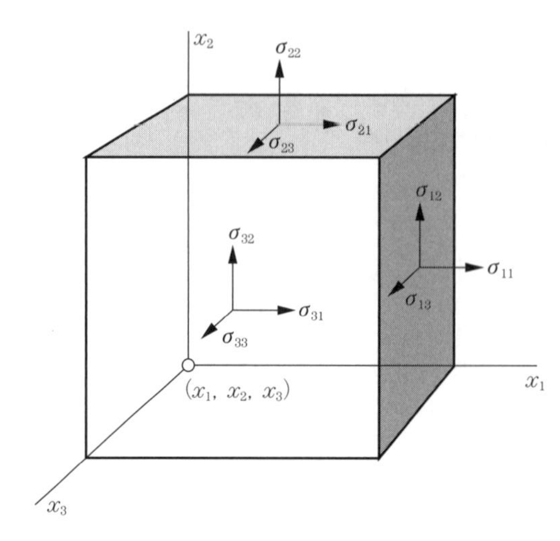

図 2.28　無限媒体中の応力テンソル

$$\begin{bmatrix} c_{11} & c_{12} & c_{12} & 0 & 0 & 0 \\ c_{12} & c_{11} & c_{12} & 0 & 0 & 0 \\ c_{12} & c_{12} & c_{11} & 0 & 0 & 0 \\ 0 & 0 & 0 & c_{44} & 0 & 0 \\ 0 & 0 & 0 & 0 & c_{44} & 0 \\ 0 & 0 & 0 & 0 & 0 & c_{44} \end{bmatrix} \tag{2.21}$$

また等方体の場合は，特に

$$2\,c_{44} = c_{11} - c_{12} \tag{2.22}$$

という関係があるため，独立な弾性率は2個ということになる[13]。

古典弾性力学の各弾性率，すなわち体積弾性率 K，ヤング率 E，剛性率 G，ラメ定数（Lamé's constants）λ，μ と式(2.21)の弾性率との関係をまとめると**表 2.2** のようになる[19]。

等方弾性体中を［100］方向に進む波動を考えると

$$(c_{11} - \rho c_1{}^2)(c_{44} - \rho c_2{}^2)(c_{44} - \rho c_3{}^2) = 0 \tag{2.23}$$

表 2.2　等方弾性体の弾性率換算表[19]

	$\lambda,\ \mu$	$K,\ G$	$G,\ \nu$	$E,\ \nu$	$E,\ G$
ラメ定数 λ	λ	$K - \dfrac{2}{3}G$	$\dfrac{2G\nu}{1-2\nu}$	$\dfrac{\nu E}{(1+\nu)(1-2\nu)}$	$\dfrac{G(E-2G)}{3G-E}$
ラメ定数 μ (= 剛性率 G)	μ	G	G	$\dfrac{E}{2(1+\nu)}$	G
体積弾性率 K	$\lambda + \dfrac{2}{3}\mu$	K	$\dfrac{2G(1+\nu)}{3(1-2\nu)}$	$\dfrac{E}{3(1-2\nu)}$	$\dfrac{EG}{3(3G-E)}$
ヤング率 E	$\dfrac{(3\lambda+2\mu)\mu}{\lambda+\mu}$	$\dfrac{9KG}{3K+G}$	$2(1+\nu)G$	E	E
ポアソン比 ν	$\dfrac{\lambda}{2(\lambda+\mu)}$	$\dfrac{3K-2G}{2(3K+G)}$	ν	ν	$\dfrac{E}{2G} - 1$

となり，つぎの２種類の音速が求められる。

$$c_1 = \sqrt{\frac{c_{11}}{\rho}} \tag{2.24}$$

$$c_2 = c_3 = \sqrt{\frac{c_{44}}{\rho}}$$

この場合，c_1 が縦波の音速，c_2，c_3 が横波の音速となる。等方弾性体の縦波音速 c_l，横波音速 c_s を，表 2.1 の関係から古典弾性力学の弾性率を用いて整理した一例をつぎに示す。

$$\left.\begin{aligned} c_l &= \sqrt{\frac{1}{\rho}\left(K + \frac{4}{3}G\right)} \\ c_s &= \sqrt{\frac{G}{\rho}} \end{aligned}\right\} \tag{2.25}$$

一般に音速と弾性率の関係は

$$\text{音速} = \sqrt{\frac{\text{波動による変形に関係する弾性率}}{\text{密度}}}$$

の形で表される[13]。等方弾性体の単純変形のパターンとそれに関係する弾性率を**図 2.29** に示す[20]。式(2.24)，式(2.25)より，縦波は図(ｂ)の変形，つまり波の伝播方向（変形の方向）以外のひずみがすべてゼロであるような変形を，また横波は図(ｄ)のようなずり変形をそれぞれ媒質中にもたらすといえる。

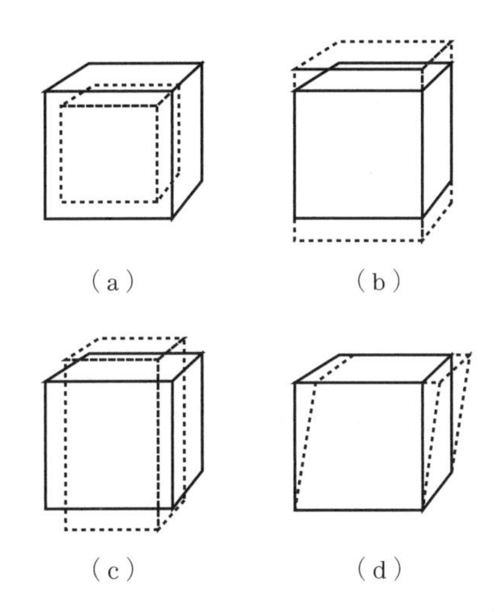

図 2.29　等方弾性体の単純変形パターン[20]

（２）　吸収と音速　　前項では暗黙のうちに音が減衰せずに媒質中を伝播していくことを仮定していたが，実際の媒質中では，振動エネルギーの一部が熱として散逸すると考えられる。この音波の吸収を考慮するために，媒質を等方線形粘弾性体として，複素弾性率と複素音速の関係を考える。

複素音速 c^* はつぎのように書き表される[17]。

$$\frac{1}{c^*}=\frac{1}{c}+\frac{\alpha}{j\omega} \tag{2.26}$$

ただし，α は吸収係数，c は音速，ω は角周波数。

前述のように，音速 c と弾性率 M は $c=(M/\rho)^{0.5}$ の関係で結ばれている。この関係は複素音速 c^* と複素弾性率 M^* においても成立するため，つぎのように表すことができる[21)]。

$$c^*=\sqrt{\frac{M^*}{\rho}} \tag{2.27}$$

無限媒体中の縦波モードを考えた場合，次式が成立する[21)]。

$$\begin{aligned} L^* &= L'+iL'' \\ L' &= K'+\frac{4}{3}G'=\rho c_l^2\frac{1-\left(\frac{\alpha_l c_l}{\omega}\right)^2}{\left\{1+\left(\frac{\alpha_l c_l}{\omega}\right)^2\right\}^2} \\ L'' &= K''+\frac{4}{3}G''=\rho c_l^2\frac{2\left(\frac{\alpha_l c_l}{\omega}\right)}{\left\{1+\left(\frac{\alpha_l c_l}{\omega}\right)^2\right\}^2} \end{aligned} \tag{2.28}$$

ただし，K^*（$=K'+jK''$）は複素体積弾性率，G^*（$=G'+jG''$）は複素剛性率，c_l は縦波音速，α_l は縦波吸収係数。

ここで，$\frac{\alpha_l c_l}{\omega}\ll 1$（あるいは $k_l\ll\alpha_l$）の場合，式(2.28)は

$$\begin{aligned} L' &= \rho c_l^2 \\ L'' &= \frac{2\,\alpha_l\rho c_l^3}{\omega} \end{aligned} \tag{2.29}$$

となる[21)]。この式より縦波音速 c_l は

$$c_l=\sqrt{\frac{L'}{\rho}}=\sqrt{\frac{1}{\rho}\left(K'+\frac{4}{3}G'\right)} \tag{2.30}$$

となる[21)]。以上のことから，特に生体の弾性率を音速から推定する場合には，吸収測定もあわせて行い，$\frac{\alpha_l c_l}{\omega}\ll 1$ の条件を満たすかどうか確認することが必要となることがわかる。

2.2.4 ドップラー効果

（1） ドップラー効果　**ドップラー効果**（doppler effect）とは，波の発生源や観測者が動いているときに，発生源の波の周波数と異なった周波数の波が観測される現象のことをいう。救急車が近づいてきたときにサイレンの音が高く（周波数が高く）聞こえ，遠ざかると低く（周波数が低く）聞こえるのがドップラー効果を体感できる身近な例である。ドップラー効果は，電磁波（光や電波），水面の波，音波などすべての波動で生じる現象である。

波の発生源が移動する場合のドップラー効果による波長の変化を，**図 2.30** に示す。波の速度を c〔m/s〕とすると，1 秒後に波が進む距離は波の発生源の移動方向に関係なく c〔m〕となる。図

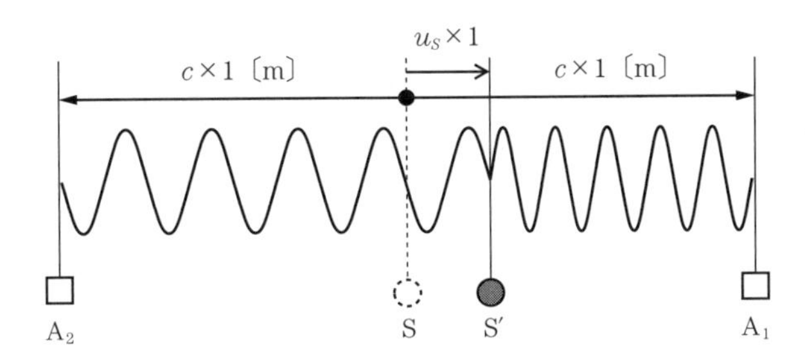

図 2.30　波の発生源が移動する場合

2.30 では A_1 と A_2 でその位置を示している。

このとき，波の発生源 S が速度 u_S〔m/s〕で移動し，1 秒後に S′ に到達したとする。波の発生源が移動しない場合は，波の発生源から 1 秒後に到達する波の位置までの距離は c〔m〕(SA_1) となる。一方，波の発生源が観測者に近づく場合は，u_S〔m〕ほど短い距離 $c - u_S$〔m〕($S'A_1$) になる。また，波の発生源が観測者から遠ざかる場合には u_S〔m〕ほど長い距離 $c + u_S$〔m〕($S'A_2$) となる。移動している間の波の周波数が変らない場合，波の発生源と波の到達位置の間の波の数は変化しないため，その距離が変ると波の波長が変化することになる。つまり

$$\lambda' = \frac{c \mp u_S}{c} \lambda \tag{2.31}$$

となる。ここで λ は波の発生源の波の波長，λ' は観測者が観測する波の波長である。よって周波数の変化は

$$f' = \frac{c}{\lambda'} = \frac{c}{c \mp u_S} \frac{c}{\lambda} = \frac{c}{c \mp u_S} f \tag{2.32}$$

と表せる。

観測者が移動する場合のドップラー効果による波長の変化を，**図 2.31** に示す。観測者が波の発生源に向かって速度 u_A〔m/s〕で近づく場合，1 秒間に観測者が観測する波の数は，$c + u_A$〔m〕の中にある波の数となる。また，観測者が波の発生源から遠ざかる場合は，$c - u_A$〔m〕の中にある波の数を 1 秒間に観測することになる。よって，周波数 f' は

$$f' = \frac{c \pm u_A}{c} f \tag{2.33}$$

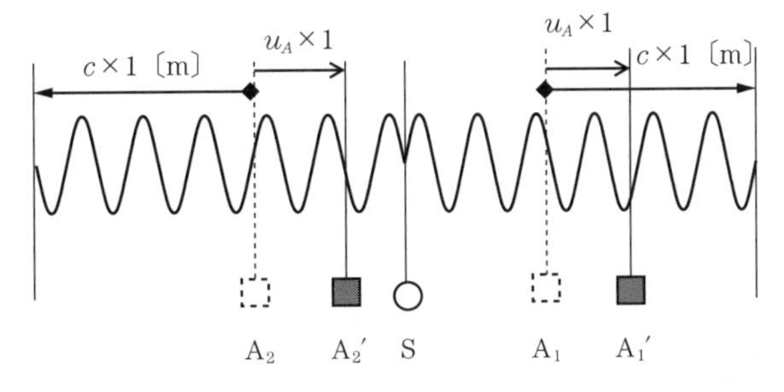

図 2.31　観測者が移動する場合

となる。

波の発生源と観測者の両方が移動する場合は，まず波の発生源が移動する場合のドップラー効果による周波数 f' を考え，そのつぎに観測者が移動する場合のドップラー効果による周波数 f'' を考えればよい。つまり

$$f' = \frac{c}{c \mp u_S} f$$
$$f'' = \frac{c \pm u_A}{c} f' = \frac{c \pm u_A}{c \mp u_S} f \qquad (2.34)$$

となる。ちなみに，符号 ± の順番は，波の発生源と観測者が近づく場合，つまり波の周波数が高くなる場合を基準に記述している。

移動する物体に反射した場合は，移動体が観測する波長と観測者が観測する波長が等しくなる。そのため，移動体を観測者と置き換えて，観測者が移動する場合について考えればよい。移動体の速度を u_O〔m/s〕とすると

$$f' = \frac{c \pm u_O}{c} f \qquad (2.35)$$

となる。

（2） ドップラー偏移周波数の測定　　ドップラー効果による波の周波数変化量（**ドップラー偏移周波数**，doppler shift frequency）を測定することで，物体や流体の速度や振動数を推定することができる。例えば，超音波を用いて血流速度を測定する**超音波ドップラー法**（ultrasonic doppler method）[22]や，レーザを用いてガスや液体の速度や物体の固有振動数を測定する**レーザドップラー法**（laser doppler method）[23),24]がある。ドップラー偏移周波数を測定する方法の一つに，**直交検波**（quadrature detection）と**高速フーリエ変換**（fast Fourier transform, FFT）を用いる方法がある。直交検波とは，受信信号に正弦波と正割波（せいかつは）を掛け合わせることで実部と虚部に分離し，位相解析を行う手法である（**図 2.32**）。送信信号の周波数を f，ドップラー偏移周波数を Δf とすると，受信信号 $r(t)$ は

$$r(t) = A(t) \cos(2\pi(f + \Delta f)t) \qquad (2.36)$$

と表現できる。$A(t)$ は受信信号の振幅成分とする。受信信号 $r(t)$ に周波数 f の正弦波と正割波を掛け合わせると

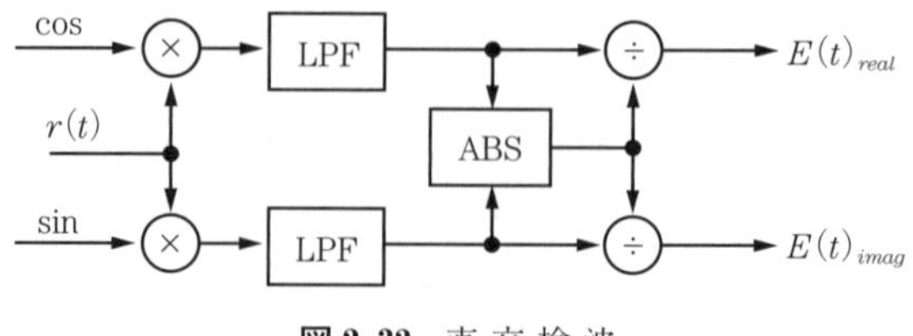

図 2.32　直 交 検 波

$$e(t)_{real} = r(t) \times \cos(2\pi ft) = \frac{A(t)}{2}\cos\{2\pi(2f + \Delta f)t\} + \frac{A(t)}{2}\cos(2\pi\Delta ft)$$
$$e(t)_{imag} = r(t) \times \sin(2\pi ft) = \frac{A(t)}{2}\sin\{2\pi(2f + \Delta f)t\} - \frac{A(t)}{2}\sin(2\pi\Delta ft) \tag{2.37}$$

そして，**低域通過フィルタ**（low pass filter, LPF）により右辺第 1 項の高周波成分を除去し，振幅成分を正規化することで右辺第 2 項のドップラー偏移周波数成分のみの信号を得ることができる。

$$E(t)_{real} = \cos(2\pi\Delta ft)$$
$$E(t)_{imag} = -\sin(2\pi\Delta ft) \tag{2.38}$$

実部 $E(t)_{real}$ は受信信号と**同一位相**（in phase）であるため I チャンネル，虚部 $E(t)_{imag}$ は**直交位相**（quadrature phase）であるため Q チャンネルともいう。つぎに，Δf を求めるために，直交検波から得られた信号を用いて FFT 演算を行う。このとき，サンプリング周波数はサンプリング定理より，計測する信号の周波数の 2 倍以上にする必要がある。また，FFT による周波数分解能 df は，式(2.39)のように FFT 計算に用いるサンプル数 N と A-D 変換のサンプリング周波数 f_p に依存する。

$$df = \frac{f_p}{N} \tag{2.39}$$

また，FFT を計算する場合，必然的に有限のサンプル数を使用することになる。FFT ではこの有限のサンプルが周期的に無限に続くと仮定して計算が行われる。よって，連続した波形は切り取られる位置により FFT の値が変化する。そのため，切り取った受信信号に窓関数を掛けて FFT を計算することで，切り取る位置による影響を小さくすることができる（**図 2.33**）。FFT 演算により得られるパワースペクトルから，ドップラー偏移周波数 Δf を検出することができる。

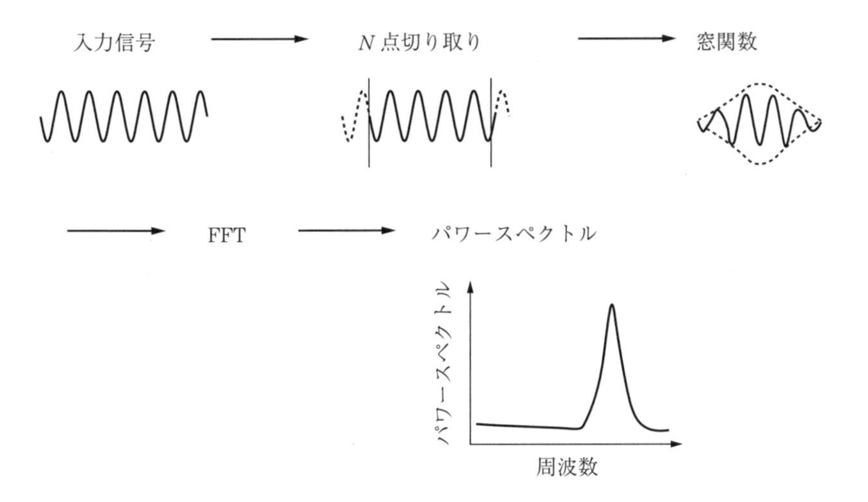

図 2.33　FFT による周波数解析

2.3 信 号 処 理

2.3.1 信 号 と 雑 音

計測には，欲しい信号以外につねにノイズ（雑音）が含まれる。このノイズには，揺らぎやスパイクノイズ，外部からの信号といったさまざまなものがあり，実験装置周辺の環境変化や装置の劣化，デバイスのもつ電気的特性や装置内での迷光や振動など，原因は多岐にわたる。各自の実験においては，そういったノイズに埋もれた中から所望の信号を取り出す必要がある（**図 2.34**）。この図の例では，$x = 100$〔%〕に見られる信号がノイズに埋もれている様子を表しており，実験では得られた測定値のデータからノイズを除去して信号を得る場面や，そもそものノイズを減らすことで，信号を得やすくする必要が生じてくることがある。この方法を考える前に，まずはノイズ（雑音）について考えてみたい。

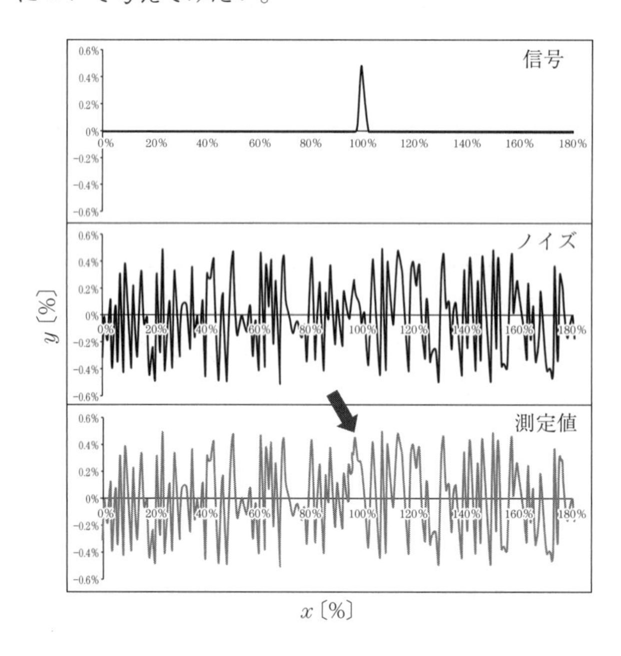

（測定値の矢印が信号）

図 2.34　ノイズに埋もれている信号

例えば，光を検出するときにフォトダイオードを用いたとする。このフォトダイオードのノイズ特性は，ノイズ電流，熱雑音電流，暗電流や光電流に起因するショットノイズ電流の和として表される[25)]。この中の熱雑音電流は，熱によって配線や回路中の自由電子が不規則な熱運動をすることによる電流のノイズで，規則性がなくランダムな熱運動に由来するノイズである。そのため，特定の周波数に限定されているわけではなく，いわゆるホワイトノイズとして存在する。原理的にこのノイズを完全に抑えることは難しく，ときにはボロメータのようにクライオスタットを用いて極低温の環境を用意することもある。一方，ショットノイズは流れる電流の揺らぎによって生じるノイズで，ミクロには電子の流れる数が統計的に揺らぐことによって生じる。これらの多くの場合，信号強度が低いほど目立つノイズである。

このフォトダイオードで光を検出するには，2.1.4 項で述べたように光の粒子（フォトン）のエネルギーが受光面の材料で決まるバンドギャップエネルギーよりも大きい場合にフォトンで電子が励起され，電子と正孔のペアを生じる。空乏層中の電界により生成された電子は n 形領域，正孔は p 形領域へとドリフト運動し，ダイオードの両端に起電力を生じさせることで光電流を発生する[26]。

しかし，じつはフォトダイオードは先述の熱雑音や結晶の欠陥などが原因で，フォトンがない状態でもつねに電流を生じている。この電流は“暗電流”と呼ばれ，光量を計測するときのノイズとなり，実質的には検出器のダイナミックレンジを制限する。そのため通常，計測装置にフォトダイオードが組み込まれている場合は，サンプル測定の前に機器のキャリブレーションとして手動で暗電流を計測する機能，もしくは自動でシャッタを開閉し，一定間隔ごとに暗電流を計測する機能が付いていることが多い。

このように，自分が使っているセンサや計測機器の特性を理解し，どういった要因でノイズが生じる可能性があるのかを知っておくことは，信頼性の高いデータを得るために重要である。

静電気は，落雷やリレーなどのスイッチングデバイス，装置や作業者の衣服などに蓄積された電荷などが原因で，エネルギーは小さいものの，一瞬で数 kV 以上の電圧を印加するので瞬時に大電流が流れ，回路の誤動作や破損にいたる。このような過渡的な電流はサージ電流と呼ばれ，一種のノイズとみなすことができる。特にスイッチングデバイスでは，瞬時電流によって電波を発生し，電磁誘導によって周辺の回路の誤動作の原因となることもある。

これらを防ぐには，回路レベルではフィルタ機能を有する電子部品が市販されているが，実験を行う作業者の立場で実施できる対応策としては，実験系の中で電荷をためる場所がないようにアース線で電荷を逃すことが重要となる。このとき，作業者の体にも電荷がたまっているので，リストストラップや導電性マットなどを用いて作業するとよい。さらにいえば，例えば複数の計測機器やミリ波発振器といった電子デバイスを用いる際には，アースが浮いている状態にならないようにすべてグランドにアースをし，同じ基準の電圧をとるように配慮することが，ノイズの少ないデータを取得することや機器を破損しないことにつながる。

経時変化に伴うスペクトルの異常は，見つけるのが難しいノイズである。このノイズと正しい信号を見極める最も基本的な方法は，日々の実験において得られたデータに異常がないか注意を払うといった基本的な作業を行うことに尽きる。

例えば分光測定を例にとると，光学素子の汚れや壊れ，検出器や光源の劣化など，状態がつねに変化する可能性がある。このような変化を見つけるために，実験開始前後に基準となるサンプルもしくはサンプルを配置せずに空（から）の状態で信号を取得し，実験ノートや装置のログノートに残しておくとよい。この方法は，装置の劣化や異常を見つける際に重要であるとともに，その装置を利用する者同士で情報交換することで各人の実験データの質を高めることにつながる。

2.3.2 フーリエ変換

フーリエ変換（Fourier transform）[27]は数学的手法の一つであり，研究分野においては実験で得た信号を解析するときに用いることが多い。具体的には，時間や空間軸の信号を周波数軸に変換する場合に用いられ，その逆変換を逆フーリエ変換と呼ぶ。

いま，つぎの式で表される時間軸 t の周期関数を考える。

$$y(t) = Ae^{i(\omega t+\phi)}$$

ここで，A は振幅，ω は振動の周波数，ϕ は初期位相を表す。

フーリエ変換とは，上式のように“無限に繰り返す周期関数で与えられるような波形”の場合に，角周波数 ω，位相 ϕ，振幅 A を求める変換方法である。信号 $y(t)$ をフーリエ変換した結果を $Y(\omega)$ とすると

$$Y(\omega) = \frac{1}{L}\int_{-\frac{L}{2}}^{\frac{L}{2}} y(t)e^{-i\omega t}dt \tag{2.40}$$

が与えられる。ここで $-L/2$，$L/2$ は，**図 2.35** に示すように信号が繰り返す 1 周期を表す。

いま，周期関数が $y(t) = \cos\omega_0 t$ とするとき，$Y(\omega)$ は

$$Y(\omega) = \frac{1}{L}\int_{-\frac{L}{2}}^{\frac{L}{2}} \cos\omega_0 t(\cos\omega t - i\sin\omega t)dt \tag{2.41}$$

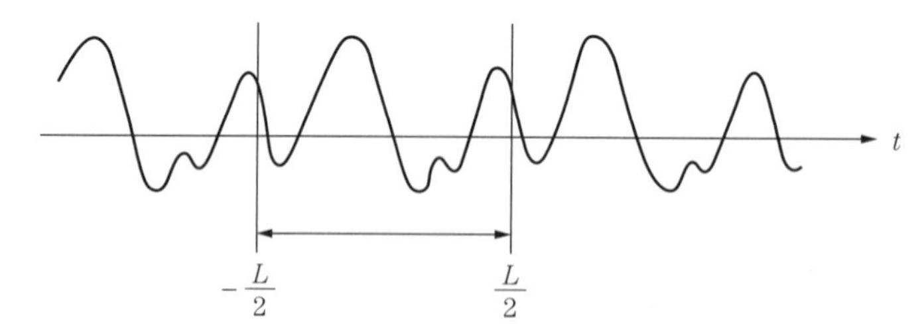

図 2.35 繰り返す信号の 1 周期

と表せる。このとき，虚数項は偶関数 $\cos\omega_0 t$ と素関数 $\sin\omega t$ の積となるため，$-L/2$ から $L/2$ の間での和は必ず 0 となる。また，実部の項でも ω_0 と ω が異なるときには 0 となり，$\omega = \omega_0$ のときのみ値をもつ。このことを図に示すと，**図 2.36** のようになる。

これを式で表すと以下のように書ける。

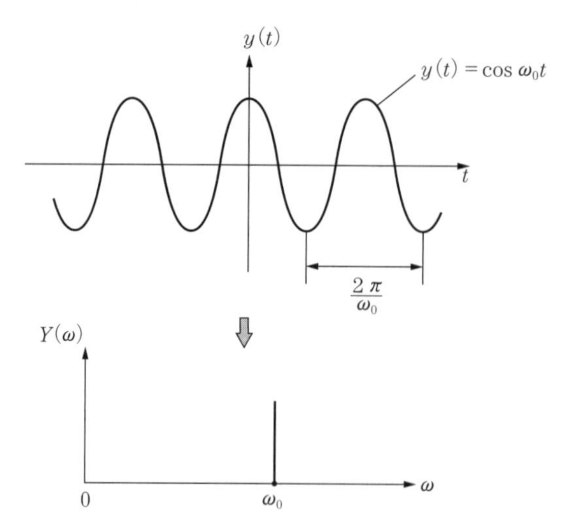

図 2.36 コサイン関数のフーリエ変換

$$Y(\omega) = \begin{cases} \dfrac{2}{L}\displaystyle\int_{-\frac{L}{2}}^{\frac{L}{2}} \cos^2 \omega_0 t\, dt = 1 & \text{if} : \omega = \omega_0 \\ 0 & \text{if} : \omega \neq \omega_0 \end{cases} \tag{2.42}$$

この意味は，「時間の周期関数 $y(t) = \cos \omega_0 t$ をフーリエ変換すると，$\omega = \omega_0$ のときのみ値をもつ単一周波数の信号となった」ということになる。これは，最初の周期関数が単一周期のコサイン波だったためである。しかし実際の $y(t)$ は，さまざまな波の重ね合わせであることが多いため，それぞれの周波数に応じた信号が観測されることとなり，一見ランダムに見えるスペクトルにどの周波数成分が含まれているかを知ることができる。

先述のとおりフーリエ変換を行うには，$-L/2$ から $L/2$ の間の信号が無限に繰り返されている必要がある。逆に，無限に続く周期関数において繰り返し区間を設定する場合には，区間の切り方の違いで元の周期関数とわずかに接続が異なる場合が生じる。これは選択した区間をつないだときに不連続点が生じる状況である。このような信号をフーリエ変換すると，元が同じ周期関数でも，アーチファクト（偽のスペクトル）を含む異なった結果となることがある。これはつまり，元の信号の周期性がつながらない区間の選択をしたことにほかならない。

しかし通常のフーリエ変換は，全体の周期性がわからない信号の周期性を調べるために利用する方法であるため，毎回適切な区間を解析に供することができるとは限らない。そのため，一般的には窓関数を使って不連続性を目立たなくし，アーチファクトを軽減する。

窓関数には，矩形波，ガウス（Gauss），ハミング（Hamming），ハニング（Hanning），ブラックマン-ハリス（Blackman-Harris）などさまざまある。フーリエ変換で最も一般的なのは，ハニング窓やその修正版のハミング窓と言われており，最も周波数分解能の高い矩形波の窓幅を T とすると，ハニング窓で同じ周波数分解能を得るには $2T$ 分の窓を設定する必要がある。ただし，これにより矩形波窓より小さなスペクトルを検出するのに適している。このように窓関数を使う場合それぞれで特徴が異なるため，用途や測定系に合わせて選択することが望ましい（**図 2.37**）。

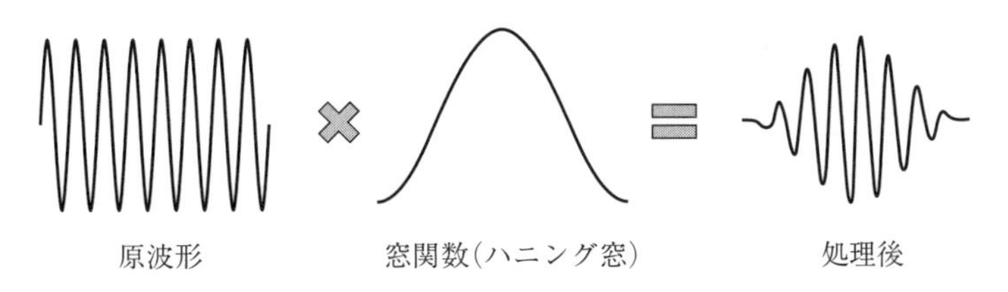

図 2.37　窓関数（ハニング窓）による波形処理の例

2.3.3　サンプリング定理

通常，検出器で得られた信号はアナログ信号である。これらは A-D コンバータなどによってディジタル信号に変換される。ディジタルの信号とは，アナログ信号と異なり離散化された信号で曖味さがない。一方，アナログ信号は多くの情報を有しているが，一旦ディジタル信号に変換された後はデータ容量などが制限となり，データが切り落とされていることが多く，元のデータに完全に戻せないといった特徴がある。このとき，できるだけ忠実性を失うことなくディジタル化するには，どれくらいの粗さのサンプリング間隔まで許容できるかを考える必要がある。

このアナログ信号を離散化することをサンプリング（もしくは標本化）と呼び，どの程度の間隔でサンプリングすればいいのかを定量的に表す定理を**サンプリング定理**（sampling theorem）と呼ぶ。具体的には「アナログ信号をサンプリングしてディジタル信号に変換するとき，その信号に含まれる周波数 f_c の 2 倍以上の周波数 f_s でサンプリングすれば，完全に復元することができる。」という関係であり，f_s をサンプリング周波数と呼ぶ。

$$f_s \geq 2f_c$$

ここでいう元の信号に含まれる周波数 f_c は，元の信号をフーリエ変換したときの最大周波数として与えられ，その周波数の 2 倍以上の周波数 f_s でサンプリングすれば，再現可能となる。

2.3.4　離散フーリエ変換と高速フーリエ変換[28)]

アナログ信号と違って，ディジタル信号（＝離散化された信号）をフーリエ変換するには，離散フーリエ変換が用いられる。N 個の複素関数 $x(n)$ で表されるディジタル信号の離散フーリエ変換の定義は，以下の式で表される。

$$X(k) = \sum_{n=0}^{N-1} x(n) e^{-i\frac{2\pi k}{N}n} \tag{2.43}$$

ただし

$$e^{-i\frac{2\pi k}{N}n} = \cos\frac{2\pi k}{N}n - i\sin\frac{2\pi k}{N}n \tag{2.44}$$

である。$e^{-i\frac{2\pi k}{N}n}$ は，n が大きくなるにつれて複素平面の単位円周上を $2\pi k/N$〔rad〕ごとに回転する。この信号は，$k=0$ のとき直流成分，$k=1$ のとき基本波成分，$k>1$ のとき高調波成分を表現している。また，$e^{-i\frac{2\pi k}{N}n}$ は周期 N の周期性をもっており

$$\left.\begin{aligned} e^{-i\frac{2\pi(k+N)}{N}n} &= e^{-i\frac{2\pi k}{N}n} \\ e^{-i\frac{2\pi\left(k+\frac{N}{2}\right)}{N}n} &= -e^{-i\frac{2\pi k}{N}n} \\ e^{-i\frac{2\pi k}{N}2n} &= e^{-i\frac{2\pi k}{N/2}n} \end{aligned}\right\} \tag{2.45}$$

という関係が成立する。

また，得られる複素関数 $X(k)$ も N 個のディジタル信号となるが，このときの周波数分解能 Δf と k 番目の信号の周波数 f_k は以下の関係となる。

$$\left.\begin{aligned} \Delta f &= \frac{1}{N}f_s \\ f_k &= \frac{k}{N}f_s \end{aligned}\right\} \tag{2.46}$$

ただし，f_s はサンプリング周波数である。つまり，周波数分解能を高めるにはフーリエ変換する

ディジタル信号の数 N を多くする必要があり，それだけ離散フーリエ変換の演算量が増大する。単純に乗算数について考えると，その演算量は N^2 となる。この演算を高速に行う計算方法がいくつも開発されており，それを総称して**高速フーリエ変換**（FFT, fast Fourier transform）という。

この演算では，式(2.45)に示した $e^{-i\frac{2\pi k}{N}n}$ の周期性を利用して変換を何段かに分解し，乗算および加算回数を大幅に減少させている。そのため，信号の数 N を 2 のべきや，4 のべきに限定することが多い。例えば，N が 2 のべきの時間間引き FFT の乗算数は，$\frac{N}{2}\log_2 N$ となる。ディジタル信号の数 N が 1 024 の場合，直接離散フーリエ変換を計算した場合の乗算数は 1 048 576 回，FFT の場合は 5 120 回となり，約 1/200 の計算量に減少させたことになる。実際の計算方法については他の文献を参照されたい。

また，$X(k)$ を

$$X(k) = A(k) - iB(k) \tag{2.47}$$

と表記すると，振幅スペクトル $|X(k)|$，パワースペクトル $|X(k)|^2$，位相スペクトル $\arg(X(k))$ はそれぞれ

$$\left.\begin{aligned} |X(k)| &= \sqrt{A(k)^2 + B(k)^2} \\ |X(k)|^2 &= A(k)^2 + B(k)^2 \\ \arg(X(k)) &= \tan^{-1}\frac{B(k)}{A(k)} \end{aligned}\right\} \tag{2.48}$$

となる。

さらに，離散逆フーリエ変換の関係式は以下のように表すことができ

$$x(n) = \frac{1}{N}\sum_{n=0}^{N-1} X(k)e^{i\frac{2\pi k}{N}n} \tag{2.49}$$

離散フーリエ変換を行って特定の周波数ノイズを取り去るなどの解析を行った後，この離散逆フーリエ変換を用いて元の信号に戻すことで，ノイズのないディジタル信号を手に入れることができる。

2.3.5 ノイズ除去処理

計測される信号が繰り返し測定される場合は，アベレージング（平均化処理）することでノイズを軽減することができる。一般的にノイズはランダムに生じ，その大きさや頻度はさまざまである。このとき，これらの信号を何度も取り込み十分な回数を平均化することで，欲しい信号のみを得ることができる（**図 2.38**）。ただし，この方法は繰り返し性のある信号に限られ，平均化するサンプルの数を n 回とすると，n 回の平均化によりノイズ信号は $1/\sqrt{n}$ 倍になることが知られている。

他にもさまざまなノイズの除去方法が提案されている。ここでは，横軸を時間とした信号に乗っているノイズの除去方法について述べる。画像中のノイズについては本書の第 4 章で紹介されているので，そちらを参考にされたい。

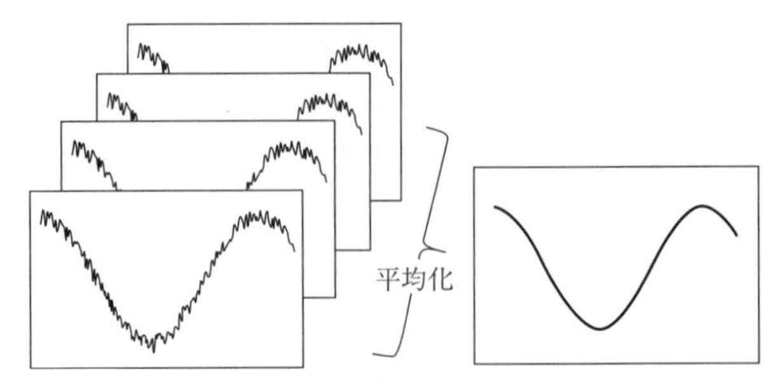

図 2.38　ノイズ信号の平均化処理

ここではまず，フィルタを用いたノイズ除去法について説明する。いま，**図 2.39** に示すように，信号にノイズが乗った図(a)のような信号を得たとする。このとき，この信号にフィルタ処理を施すことで，図(b)のような信号を得ることができる。この例では細かい（周波数の高い）信号がノイズで，大きな（周波数の低い）信号が目的の信号である。つまり，実験で得た図(a)の信号は異なる周波数の信号の足し合わせとみなせ，今回はフィルタ処理を使って周波数の低い信号のみを取り出したことになる。

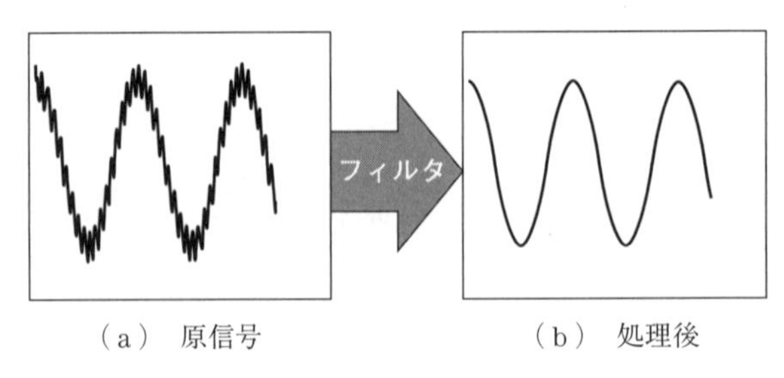

（a） 原信号　　（b） 処理後

図 2.39　ローパスフィルタを用いたノイズ除去

このように低い周波数成分を取り出すフィルタを**ローパスフィルタ**（low pass filter, LPF）と呼び，逆に高い周波数成分を取り出すのを**ハイパスフィルタ**（high pass filter, HPF），ある範囲の周波数成分のみを取り出すのを**バンドパスフィルタ**（band pass filter, BPF）と呼ぶ。

フィルタ処理を用いる場合，手元の信号が時間軸の信号か周波数軸の信号かを理解している必要がある。例えば，オシロスコープなどで時間軸の波形を見ているとき，LPF を適用するには時間波形にフーリエ変換を適用し，周波数軸に直して考える必要がある。これは，これらのフィルタ処理が周波数を基準にふるい分けしているためである。

他にはディジタルシグナルプロセッサ（DSP）と呼ばれる信号処理に特化したマイクロプロセッサ内で，ディジタルフィルタと呼ばれる **FIR フィルタ**（finite impulse response filter）や **IIR フィルタ**（infinite impulse response filter）を用いて信号を処理する場合がある。前者の FIR フィルタは，移動平均に重み付けを付与したフィルタで，後者の IIR フィルタは前者にフィードバックを設けたものである。これらのフィルタは，ディジタル信号処理と呼ばれる手法で，詳しくは文献 28)を参考にされたい。

分光スペクトルなどの場合，わざと分解能を上げて測定し，スペクトルの中で平均化処理を行う場合もある（**図2.40**）。移動平均などがそれに相当し，一種のローパスフィルタともみなすことができる。なお，一般的に分光スペクトルのノイズ処理はスペクトルを得てから必ず行うべき処理の一つであり，解析に供する前処理の一つとしてとらえられることが多い。そこで本書では，分光スペクトルに関する他のノイズ処理については，本書第3.2節のスペクトル解析法で紹介する。

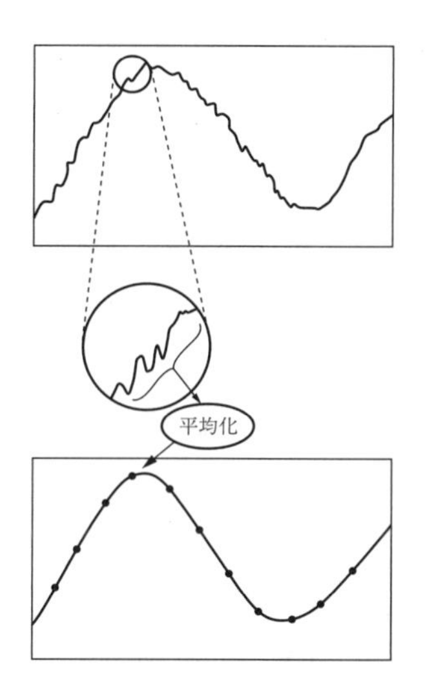

図2.40　スペクトルの移動平均化処理

2.3.6　ロックインアンプによる微小信号検出[29),30)]

ロックインアンプ（lock-in amplifier）は，**図2.41**のようなノイズに埋もれている信号の中から，特定の周波数で変調された信号にLockされた信号のみを抜き出し，位相敏感検波（phase-sensitive detection, PSD）により高いSN比で信号を検出する技術である。回路は**図2.42**のように

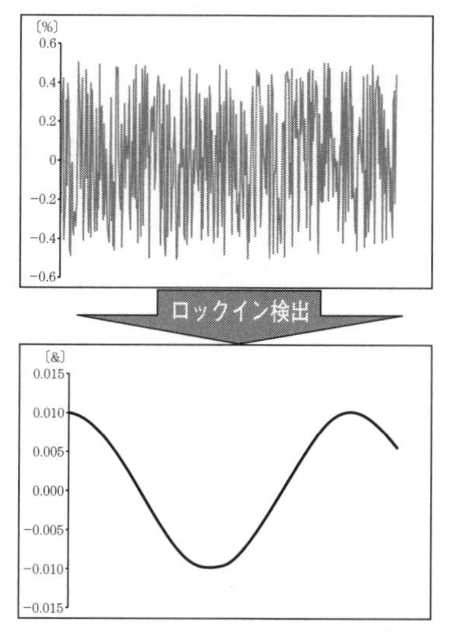

図2.41　ロックインアンプによる信号検出

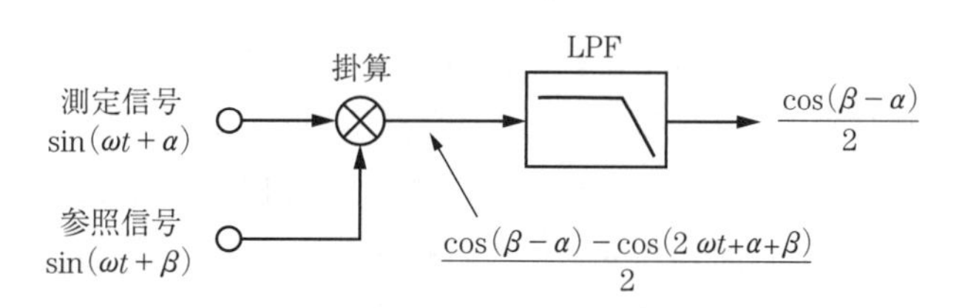

図2.42　ロックインアンプの回路の模式図
（(株)エヌエフ回路設計ブロックホームページより転載）[30)]

なっており，測定信号（$\sin(\omega t+\alpha)$）が参照信号（$\sin(\omega t+\beta)$）と乗算され，($(\cos(\beta-\alpha)-\cos(2\omega t+\alpha+\beta))/2$ となる。これは測定信号と参照信号の位相が同じときは最大の直流値となり，90° の位相がずれているときは，直流値は 0 となることを意味している。

この乗算の様子を周波数軸を横軸として説明した図が**図 2.43** である。この図にあるように，参照信号と同じ位相の信号のみ直流成分に変換され，雑音は交流成分となる。その後でローパスフィルタを用いることで，欲しい信号をノイズから切り離すことができる。

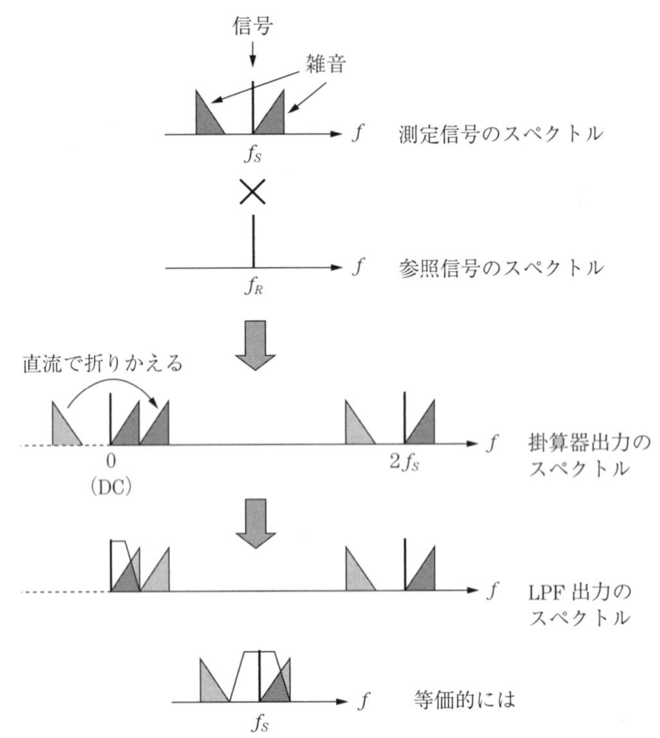

図 2.43　ロックインアンプ信号処理の模式図
((株)エヌエフ回路設計ブロックホームページより転載)[30]

この方式は，生体などを透過した微弱な光を検出する場合に有効である。以下に一例として，赤外分光器を利用した微小透過光を計測するための実験系の例を示す。

図 2.44 は実験系を示す。図中左の光源からハーフミラーなどで分割されたサンプル光と参照光のそれぞれが異なる周波数（ref 1，ref 2）で強度変調された後，再び一つの光束として分光器に入力される。このとき，通常は参照光の強度とサンプル光との強度差が大きすぎるため，同等の強度になるように参照光を減衰させる必要がある。分光器から出た強度変調光はセンサで受光され，出力信号は 2 台のロックインアンプ（LIA 1，LIA 2）に入力される。ロックインアンプの参照信号は ref 1 および ref 2 が使われるようにすると，各ロックインアンプからはそれぞれに変調された信号が直流の電圧値として出力される。

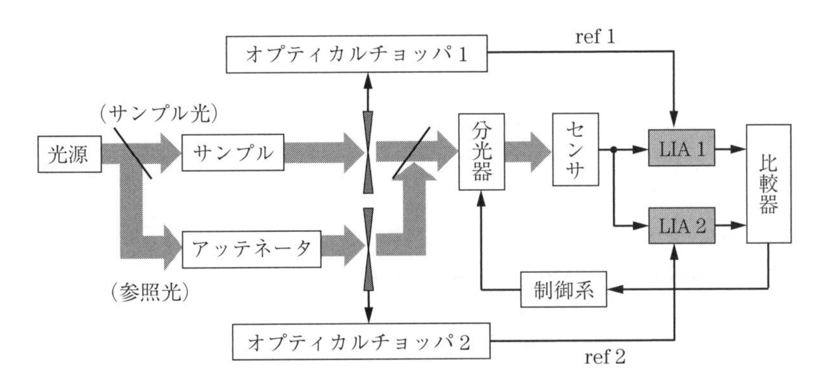

図 2.44　ロックインアンプを用いた微弱光検出実験系の例

これらの信号強度比を得ることで，吸収の大きなサンプルからの微弱な透過光でも測定でき，吸収スペクトルを測定することが可能となる。なお，ロックインアンプは微弱な信号を計測するのに優れた能力を発揮するように設計されているため，強度の高い信号を入力すると破損につながる。本手法を用いるべきかどうかは，事前に得られる信号強度を調べ，十分に注意して実験を行うべきである。

2.3.7　M 系列と相関処理

自己相関特性および相互相関特性がよい**疑似雑音符号**（pseudo noise code，PN 符号）を用いることで，信号の雑音耐性や信号識別性能を向上させることができる。PN 符号の一つに **M 系列符号**（M-sequence code）がある。M 系列とは，**最大長シフトレジスタ系列**（maximum length shift register sequence）の略であり，シフトレジスタを用いて作成できる最長の符号である。この符号には，符号の位相差がゼロのときに自己相関値が大きくそれ以外のときは小さい，かつ異なる符号間の相互相関値が小さいという特徴がある。**図 2.45** に，5 段のシフトレジスタと EXOR（排他的論理和）で構成した M 系列生成回路の例を示す。

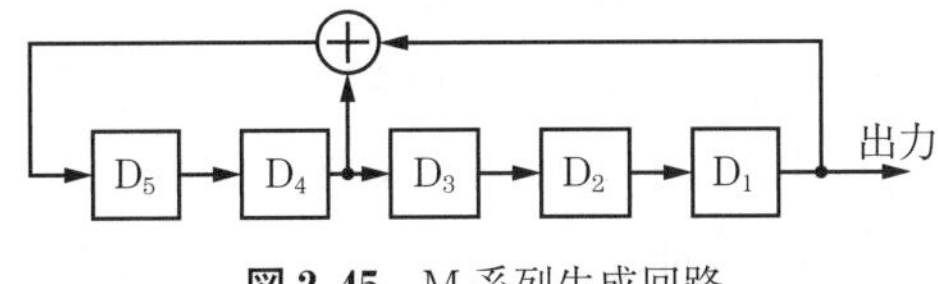

図 2.45　M 系列生成回路

図 2.45 の D_i は 1 ビット遅延素子である。D_i に 1，その他の遅延素子に 0 を初期値とすると，M 系列符号が周期 31（$= 2^5 - 1$）ごとに現れる。得られた M 系列符号 $m_c(n)$ を用いて式(2.50)のように自己相関値 $R_c(\tau)$ を計算すると，**図 2.46** になる。

$$R_c(\tau) = \frac{1}{TL_M} \sum_{n=0}^{TL_M} m_c(n)\, m_c(\tau + n) \tag{2.50}$$

ここで，TL_M は M 系列の周期，τ は位相差を示す。図からわかるように，M 系列符号の自己相関値は位相差 τ がゼロのときに 1，その他のときは $-1/TL_M$ になる。M 系列の生成回路には多くの

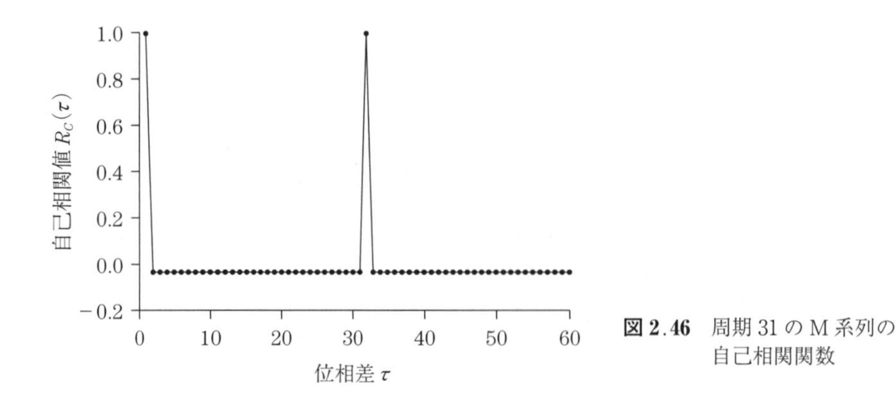

図 2.46　周期 31 の M 系列の自己相関関数

ものがあり，生成回路ごとに異なる M 系列を作成できる[31]。

M 系列を複数用いて多重接続を行う場合，異なる M 系列同士の相互相関の値を小さくする必要がある。一般に，M 系列の相互相関値は，3 値以上の多値をとるが，ある特別の M 系列のペアはつぎの 3 値の相互相関値のみをとる。

$$-\frac{1}{TL_M}t(n),\ -\frac{1}{TL_M},\ \frac{1}{TL_M}(t(n)-1)$$

$$t(n)=\begin{cases}1+2^{0.5(n+1)} & n：奇数\\ 1+2^{0.5(n+2)} & n：偶数\end{cases} \tag{2.51}$$

この M 系列のペアをプリファードペアと呼ぶ。しかし，プリファードペアとなる M 系列の数は少ない。そのため系列の数が足りない場合は，**ゴールド符号**（gold code）や **Kasami 符号**（Kasami code）を用いて系列の数を増やすことが行われている[32]。

M 系列符号と相関処理を用いることで，符号の位相差がゼロの時刻が正確にわかり，また信号識別性能を向上することができる。しかし，相関処理の計算量は符号が長くなるほどに増大する。このとき，相関関数とスペクトルとがたがいにフーリエ変換対をなすことを利用すると，計算量を減少できる[33]。

まず，受信信号 $r(t)$ と参照信号 $s(t)$ の DFT（離散フーリエ変換）$R(k)$，$S(k)$ を求める。つぎに，$R(k)$ の複素共役 $R(k)^*$ を求め，$R(k)^*S(k)$ を計算する。そしてその IDFT（逆離散フーリエ変換）を求めることで，受信信号 $r(t)$ と参照信号 $s(t)$ の相関値が得られる。データ数が N の FFT を行う場合，この相関処理の計算量は，$N(\log_2 N+2)$ となる。例えば，N が 8 192 の場合，通常の相関計算では，$N^2=67\,108\,864$ であるが，この計算量は 122 880 回の積和となり，約 546 分の 1 の計算量となる。

2.3.8　変 調 と 復 調

変調（modulation）とは，伝送する情報を機器，環境，伝送媒体などの性質に応じて最適な信号に変換する操作である。また**復調**（demodulation）とは，変調された信号から元の情報を取り出す操作である。変調では，搬送波（キャリア）と呼ばれる波の振幅，周波数，位相を変化させる。アナログ変調においてはそれぞれ，**AM**（amplitude modulation），**FM**（frequency modulation），**PM**（phase modulation）と呼び，ディジタル変調においては，**ASK**（amplitude shift keying），**FSK**（frequency shift keying），**PSK**（phase shift keying）と呼ばれる。ここでは，PSKの中でもいちばん単純な**BPSK**（binary PSK）による変復調方法について説明する。

BPSKは，符号により搬送波の位相を180°変化させる方法である。データ信号（1または－1）を$d(t)$とすると変調信号$s_d(t)$は

$$s_d(t) = Ad(t)\cos\omega_0 t \tag{2.52}$$

となる。ただし，Aは振幅，ω_0は角速度とする。

また，**図2.47**に式(2.52)の波形とその信号の周波数特性を示す。TL_dはデータのシンボル長である。信号の周波数帯域は，搬送波周波数f_0を中心に片側帯域幅$1/TL_d$となる。つまり，データのシンボル長を長くするほどに，信号の帯域幅を小さくできるが，伝送速度が遅くなる。また，搬送波周波数f_0を中心にした帯域幅$2/TL_d$をメインローブ，その他をサイドローブという。データの伝送に必要な周波数帯域幅はメインローブであり，サイドローブは必要ない。

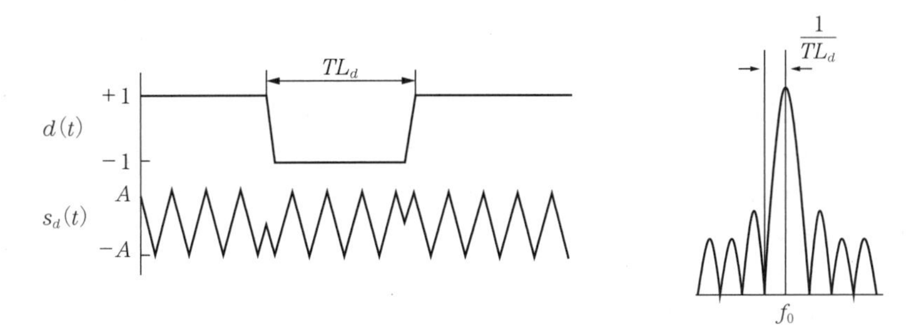

図2.47　BPSKによる信号とその周波数

BPSKの復調は同期検波により行われる。同期検波とは，受信信号と同一の周波数と位相の搬送波を再生し，受信信号との積を計算して復調する方法である。再生された搬送波を$\cos\omega_0 t$とすると，受信信号の同位相成分に対して

$$E_d(t) = \cos\omega_0 t \times \cos\omega_0 t = \frac{1}{2} + \frac{1}{2}\cos 2\,\omega_0 t \tag{2.53}$$

また逆位相成分に対して

$$E_d(t) = -\cos\omega_0 t \times \cos\omega_0 t = -\frac{1}{2} - \frac{1}{2}\cos 2\,\omega_0 t \tag{2.54}$$

となる。得られた信号に対して低域フィルタを通すことで，右辺第2項の高周波数成分を除去できる。残った直交成分の符号からデータの復調ができる。

演 習 問 題

2.1 真空から複素屈折率nの物質に入射角θで光が入射するとき，反射率は偏光に応じて下記の式に表される。Excelなどを用い，図2.4のグラフを自作せよ。また物質の屈折率が変化すると各偏光の反射率がどう変化するか調べよ。

$$R_p = \frac{|\tilde{n}^2 \cos\theta - \sqrt{\tilde{n}^2 - \sin^2\theta}|^2}{|\tilde{n}^2 \cos\theta + \sqrt{\tilde{n}^2 - \sin^2\theta}|^2}$$

$$R_s = \frac{|\cos\theta - \sqrt{\tilde{n}^2 - \sin^2\theta}|^2}{|\cos\theta + \sqrt{\tilde{n}^2 - \sin^2\theta}|^2}$$

2.2 透過型回折格子（格子定数2.0×10^{-4} cm）に光を30°で入射し，1次回折光をSiフォトダイオードアレイで検出するとする。このとき，波長300〜800 nmを計測するためには，検出器をどの位置に設置すればよいか計算せよ。

2.3 単位時間当たり単位面積を通過する音のエネルギーを，音圧P（実効値）と粒子速度u（実効値）を用いて表せ。

2.4 空気中の音速を空気の密度ρ，比熱比γ，圧力P_0を用いて表せ。

2.5 固定されたある音源から24 kHzの音波を送信して，ある移動している物体から反射した音波の周波数を解析したところ，24.1 kHzであった。この物体の音源方向の移動速度を求めよ。ただし，音速は340 m/sであったとする。

2.6 （1） エクセルを用いて，ランダムノイズをもつコサイン波を作れ。

（2） 1 kHzのアナログ信号を完全に復元できるようにサンプリングするには，少なくともいくらの周波数でサンプリングすればよいか答えよ。

（3） ノイズの原因になるフォトダイオードに流れる暗電流とは何か答えよ。

2.7 **問図2.1**のM系列生成回路で作成できるM系列を求めよ。ただし，初期値はD_1に1，その他は0とする。

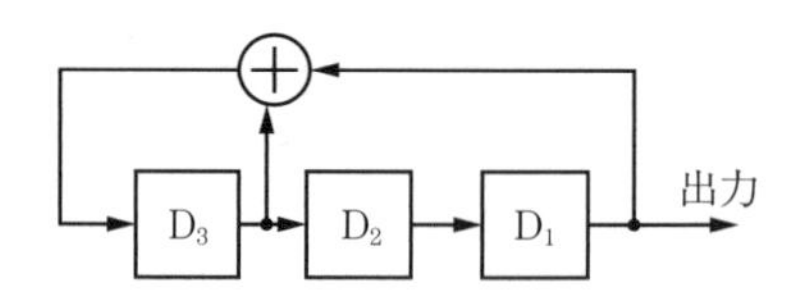

問図2.1　M系列生成回路

2.8 BPSKを用いて，データを21〜27 kHzの周波数帯域で伝送したい場合，搬送波周波数とデータのシンボル長をいくらにすればよいか。

Column

イルカのソナー[1),2)]

海中では，空中と比較して光の吸収が大きい。そのため，視覚で計測できる範囲は限られる。それを補うようにイルカやクジラは音響探査能力を進化させてきた。ここでは，イルカのソナー能力に関して紹介する。

図にイルカの発音機構を示す。イルカは，噴気孔の下部にある前庭嚢などの袋と骨性鼻孔の間の狭隘な部分に空気を通過させることで，超音波パルス音を発生させている。その超音波パルス信号は，外殻側ほど音速が速いメロンと呼ばれる脂肪器官を透過することで前方へ収束する。メロンは音響レンズの役割をしている。また，後方に放射された超音波パルスは頭骨により前方に反射する。このことで，約 20° の指向性を有し，効率よく超音波を発生することが可能となっている。

超音波パルスの長さはバンドウイルカで約 50 μs（長さにすると約 8 cm），周波数は数十～百数十 kHz と広帯域で，発生間隔は目標物体までの音波の往復時間にほぼ比例する。このような短い超音波パルスを海中背景雑音の 10 万倍の大きさで発生させている。また，下顎の両側より音波の伝播特性のよい脂肪組織を通じて内耳を収納する耳周骨に振動が達することで，音波を知覚することができる。

人間と同様に二つの耳をもっている。聴覚も前方での指向性が高く，発生と同様の約 20° である。また，知覚できる周波数帯域も，発生する超音波パルスと同様に数十～百数十 kHz と広帯域である。このような機構で超音波パルスを発生し，両耳でその反射音を聞き，脳内で信号処理を行うことで，目標物体までの距離，方位，大きさ，厚さ，形，材質を見分けることができる。

距離計測は，超音波パルスの発生から目標物体から反射した音波を聞くまでの時間から推定している。そして，直径 2.5 cm の金属球殻の存在を 70 m の距離から 90 % の確率で知覚できる。また，パルスの幅が 8 cm であることから，分解能は 8 cm 程度であると思われる。しかし，円筒形物体の厚みの差異を 0.3 mm 程度まで検出できるという報告もあり，その処理方法は未だわかっていない。

方位は，垂直および水平方向で約 2° の精度で知覚できる。人間と同様に，両耳で知覚する音波の時間，強度，周波数の差異（頭部伝達関数）を用いていると考えられる。また，超音波パルスの大きさは，1～2 dB の差異を知覚でき，対象の音波の透過率や反射強度の違いを知ることができる。アルミニウムとサンゴ石であれば，ほぼ 100 % の確率で識別が可能である。

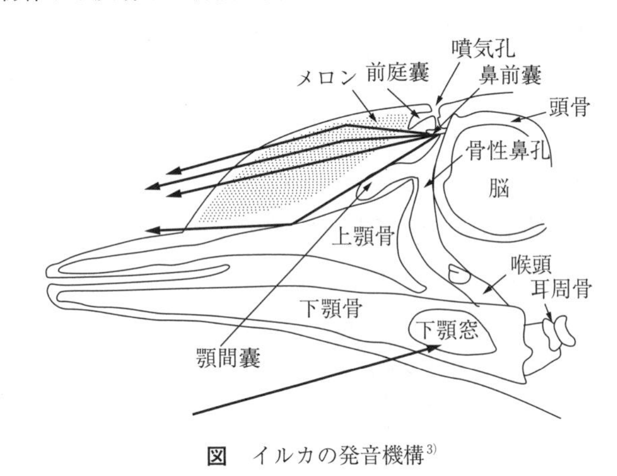

図　イルカの発音機構[3)]

このようにイルカは，広周波数帯域の超音波パルスを用いた非常に優れたセンサを有している。このことに学んだイルカ型ソナーの研究開発が，水産総合研究センターの赤松氏を中心に行われている。

（椎木友朗）

1)　赤松友成：イルカのソナー能力，可視化情報，**21** Suppl. 1（2001）
2)　赤松友成：イルカのハイパーセンサ，バイオメカニズム学会誌，**31**, 3（2007）
3)　赤松友成：イルカはなぜ鳴くのか，文一総合出版，東京，p. 207（1996）

生物を対象とした分光によるセンシング

3.1　分光センシングの基礎

3.1.1　生物材料の特徴

われわれヒトの体を構成する物質は，タンパク質，脂質，糖質，無機質がそれぞれ約 16 %，13.5 %，0.5 %，4 % と言われており，残りの約 66 % が水と言われている。一方，農産物では水の存在割合はさらに多く，葉物野菜だと含水率は 95 % に達すると言われている。つまり水分子の大きさが分子量 18 という大きさを考えると，生物は圧倒的多数の水分子で構成されていると考えることができ，そこにタンパク質や脂質，イオンなどが混ざった混合液のようなものと考えることができる。

他方で，生物の体は分子，細胞小器官，細胞，組織，器官，個体と階層化された構造をもち，その大きさの広がりは，分子サイズのナノメートル（10^{-9} m）から個体サイズのメートルオーダまでと，8～9 桁ものレンジをもったさまざまな大きさの物質で構成されていることを意味する（**図 3.1**）。このような事実を若干乱暴に総括すると，生物は混合液で満たされた細胞という小さな袋が一見無秩序に並び，それを俯瞰（ふかん）すると，組織あるいは臓器になって構成されているものと考えることができる。

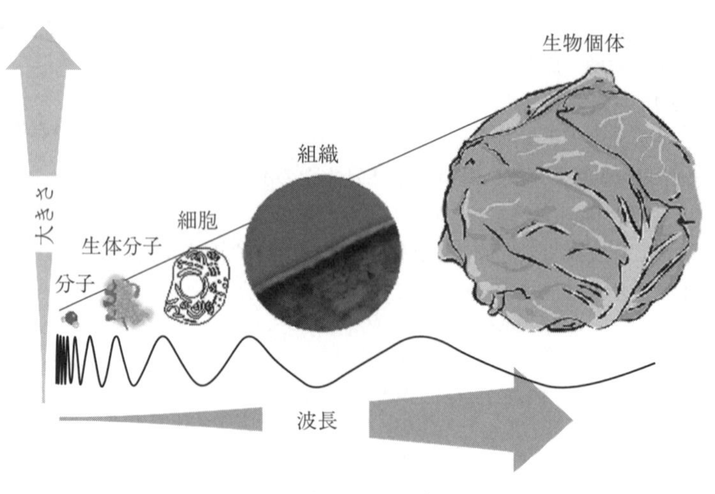

図 3.1　対象物のサイズと波長

このような生物材料に対して，本章では光（電磁波）を用いた分光法について述べたい。光は波としての性質をもつことから，**回折**（diffraction）や**散乱**（scattering）といった現象を見せる。この現象は，物質と光との相互作用によって生じ，その作用は大雑把にいうと物質のサイズと波長の長さの関係に関連付けられる。そして本章では，波長 200 nm の紫外線から 1 mm 程度のテラヘルツ波までの光（電磁波）を扱う。

この光は先述のようなさまざまなサイズや誘電特性をもつ対象物と相互作用し，場合によってはそれらがノイズとなり，本来得たかった情報とは異なる情報をつかまされる場面が生じる。そのため，われわれはつねにどういった生物材料を測定対象としているのか，そういった対象物を分光測定する場合にはどういったことに注意すべきかなどを知っておく必要がある。この点は，分析化学のように極力不要なものを除去した対象物を分光分析するのとは異なる。

生物材料の特徴は，先述のとおり階層化されている点にある。そしてそこから化学分析的手法でサンプリングすると，分析はしやすくなるが，生物としての特徴もしくは生物内での状態が失われる場合がある。また，個体としての特性を分光分析したいにも関わらず，一部を取り出して測定することで，個体そのものとは異なる情報になってしまうことも予想される。そのため，できるだけ多くの情報を残して分光分析に供する方が望ましいわけであるが，そうすると必ずスペクトルが複雑になり解析が困難になる。つまり抽出したら観測できていた吸収ピークが，混合物のままだと見えなくなるといったことが起こる。さらには，実験結果にばらつきが多くなる。

われわれが測定対象にしている生物材料は工業材料と異なり，もともとばらつきをもつことが大きな特徴である。すなわち，われわれの実験結果にはつねに生物由来のばらつきが含まれることになるが，じつはそのばらつきの中にこそ，生物材料の本質が含まれていることがある。少なくとも，これらのことを予想したうえで実験データを見ることは重要であり，以降の項では分光法の基本とともに，生物材料を測定する場合に注意すべき点や，複雑なスペクトルの中から目的の情報を引き出す解析手法についても紹介したい。

3.1.2　分光法の基礎

（1）　分光法と原子・分子の性質　　分光法とは，光に対する対象物の応答を調べる分析法で，対象物の組成やそこに含まれる物質の成分量を知ることができる。具体的には，分光する（光を分ける）ことで，波長の異なる光で生じる吸収や発光量を，光の波長や振動数などを横軸としたスペクトルデータとして得ることを特徴とする。

このとき，2.1 節で述べたとおり，光（電磁波）のもつエネルギーと振動数は比例関係をもつため，異なる振動数の光は異なるエネルギーを有しており，例えば赤外吸収の場合，対象物に赤外線を照射すると対象物を構成している分子がその分子構造に応じたエネルギーを吸収し，振動や回転の状態が変化する。このエネルギー吸収は量子化されているため，特定の振動数の電磁波に対してのみ生じる。その結果，対象物を透過した赤外線は特定の振動数の赤外線で減衰が生じ，対象物中の分子に吸収された痕跡が吸収スペクトルとして表れる。言い方を変えると，原子や分子は量子化されたエネルギー準位をもっており，光が照射されると光の振動電場との相互作用が生じる。この結果，遷移が生じ，あるエネルギー準位の電子が他のエネルギー準位に移動する。

原子の光吸収は電子遷移によるもので，分子はさらに振動や回転準位をもつ。通常，電子の基底状態から第一電子励起状態への吸収は，紫外や可視領域に見られる。赤外域では外部電場による分子内の双極子モーメント（つまり電荷の偏り）の振動や回転が観測される。これらは振動準位や回転準位と呼ばれる離散化されたエネルギーで表現され，このエネルギーに応じて吸収が生じる。

分子の中には水分子のように，つねに**双極子モーメント**（dipole moment）をもっている分子があり，この場合は特に**永久双極子モーメント**（permanent electric dipole）と呼ぶ。このように永久双極子モーメントをもっている分子を**極性分子**（polar molecule）と呼び，もっていない分子を**無極性分子**（nonpolar molecule）と呼ぶ。一般的に極性の高い分子は水に溶けやすく，極性の低い分子は有機溶媒に溶けやすいという特徴をもつ。一方，通常は双極子モーメントをもたない（$\mu = 0$）が，外部から電場を受けた際に分極が生じ，双極子モーメントを生じる場合がある。これを誘起双極子モーメントと呼び，永久双極子モーメントと区別される。

ラマン分光法（Raman spectroscopy）と**赤外分光法**（Infrared spectroscopy）で得られる情報の違いは，前者は外部電場によって電子雲の体積変化が生じ，その結果対称性をもって分極率が変化する様子が観測され，後者は外部電場で電荷が偏り，その結果分子内の双極子モーメントが振動する様子が観測される。それぞれは交互禁制律と呼ばれる関係があり，**赤外活性**（Infrared active）の物質はラマン分光でピークが見られず，**ラマン活性**（Raman active）の物質は赤外分光でピークが観測されない。ここでは詳細について触れないが，双極子モーメントは分子内の対称性や極基の位置に関する重要な知見を与えてくれる。

（2） Lambert-Beer 則と吸収分光　　いま，光源の強度をリファレンス I_0 とし，サンプルを透過した強度 I_t を除すると，透過率のスペクトルを得ることができる。このとき，“適切な”サンプル濃度で透過測定を行うと，Lambert-Beer 則に基づいて定量分析が可能となる。いま，**図 3.2** のように均質なサンプルに対して入射光強度 I_0 をもつ平行な光束が光路長 d の非蛍光性のサンプル（濃度 C（M = mol/dm^3））に垂直に入射して反射や散乱することなくサンプルを透過し，透過光強度 I_t となって検出されたとすると

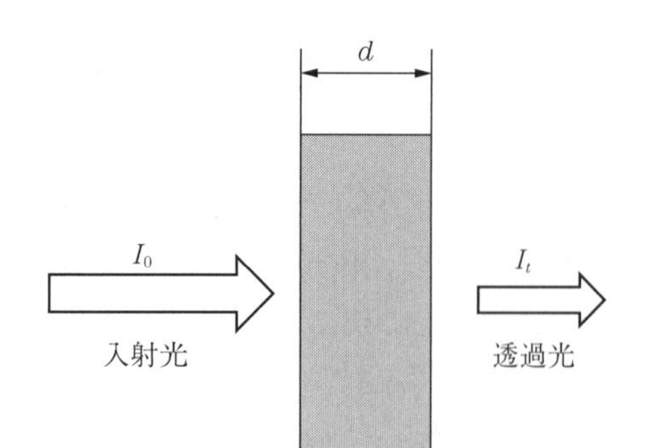

図 3.2　透過測定の模式図

$$I_t = I_0 \exp(-Cd\varepsilon^*) \tag{3.1}$$

の関係が得られる。これはLambert-Beer則と呼ばれ，光の透過光強度がサンプルの厚みや濃度に応じて指数関数的に減少することを表している。このとき，ε^*は比例定数である。ここで注意すべきは，この式が成立するのは直線に透過した光のみで，光が拡散したり曲がったりするサンプルには適用できない。そのため，サンプル表面で散乱が生じないように，一般的には波長の1/10以下の平均粗さになるように平坦にするとともに，平行なサンプルを用意する必要があると言われている。

通常，この法則は10のべき乗とした次式を変形し，常用対数で表した形で表されることが多い。

$$I_t = I_0 \times 10^{-Cd\varepsilon} \tag{3.2}$$

$$A = \log \frac{I_0}{I_t} = \log \frac{1}{T} = Cd\varepsilon \tag{3.3}$$

ここで，Aは**吸光度**（absorbance），比例定数εは単位モル濃度当たりに特定の波長に対する吸収の強さを表す尺度で，**モル吸光係数**（molar absorption coefficient）と呼ばれる物性値である。

$$\varepsilon = 0.434 \times \varepsilon^* \tag{3.4}$$

εの単位は$M^{-1}\,cm^{-1}$となり，既知のサンプル厚さdと濃度Cから求めることが可能となる。さらに，モル吸光係数εと濃度Cの積を吸収係数（もしくは吸光係数）α〔cm^{-1}〕と呼ぶ。つまり吸光度は，吸収係数と光路長の積である。実際の分光測定では，“吸収スペクトル”として横軸に波長や波数を，縦軸に吸光度をとったものを示す場合が多い。先述の通り，モル吸光係数εは物性値であり，特定の波長に対するその物質の吸収の強さを表す。しかしサンプルによっては，分子の会合や解離により濃度変化とともにこの値が変化する場合がある。この場合はLambert-Beer則が成立しないため，定量評価に不適となる。

そのため，吸収測定で定量評価を行う場合には，あらかじめ測定濃度範囲でLambert-Beer則が成立するかどうかを見極めておく必要がある。さらに，ある農産物中の任意の成分の定量評価を行うために検量線を作成する場合には，吸収スペクトルを多変量解析などに供する場合が多い。しかしここで多変量解析を利用するには，濃度と吸収スペクトルに線形性が成立する濃度範囲で利用することが前提であるため，注意が必要である。

（3） 発光分光と蛍光・りん光の性質　吸収分光と異なり，発光分光と呼ばれる分光法は，おもに**蛍光**（fluorescence）と**りん光**（phosphorescence）に分けられる。ともにX線や紫外線など，比較的エネルギーの高い電磁波を励起光として対象物に照射することで吸収が生じ，励起された電子が元の基底状態に戻る際に余分なエネルギーが電磁波として放出される現象である。このとき，励起光が消失しても寿命が長く発光する現象をりん光と呼び，すぐに発光が消失するものを蛍光と呼ぶ。これらのメカニズムはつぎのように説明される（**図3.3**）。

ある分子の中で**基底状態**（一重項状態）（ground state）にある電子が振動数νの光によって励起され，**励起一重項状態**（excited single state）に**遷移**（transition）し，振動緩和により励起エネルギー$h\nu$の一部を熱エネルギーとして失いながら励起状態の最低振動準位に至り，そこから基底

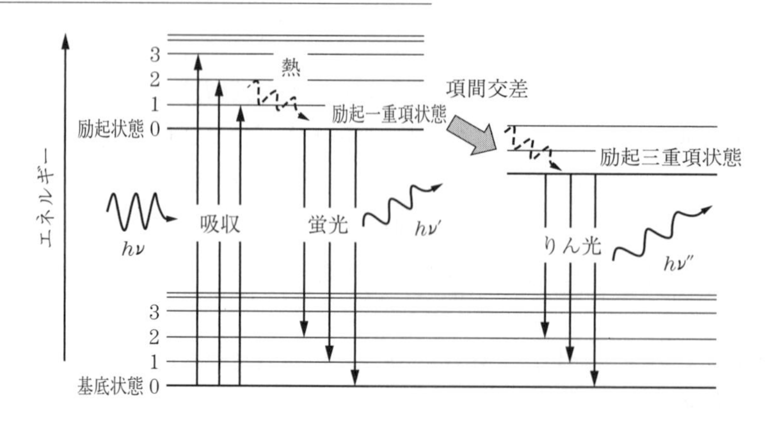

図 3.3　蛍光およびりん光の原理

状態に戻る際に振動数 ν' で発光する現象を蛍光と呼ぶ。また，励起状態の最低振動準位からさらに**励起三重項状態**（excited triplet state）に**項間交差**（intersystem crossing）し，再び振動緩和によってこの励起三重項状態の最低振動準位に達し，ここから基底状態に戻る際に振動数 ν'' で発光する光をりん光と呼ぶ。

このとき，励起光，蛍光，りん光の順に振動数は $\nu > \nu' > \nu''$ の関係となる。つまり，蛍光やりん光として発光する光の波長は，励起光の波長よりも長い波長であることを意味している。このように振動緩和による内部転換などにより励起波長よりも長い波長側（低いエネルギー）の光となって蛍光やりん光が生じる際，その波長のシフトを**ストークスシフト**（Stokes shift）と呼ぶ。このストークスシフトの量は，分子構造だけでなく溶媒との相互作用によっても変化する。なお，蛍光やりん光を生じることなく，基底状態に戻る現象を無放射遷移と呼び，項間交差や内部転換も無放射遷移に含まれる。

つぎに時間に着目して蛍光現象を考えてみる。蛍光が生じている時間を**蛍光寿命**（fluorescence lifetime）と呼ぶ。厳密には基底状態にある電子が励起光のエネルギーを受けると，10^{-15} 秒ほどの時間スケールで励起状態に遷移する。その後，先述の過程を経て蛍光を発しながら基底状態に戻るまでの時間を蛍光寿命と呼ぶ。蛍光強度の時間変化 $F(t)$ は以下の式で表される。

$$F(t) = F_0 \exp\left(-\frac{t}{\tau}\right) \tag{3.5}$$

ここで，$F_0(t)$ は $t = 0$ における蛍光強度を示し，τ が蛍光寿命である。この関係を図で表すと，以下のような関係になる（**図 3.4**）。

蛍光強度は蛍光を発する分子の数に比例するため，時間 τ は，励起状態にあった蛍光を発する分子数が $1/e$ 倍まで減少する時間と定義される。励起された電子は分子内緩和により励起状態の最低振動準位へ非常に速く（10^{-11} 秒程度で）緩和するので，励起電子の寿命の大部分は励起状態の中で最も安定な励起状態の最低振動準位に留まる時間といえる。その結果，蛍光は 10^{-9} 秒ほどの蛍光寿命をもっており，この蛍光寿命から，分子の種類やその周辺の状態についての知見を得ることができる。

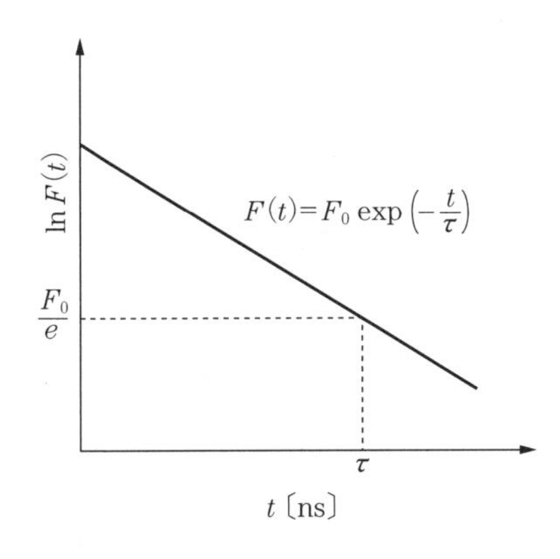

図 3.4　蛍光強度と時間の関係

なお，蛍光を正しく測定するためには，励起光の反射と同じ場所で生じた蛍光を切り分けて計測することが重要となる。そのため，通常は光学素子であるカットフィルタを用いたり，光学的に反射光が検出器に届かないような工夫が必要となる。また，蛍光測定用の分光器は励起光を透過させつつ，蛍光を側方で検出するなどの光学的工夫がなされている。

(4)　生物材料においての分光法　　さて，ここまでは一般的な分光法の原理（吸収測定，発光測定）を紹介してきた。しかし実際にこの手法を使って生物材料から何か情報を得ようとする場合，ここまで述べてきたようなシンプルな議論が難しい場合がある。例えば，生物は細胞を有しており，その中には小器官などさまざまな構造物で構成されている。これらの 1 μm 以下のサイズをもった混合物をサンプルとして分光測定しようとすると，光の波長と同程度の大きさになるため散乱を生じやすくなる。その結果，生体に光が入った瞬間から光は散乱を繰り返して拡散しながら伝播することとなるため，実際のサンプルの厚さ以上の光路長を伝播してきた光が検出されることとなり，精密な定量性の評価が難しくなる。

一方，逆に考えると内部で拡散反射してきた光は，反射の度に吸収を繰り返すため，まっすぐ透過してきた光よりも吸収ピークを観察しやすくなる。

また，昆虫などの場合，表面が凹凸をもつ場合も多く，これらが散乱や回折の原因となってモルフォ蝶のように構造色を表す場合もある[1)]ため，反射分光のスペクトルの解釈において，サンプル中の物質による吸収の影響か，構造色による影響かを，見極める必要がある。

また，先述の説明で Lambert-Beer 則は，適切な濃度のときに満たされると述べた。これは散乱などの効果がないことを前提としている。いま，多成分系の Lambert-Beer 則を考えると式(3.3)は以下のように書き換えることができる。

$$\log\left(\frac{I_0}{I_t}\right) = \sum \varepsilon_i C_i d \qquad (3.6)$$

このように，全体の吸光度は各成分の吸光度の和で表すことができる。つまり，光路長 d はサンプルの物理的な厚さでのみ決まり，これは各成分の吸収に対して波長に依存することなく同一であることを意味している。しかし実際の生体材料では，吸収物質による散乱や減衰を繰り返すため，これら両方の影響を考える必要が出てくる場合がある。そこで Lambert-Beer 則を散乱系に拡張すると，以下のように表すことができる。

$$\log\left(\frac{I_0}{I_t}\right)=\sum \varepsilon_i C_i \beta d \tag{3.7}$$

ここで，β は散乱によるみかけの光路長の補正係数で，波長の関数である。したがって，$\beta(\lambda)\cdot d$ は波長 λ での光子の真の光路長（pathlength）となる。すなわちこの式は「光路長は波長で異なる」ことを意味している。さらに，この系では散乱と吸収は独立に振舞うと考えることができる。しかし通常は散乱の項（βd）を吸収と別に実験的に求めることはできないため，より一般的に以下のように表す関係式が用いられる。

$$\log\left(\frac{I_0}{I_t}\right)=\sum k_i C_i \tag{3.8}$$

ここで，k_i は吸光係数と散乱による光路長の補正項を合わせた波長の関数である。現在，光を用いた生体の非侵襲計測の研究においては，この関数を実際の生体組織で実験的に求める方法が使われている[2)]。今後農産物や畜水産物などの生体材料についても，こういった考えに基づいた研究を進めることで，より詳細な生体情報を分光測定から引き出せると期待される。

3.1.3 分光装置

一般的に，分光スペクトルを取得するには分光器が用いられる。基本構成としては光源，分光部，サンプル部，検出器，制御部（PC を含む）の五つで構成されることが多い（かつては自作の分光器が多かったため，これらをバラバラに準備して実験系を組み上げていた）。分光部は，光学系の構成によって光学フィルタ型，分散型とフーリエ変換型と呼ばれる 3 種類に大別される。

ここでは，分散型分光装置とフーリエ変換型分光装置とともに，テラヘルツ領域の分光法として利用されている時間領域分光装置についても紹介する。光学フィルタ型は，バンドパスフィルタなどを前面に備えたカメラとして利用され，顕微鏡などと組み合わせたマシンビジョンとして用いられることが多いので，画像処理の章を参考にされたい。

（1）分散型分光装置　分散型分光装置は**図 3.5** のようにサンプルを透過した光を回折格子や

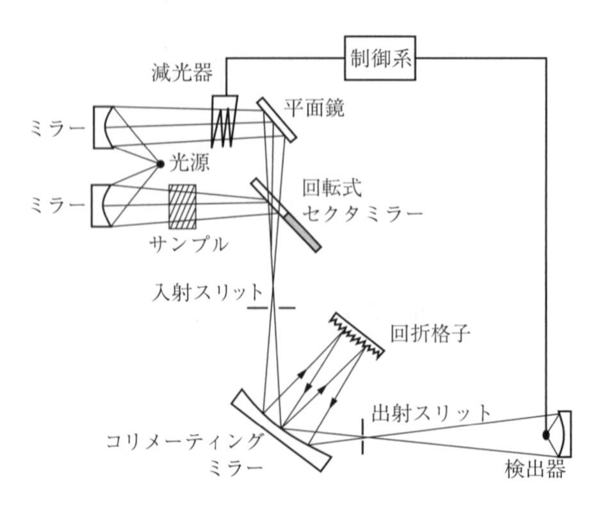

図 3.5　分散型分光器の構成（ダブルビーム方式）

プリズムによって分散させて検出する分光器である。ここで回折格子とは，プリズムと同様に白色の光をさまざまな色に分けることができる光学素子で，種類や特徴については2章で紹介されているので参考にされたい。

この図の系では，光源から広がった光は二つの曲面鏡（ミラー）でサンプル側と参照側に分かれて光路をたどる。通常，分光器は一つの検出器をもつため，サンプル側と参照側で光量の差が大きい場合は，検出器のダイナミックレンジを有効に利用できない。普通は参照側の光量が大きくなるので，検出器が飽和しないように参照側には減光器が設けられていることがある。平面鏡で反射した後，回転式セクタミラーを通過する。サンプル側と参照側が交互に一つの検出器で検出されるように，回転式セクタミラーの位相と検出器が同期しており，これによって1回の測定でサンプルと参照の信号が同時に計測されるため，吸収スペクトルを得ることができる。

このように，一度にサンプルと参照信号を測定できる方式をダブルビーム方式と呼ぶ。この方式は短い時間差でサンプルと参照信号を取得するので，光源の揺らぎや時間変化するサンプルの影響を受けにくいという利点がある。一方，シングルビーム方式と呼ばれる方法は，参照光強度スペクトルとサンプル光強度スペクトルを別々に取得し，それぞれを除することでサンプルの吸収スペクトルを得る方法である。そのため，光源などの揺らぎによる影響を受けやすく，長時間測定には不向きである。しかし光学系の構成がシンプルであることや，光源の光エネルギーを効率よく利用できるので，赤外域より長波長側で黒体放射の強度が少なくなるテラヘルツ帯の光学構成には適している。

分散型分光器で中心となる部分は，**図3.6**のように二つのスリットと**回折格子**（grating）を組み合わせて構成される分光ユニットである。この図の方式はCzerny-Turner型と呼ばれる方式で，まず入り口Aから入ってきた光は入射スリットBを通過し，曲面鏡Cを経て回折格子Dに達する。回折格子で波長ごとに分けられた光は曲面鏡Eを経て出射スリットFに向かい，特定の波長の光のみスリットを透過することができる。つまり，ここで適切なサイズのスリット幅に調整することで検出される光の線幅が決まる。波長を変えるには，回折格子Dを回転させることで，出射スリットを透過できる波長を変化させる。

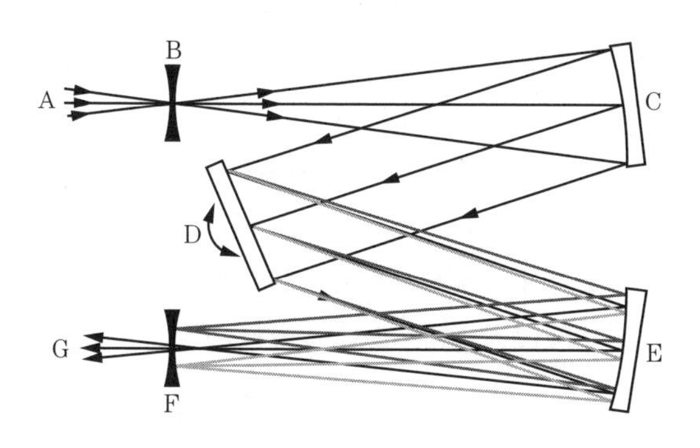

図3.6 Czerny-Turner型光学系

このように，特定の波長の光のみを切り出す装置は**モノクロメータ**（monochromator）と呼ばれ，白色ランプなどのブロードな波長成分を有した光源から任意の波長と線幅を有する光を切り出すこともできる。分散型分光器では，参照光とサンプル光をそれぞれこのユニットで分光し，検出器で得たそれぞれの信号強度を除することで，任意の波長の透過率や吸光度を得る。このとき，回折格子を回転させることで波長を変えつつ透過率や吸光度を計算し，設定した波長域のスペクトルを取得する。

（2）　**フーリエ変換型分光装置**　　フーリエ変換型分光装置は分光部に干渉計が用いられている方法で，干渉計には**マイケルソン干渉計**（Michelson interferometer）が用いられることが多い。**図3.7**にフーリエ変換型分光器の構成を記す。赤外領域でよく使われる本方式では，光源に炭化けい素を焼結したグローバ光源が使われる。この光源は黒体放射のスペクトルに近い強度分布を有しており，約9000～100 cm^{-1}の波数域で使用可能である。100 cm^{-1}以下のテラヘルツ（遠赤外）領域では，高圧水銀ランプが用いられる。このランプからのテラヘルツ帯での放射は，おもに石英管の熱放射によるものである。

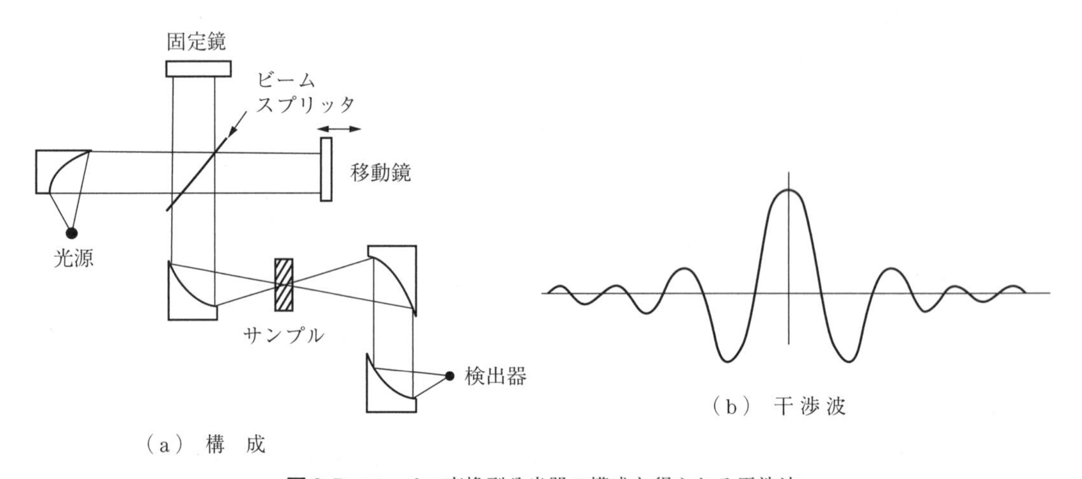

図3.7　フーリエ変換型分光器の構成と得られる干渉波

光源からの光は，干渉計内のビームスプリッタによって二つの光束に分けられる。その一方は固定鏡でもう一方は移動鏡で反射され，それら二つの光がビームスプリッタに戻ってくる。二つの光は光路長の異なる距離を伝播して重なるため位相が異なり，干渉波（インターフェログラム）を生じる。このようにして得た干渉波はサンプルユニットを通過して検出器に至る。このとき，等速で移動する干渉系の移動鏡により，光の波数に比例した変調周波数に変調された信号が検出器で計測されることとなる。ここでは変調周波数に関する詳細な説明は控えるが，この変調周波数は移動鏡の速度にも比例した値となる[3)]。このようにして検出器で得られた信号は図3.7(b)のような干渉波である。

この変調された信号は，フーリエ変換することで周波数スペクトルに変換することができる。このとき，ゼロフィリングという方法でインターフェログラムにゼロ点を加えることでたくさんのデータをフーリエ変換することに相当し，結果的に周波数スペクトルを滑らかにできる。通常，フーリエ変換はデータ数が多いほど分解能が高くなるが，このゼロフィリングは実際の干渉計の光路差が大きくなるわけではないので，分解能が高くならず，単にプロット間を補間するだけである。

赤外域の分光スペクトルを取得する場合，光源からのエネルギー E_s だけでなく，サンプル自身の黒体放射に伴うエネルギー E_b も同時に検出器に届く（**図 3.8**）。しかし干渉計で変調を受けている信号は光源からのエネルギーだけなので，フーリエ変換で検出された信号をフーリエ変換すると，変調のかかっていない信号は他のノイズとともに直流成分に含められ，変調された信号のみがスペクトルとして記述でき，光源からのエネルギー（すなわちサンプルを透過し減衰したエネルギー）のみを観測することができる。

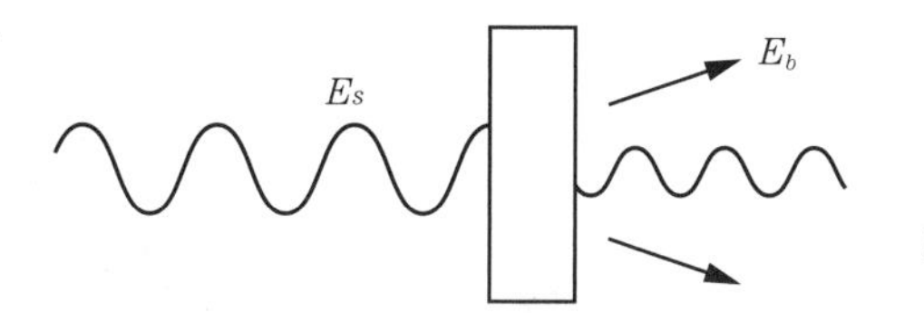

図 3.8　サンプルからの放射

また，フーリエ変換型は分散型のようにスリットを使って波長を切り出す必要がないため，一度に全帯域の信号を検出できるとともに明るい信号を検出できるため分散型よりスループットが高く，高い SN 比（信号対雑音比）を得ることができる。さらに機械的にスリット幅でスペクトル分解能を決定せずに，干渉計の移動距離でスペクトル分解能が決まるため，分散型よりもスペクトルの波数精度が高いというメリットをもつ。

（3）　時間領域分光装置　　テラヘルツ帯の分光スペクトルの取得には，フーリエ変換型分光器でも可能だが，フェムト秒レーザを用いた時間領域分光法が一般的である。それは，光源を黒体放射に頼る必要のあるフーリエ変換型分光器の場合は，**プランクの法則**（Planck law）に従って長波長側になるほど放射輝度が低くなるとともに，電磁波のエネルギーも低くなるため，ボロメータと呼ばれる液体ヘリウム温度（4 K）で使用する低温検出器で高感度に測定する必要が出てくるためである。しかし近年，焦電素子の高感度化などにより室温動作可能なテラヘルツ帯のフーリエ変換型分光器が市販されている。これらは基本的に通常の中赤外用の FTIR（フーリエ変換型赤外分光）と違いはないが，ビームスプリッタにシリコンやマイラ（ポリエチレンテレフタレート）を用いるといった，テラヘルツ帯で効率の良い材料が使われている。

さて，**テラヘルツ時間領域分光法**（terahertz time domain spectroscopy, THz-TDS）の光源は，パルス幅 100 fs 以下の超短パルスレーザを使用する。バイアスを印加した光伝導スイッチ素子に照射した際に生じるサブピコ秒の電流変調が，電磁波パルスとなって発生するテラヘルツ波を用いる。

サンプルを通過したサブピコ秒のテラヘルツパルスの波形を計測するには，テラヘルツ波発生の逆過程を用いる。具体的には，テラヘルツ波発生に使われるフェムト秒レーザの一部を分岐し，光学遅延を経て検出側の光伝導スイッチ（光スイッチ）に導く。サンプルを透過して検出側に達したテラヘルツパルスは光伝導アンテナにレーザ光が達した瞬間の電流値をモニタし，ロックインアンプを経て検出される。この方式により，80 MHz 程度の繰返しで発生するテラヘルツパルスを少しずつ時間をずらしながら計測し，最終的にはサブピコ秒のテラヘルツパスルそのものを再現することが可能となる（**図 3.9**(a)）。

このように測定されたテラヘルツパルスは，図(b)のように横軸を時間，縦軸を電場強度に比例した値として得られる。もう少し詳細には 3.2.5 項に後述するが，この方式はサンプルを光路に入れた場合の位相変化を直接捉えることができるため，フーリエ変換型分光器では困難な，複素屈折率の導出が可能となる。

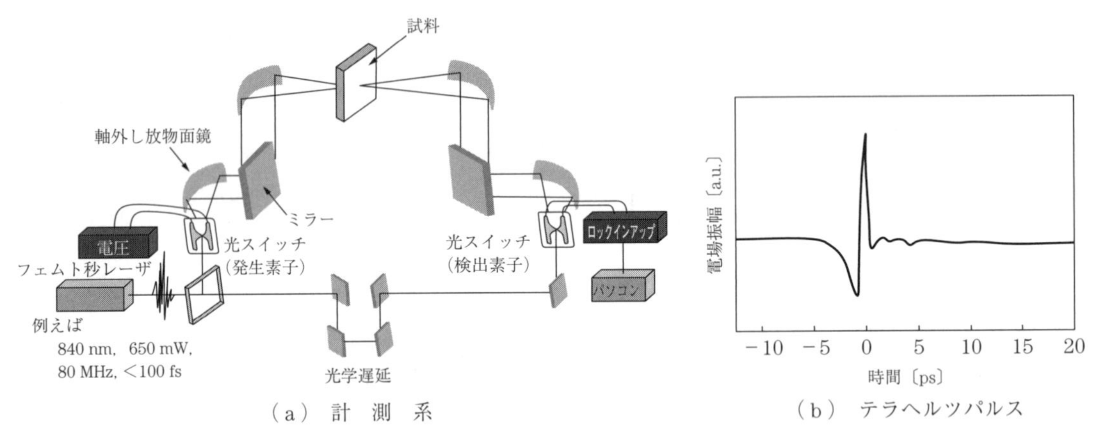

（a）計　測　系　　（b）テラヘルツパルス

図 3.9　測定系と得られるテラヘルツパルス

分光測定は物質の電磁波応答の観測であり，その際に物質と電磁波の相互作用を理解するには，強度変化だけではなく，位相変化も物性評価に重要なパラメータである。さらに本手法は 8 桁ものダイナミックレンジを取ることが可能で，フーリエ変換型と比べて微小な信号を検出できることから，テラヘルツ帯の分光スペクトル測定は，時間領域分光法が主流となっている。ただし，時間波形を基本とした測定法であることから，散乱体の測定を苦手としており，粒径の影響を受けて吸収スペクトルが歪(ひず)むといった影響を受けやすい。また，検出に用いられている光伝導スイッチは，受光部のギャップが数マイクロメートルと小さく，集光しにくい散乱光は検出そのものが困難となり，結果的に高周波側に行くほど吸収が大きく見えるといったベースラインの変動が加算されることが多い。

3.1.4　分　光　手　法

ここでは，近・中赤外分光法を中心に透過，拡散反射，反射，減衰全反射法について紹介する。

（1）透　過　法　透過測定は最も基本的な測定法であり，先述のとおり得られた吸収スペクトルから，Lambert-Beer 則に基づいてサンプルの吸収やモル吸光係数，濃度などの情報を得ることができる。例えば，近赤外分光法では透過セルを用いて水溶液の透過測定が行われる。通常，市販されているセルにはさまざまな材質（ガラス，石英，プラスチックなど）のものがあり，測定する帯域での透過性を確認のうえ，材質を選定する必要がある。**図 3.10** および**表 3.1** に標準的な材料の透過率を示す。

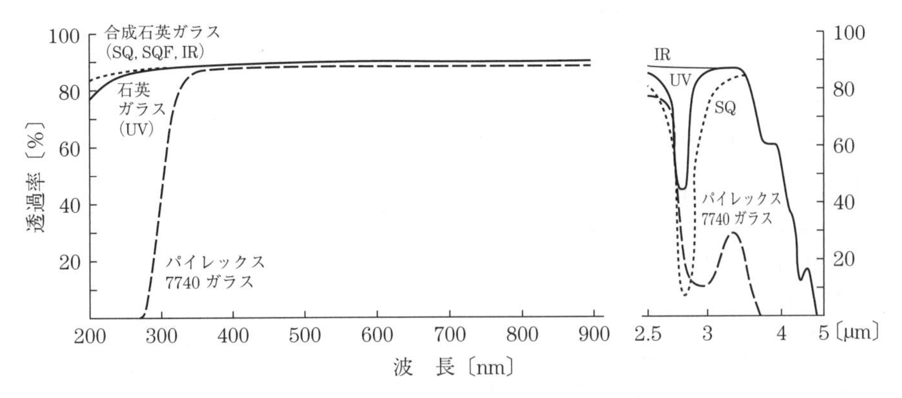

図 3.10　光学セルで使用する代表的材料の透過特性
（ジーエルサイエンス(株)ホームページ，製品情報より転載[4]）

表 3.1　図 3.10 との対応表[4]

記号	材質名	特　　性
G	パイレックスガラス	おもに可視域で使用し 320 nm から 2.0 μm で使用可
UV	石英ガラス	光学用石英ガラス。200 nm から 2.5 μm で使用可
SQ	合成石英ガラス	高純度合成石英ガラス。紫外光の透過に優れ 180 nm の遠紫外域から 2.5 μm の近赤外域まで使用可。蛍光の少ない材質
SQF	無蛍光石英ガラス	SQ（合成石英）よりさらに蛍光の少ない最高級合成石英ガラスで微量分析および高感度分析が可能
IR	赤外用合成石英ガラス	高純度無水合成石英ガラスで 180 nm の遠紫外から 3.5 μm の赤外域まで使用可。蛍光の少ない材質

おおむねいずれの材料も可視から近赤外まで透過性が確保できているが，その両端の帯域で大きく透過特性が異なっている様子がわかる。つまりここでの吸収はサンプル由来のものではないので，まずは自分のセルの透過率を測定し，手元にこのような特性表を用意しておくことが望ましい。同様に，赤外域で用いられる一般的な材料を**表 3.2** 示す。この帯域では化学分析を行うことが多いため，有機溶剤への溶解性などに注意する必要がある。特に洗浄時には十分に注意する必要がある。

また，溶液測定用の光学セルにおいても，光路長も数ミリから数センチメートルのラインナップが市販されており，測定対象物の特性に合わせて選定することとなる。最適な光路長を決定するには，一般的な分光器の精度や安定性を考慮すると，吸光度は最大で 2 以内（透過率で 1% 以上）に収めることが望ましく，この条件を満たすように光路長を選定する。例えば，物性が既知である水で考えると，吸光度 = 2 となる光路長は，波長 970 nm では約 10 cm，1 450 nm では約 1.5 mm，1 930 nm では約 0.4 mm と見積もられ，中赤外域においてはさらに吸収が大きくなるため，数 μm の光路長を有するセルを扱う必要がある（通常はこのような薄いセルを用いず，後述の全反

表 3.2　赤外域で用いる光学材料の特性[4]

材料	透過波長域〔μm〕*1	屈折率	反射ロス〔%〕*2	水への溶解度（g/100 g H_2O at 20 ℃）	備　考
NaCl	0.21〜26.0	1.52	7.5	36	もっとも一般的な赤外用窓材。水や低級アルコールには不適。グリセリンに溶解
KBr	0.23〜40.0	1.53	8.4	65	加工性が良好で一般的な赤外用窓材。水や低級アルコールには不適。吸湿性が高い
KCl	0.21〜30.0	1.47	6.8	34	水や低級アルコールには不適。アルカリ，グリセリンに溶解，エタノールに難溶
CsI	0.24〜70.0	1.74	13.6	77	透過領域が広いが，軟らかく吸湿性が高い。水や低級アルコールには不適
CaF_2	0.13〜12.0	1.4	5.6	0.002	水やアセトンに難溶。機械的強度良好。強酸性液体やアンモニウム塩には不適
KRS-5	0.50〜40.0	2.37	28.4	0.05	吸湿性は少ないが塩基には可溶。アセトン，アンモニウム塩には不適

射減衰法を使う)。

このように，農産物や生物に多く含まれる水は，可視から赤外域にかけて大きく吸収が変化するため，同一のセルサイズで広帯域なスペクトルを取得するのが困難である。参考までに**図 3.11** に広帯域な水の吸収係数を示す。両対数グラフになっているので，縦軸を見ると可視域と赤外域では 7 桁程度も吸収に違いがあることがわかる。

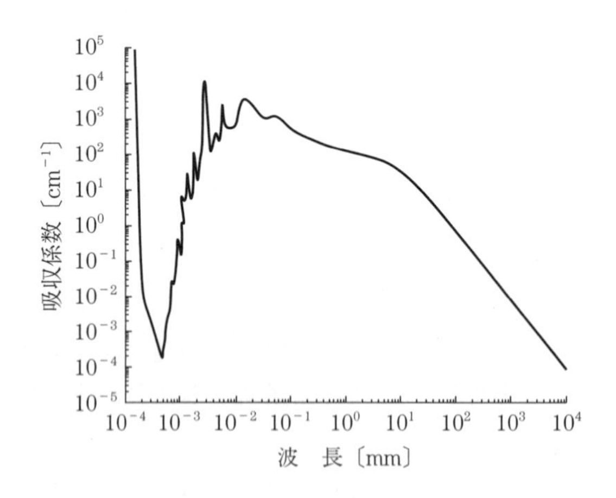

図 3.11　広帯域な水の吸収係数[5]

通常，近赤外領域の分光器は，可視域から 1 100 nm 程度までの帯域をカバーするタイプと，長波長側の 1 700 nm までカバーするタイプ，さらに長波長側の 2 500 nm までカバーする三つに分類される。これは検出器に使われている素子（順に Si，InGaAs，PbS）の感度の違いで，それぞれに合わせて光路長の異なるセルを用意するのが一般的である。最も安価な Si を使った検出器をもつ分光器を使い，水溶液のように高い水分含有率を有する対象物の透過測定を行うときには，透過セルは光路長 10 mm 程度のものを用いることが多い。

また，セルそのものからの反射は，透過測定において吸収を大きく見せることがあり，定量評価に影響を与えることがある。例えば，可視域で透明な材料に合成石英とBK7と呼ばれるガラス材料がある。これは透過性が高いことから，窓材やレンズなどの光学素子として利用されることもある材料である。波長1 000 nmの光に対して，合成石英は屈折率が1.45，BK7は1.508であるため，吸収を無視したフレネルの反射式から表面の反射率を求める（垂直入射とする）と，前者は約3.4％で後者は4.1％の反射ロスが生じることが予想される。

また，光路に何も置かずに空気をリファレンスとして液体の吸収スペクトルを測定すると，セル分の吸収や反射がキャンセルされ，正しく液体のスペクトルが測定できるように思えるが，じつは空気とサンプルの屈折率差によって生じるセル内面の反射率の違いが吸収に影響を与えることもある。この影響を低減するために，同じ材質で光路長の異なるセルをリファレンス測定用に用意し，同じサンプルを入れた状態で測定することで，反射ロスが同じになるようにできるとともに，二つの光路差分の吸収を得ることが可能となる場合がある。

その他の反射ロスの影響を低減する方法としてつぎのような方法がある[6)]。

① 吸収のないはずの波長領域での吸光度の値を全測定値から差し引く。吸収帯の両側に透明部分があれば，両側の値を結んで得た直線を差し引けばいっそう正確である。この方法では試料による散乱もある程度除かれるので，異常分散がなければ意外によい方法である。

② 屈折率分散がわかっていれば反射率を計算して測定値から差し引く。

また，一般的に可視域よりも赤外域の方が屈折率の高い物質が多く，セルや溶液の中には屈折率が2以上になる物質もあるため，このような反射ロスの影響が大きくなる。このような状況で定量測定を行う際には，これらの要因を熟知して実験を行うべきである。

①　溶液濃度測定　　一例として水溶液中の糖やタンパク質などの溶質濃度の測定を考える。透過測定ではリファレンス測定I_0とサンプル測定I_tを行い，その比率が透過率I_t/I_0となる。通常，このようなサンプルのリファレンス測定には溶媒のみを入れたセルを使用するが，実験によっては溶媒の変化に着目する場合もある。またこの溶媒の吸収がアーチファクトとなって，溶質の吸収スペクトルに誤ったピークを生むことがある。

これがアーチファクトかどうかを確認するためには，溶質の濃度を振って確認する方法や，試料室に何も入れずにリファレンス測定を行って溶媒のみの吸収スペクトルを測定することで確認する方法がある。このとき，サンプル側のセルの影響が気になる場合は，空セルの吸光度スペクトルを測定しておき，サンプル測定後の溶媒＋セルの吸光度から引き算することで対処できる。さらに迷光がアーチファクトを作る場合もある。モノクロメータでの例になるが，**図3.12**に迷光の影響で現れるアーチファクトの例を示す。

ここでは，図中Aの曲線が正しい吸収スペクトルであるが，迷光が曲線BやCのようなあたかも吸収があるようなピークを作る例を示している。また，本来吸収がないDの曲線をもつ物質が，長波長側にピークがあるようなアーチファクトEを作ることがある。これらはともに検出器の感度の低い領域の，SN比が低くなっているところで起こることが多い。

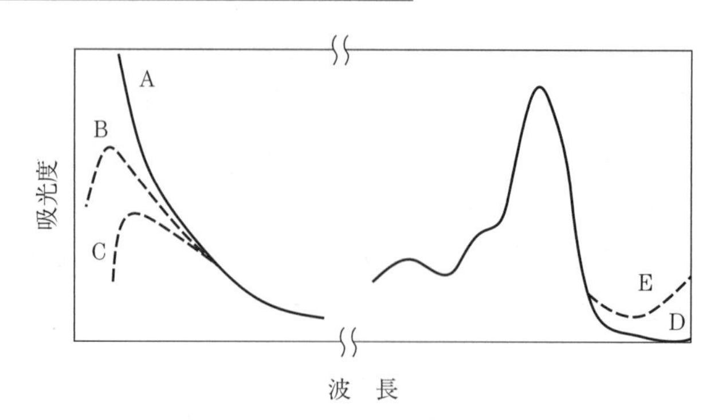

図 3.12　迷光が吸収スペクトルに与える影響[7)を改変]

このような迷光効果を減らすために，① 迷光の少ないモノクロメータを用いること，② 目的波長域の光に対する感度のよい光電面の検出器を用いること，③ 目的光が溶媒によって吸収される場合には吸収の少ない溶媒に変えること，④ フィルタによって，迷光を除去することなどが提案されている[7)]。

さらに，セルにもわずかな製品ばらつきが考えられる。そのため，製造会社やロット番号の同じセルを使用することや，セルを使用する向きをそろえる，セルホルダへの設置に注意を払い，毎回同じ位置で測定するなどといった，サンプルだけでなく周辺にも注意を払うことで精度の高い吸収スペクトルの測定が可能となる。

②　正透過法（固体の分光測定）　固体の分光測定は溶液よりも難しいと言われている。それは散乱や表面の形状などにより溶液よりも誤差が含まれやすいことや，スペクトルの解釈が難しいことがあげられる。しかし，固体の吸収測定には溶媒に溶かすと分解するようなものをそのままの状態で測定できることや，固体表面の性状を知ることができるなど，サンプルによっては利用価値が高い。透過測定は，入射した光がそのまま真っ直ぐ透過した光を分光する透過法（ここでは，仮に正透過法と言うこととする）と，それ以外の拡散光を分光する拡散透過法に大別でき，これまで説明してきたセルを用いた溶液測定は均一系の正透過法に相当する。

生物材や農産物の研究において，粉末の透過スペクトルを測定する場面があり，このときには不均一分散系の正透過法を用いることとなる。ここでいう不均一分散系というのは，波長よりも大きな粒子が分散している系のことである。このような散乱は特に**ミー散乱**（Mie scattering）と呼ばれ，波長よりも小さな粒子（おおむね波長の 1/10 の大きさ）で生じる**レイリー散乱**（Rayleigh scattering）とは分けて考える。生物材を対象にした場合，構成される小器官や細胞などのサイズを考えると，可視光や近赤外光の散乱として観測されるのはミー散乱が主で，入射光と同方向の前方散乱が多く含まれると考えられる。参考までに，散乱の波長と粒子サイズとの関係を表す粒径パラメータ η は以下の式で表される。

$$\eta = \frac{\pi D}{\lambda} \tag{3.9}$$

ここで，D は粒子径を表し，波長 λ との関係から，特に $\eta \ll 1$ のときをレイリー散乱，$\eta \simeq 1$ のときをミー散乱，$\eta \gg 1$のときを幾何光学近似と呼び，分類される。

われわれが体験する現象の中で，散乱というものは先述のような粒子間の反射などによる現象をイメージすることが多いが，厳密には1分子でも吸収と散乱が生じる。光と物質の相互作用を考える場合，通常は吸収と散乱に分けられ，反射は散乱の形態のひとつとして扱うことができる。本書で扱う散乱は，物理用語では自然光散乱過程と呼ばれる線形な誘電率応答で説明できる現象を扱う。自然光散乱は，物質との相互作用の違いによって，先述のレイリー散乱，ブリュアン散乱，ラマン散乱からなるピークをもつ。模式的には**図3.13**に示すように，入射した光の周波数ω_0と異なる周波数にピークをもつ光散乱スペクトルとなる。

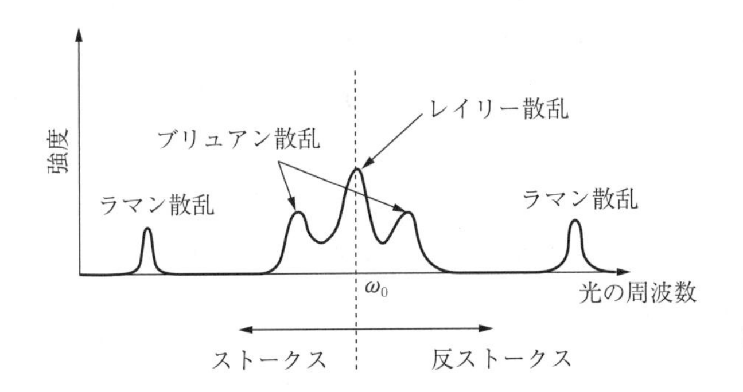

図3.13 さまざまな散乱

図に示すように，入射した光の周波数よりも低い側に散乱するものをストークス（Stokes）成分，高い側に散乱する成分を反ストークス（anti-Stokes）成分と呼ぶ。近年，光技術の進展により，手軽に**ラマン分光法**（Raman spectroscopy）が扱えるようになってきた。紙面の都合上ここではラマン分光法の文献[8]を紹介するにとどめるが，赤外活性を扱う赤外吸収分光法とラマン活性を扱うラマン分光法は，ともに異なる視点で対象物を評価できる手法であり，分光法の双璧をなす。光技術の高度化により，今後ラマン分光法が農産物や食品を分析する場面が増えることが予想される。

③ **ヌジョール法・錠剤法**　粉末を薄いセルに入れて透過測定すると，ほとんどが粉末層で散乱し，正透過光の光量は著しく低下する。しかし，ヌジョールと呼ばれる流動性パラフィンを使うことで，散乱光は減少する。これは散乱強度が粒子と空間（粒子間の隙間）の屈折率差をパラメータとして記述されるためであり，サンプル粒子を空気よりも屈折率の高い（すなわち粒子との屈折率差が小さくなる）物質で覆うことで粒子の散乱を低減し，影響を小さくすることができる（**図3.14**）。ただし，ヌジョール法を用いるには，流動性パラフィンそのものが2 900 cm^{-1}付近，1 460 cm^{-1}，1 375 cm^{-1}，730 cm^{-1}に吸収ピークをもつため，このピークが重なるサンプルには適さない（C-H基の評価は不可）。また，すりつぶしたサンプルに流動性パラフィンを滴下する際，気泡が入らないように注意する必要がある。

同様の原理に基づいて透過測定を行う方法で，透過性の高い希釈粉末でサンプルの濃度を調整し，錠剤成型器でペレットを作成する錠剤法と呼ばれる方法がある。これらは中赤外領域で用いら

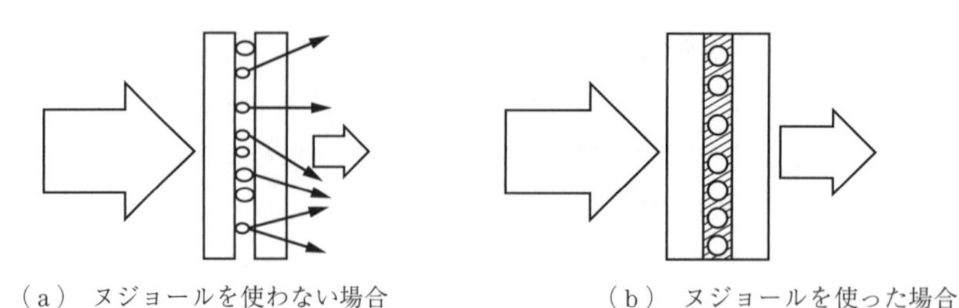

（a） ヌジョールを使わない場合　（b） ヌジョールを使った場合

図 3.14　ヌジョールで散乱が小さくなる様子

れることが多いが，可視や紫外でも用いることが可能である。中赤外領域では KBr（臭化カリウム）などが希釈材として市販されており，テラヘルツ帯ではポリエチレン粉末が使われることが多い。中赤外域は吸収が大きいため，1％以下の濃度でサンプルを希釈するのが望ましく，テラヘルツ帯では数％の濃度でペレットを作るとよい。ただし，元のサンプルの吸収の大きさに依存するため，予備実験で適切な濃度を検討されたい。

なお，KBr は吸湿性が高いため使用前に粉砕し，110℃で 3 時間程度乾燥させたのち，錠剤成型器でペレットにすると吸湿で白濁することなくペレットを作成することができる。しかし，錠剤作成中にどうしても空気中の水を取り込むため，KBr ペレットを使って O-H 基の評価はできないと考えたほうがよい。

④　**拡散透過法**　拡散透過法は，全透過光から正透過光を差し引いた拡散透過光を用いて分光する手法である。具体的な測定方法としては，**積分球**（integrated sphere）を用いる方法や**オパールガラス法**（opal glass method）などがある。これらは，葉のように比較的薄い散乱体や，細胞液，生乳などの懸濁（けんだく）液サンプルを分光する際に用いられる。

積分球とは，中空球の内部に拡散反射率の高い材料をコーティングした光学部品である。可視域では硫酸バリウムなどの見た目が白い材料が内壁に使われ，赤外域では表面を粗くした内壁に金をコートすることで，入射した光を散乱させて均一化する効果があり，これは不均一分散系の拡散反射光を検出する際に有効である。

分光器でこのような不均一分散系を測定する場合，透過した光の多くは拡散し，検出器までたどりつけない。その結果吸収が大きく見積もられるため，できれば拡散した光すべてを検出器まで導きたい。そこで，**図 3.15** のように硫酸バリウムなどのペレットを基準試料として，（a）リファレンス信号を得たのち，（b）積分球入り口に透過配置でサンプルを配置してサンプル信号を得ると，全透過光を検出器に導くことができる。また，サンプル測定時に基準試料を外すことで，正透過光を積分球の外部に出すことも可能で，この配置で検出されるのはサンプルによる散乱光のみということになり，先の全透過光と比較することで正透過光と散乱光を区別してサンプルの情報を得ることも可能となる。

この積分球は反射配置においても利用することが可能で，サンプルの拡散反射光を得ることが可能である。

もう一つのオパールガラス法[9]は，ガラスの片面に乳白色を吹き付けたオパールガラスと呼ばれ

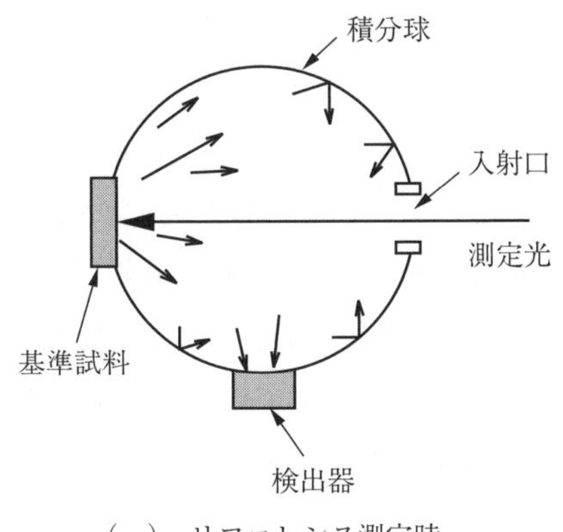

（a） リファレンス測定時

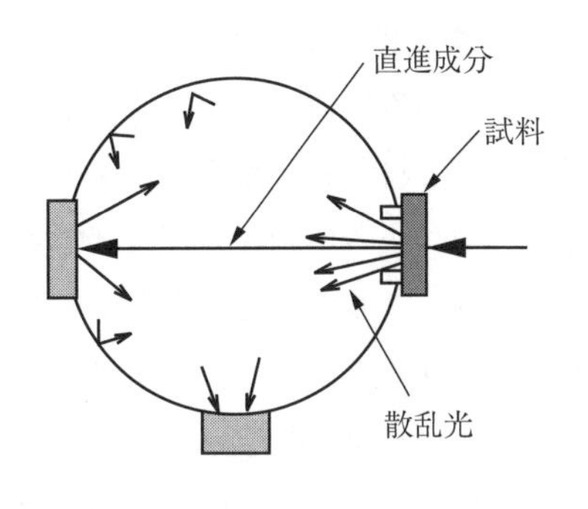

（b） サンプル測定時

図 3.15 積分球を用いた測定系

る光学素子を用いる方法で，これは散乱板として機能する光学部品として市販されている。例えば，細胞懸濁液を測定すると，細胞と細胞のすきまを抜けてくるすきま光が含まれる場合がある。いま，I_0 の入射光に対して，サンプルを透過した平行透過光を I_p，細胞と相互作用をした散乱透過光を I_d とすると，通常の透過測定系では I_p はすべて検出器で受光されるが，散乱した光の一部は検出器まで届かないため，I_d は全散乱光の一部（ここでは a 倍（$a<1$）とする）が受光されることになる。したがって吸光度は

$$A' = \log \frac{I_0}{I_p + aI_d} \tag{3.10}$$

となる。しかしここで，サンプルとリファレンスの直後にオパールガラスを置くと，光量が b 倍（$b<1$）に減衰するものの，I_0，I_p，I_d それぞれの光量が b 倍になるので

$$A = \log \frac{bI_0}{b(I_p + I_d)} = \log \frac{I_0}{I_p + I_d} \tag{3.11}$$

となり，ほぼ $a=1$ の状態で測定できることになる。

（2） 拡散反射法　不均一分散系でも濃度が濃くなり透過光が見えなくなる場合は，反射法が有効となる。例えば，粒体のように比較的大きな粒子サイズを有するサンプルの場合，光がサンプルに入射されると粒体の表面で正反射する光と，粒体内部まで入り込んで内部で反射を繰り返しながら散乱光として反射する光が存在する（**図 3.16**）。

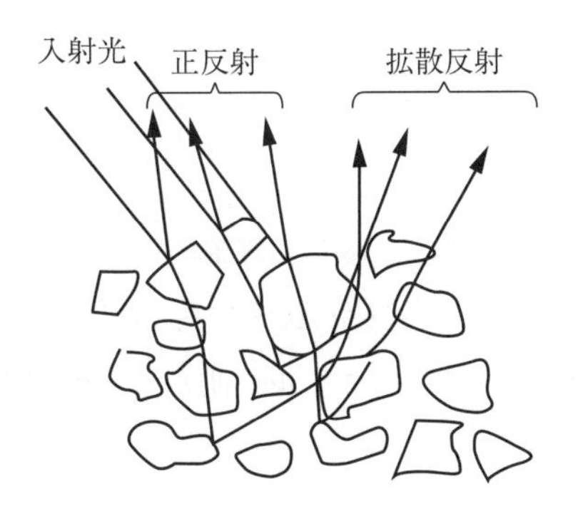

図 3.16 粉体サンプル内での光の様子

この散乱光は，拡散反射光とも呼ばれ，内部で反射する際にわずかずつサンプルの粒体に吸収されるため，この拡散反射光を用いることで吸収スペクトルを測定できる。ただし，この吸収スペクトルは透過測定で得られる吸収スペクトルとは縦軸（吸収の強さ）に歪みを生じる。これは拡散反射法では，吸収の小さい光の方が内部で数多くの反射を繰り返すため，吸収が強調される傾向があり，この結果サンプル濃度と測定される吸光度に比例関係が見られないためである。

しかしこの手法は，サンプルの前処理が容易であり，適切に粒径を調製するだけで吸収測定ができるため，扱いやすい分光法といえる。通常，リファレンスは KBr や KCl（塩化カリウム），CaF_2（フッ化カルシウム）などの粉末を用い，サンプル測定ではこの希釈材とサンプルを混ぜ合わせた混合物を測定する。

この吸収スペクトルに見られる歪みを補正して定量分析に供するために**クベルカ-ムンク関数**（Kubelka-Munk function）を用いる方法がある。

$$f(R_d) \equiv \frac{(1-R_d)^2}{2R_d} = \frac{K}{S} \tag{3.12}$$

ここで，$f(R_d)$ はクベルカ-ムンク関数を示し，K，S，R_d はそれぞれ吸収係数，散乱係数，絶対拡散反射率である。通常，絶対拡散反射率の測定は困難なため，R_d の代わりにサンプルからの反射光強度と基準試料からの反射光強度の比をとった相対拡散反射率 R を使う。吸収係数 K はモル吸収係数やサンプル濃度に比例するため，散乱係数が一定であれば，クベルカ-ムンク関数 $f(R)$ はサンプルの濃度に比例する。

このとき，粒径や充てん率は実験に影響を与えるため注意をする必要がある。特に粒径は，散乱の大きさや方向に影響を与える。ノイズとなる正反射強度を減らして散乱強度を大きくするには，波長と同程度のサイズまで細かくすることが望ましいが，対象物の性状によっては難しい場合もあるので，できるだけ粒径を小さくする（20 μm 以下が望ましい）とともに，念のため比較する他の対象物と同程度の粒径を準備することを心がけたい。

一方，近赤外領域では赤外よりも吸収が小さいことが多いため，希釈することなく，サンプル粉末をそのまま測定に供する。リファレンスには，粗面をもつ金拡散反射ミラーや硫酸バリウムなどが用いられる。ただし，金は可視光領域に吸収をもつため可視域をカバーできないので注意が必要である。

さらに踏み込んで，拡散反射測定で定量かつ定性的な議論を行うには，クベルカ-ムンクの式から導かれる以下の関係式を用いる。

$$\frac{K}{S} = \cosh\left\{\log\left(\frac{1}{R}\right)\right\} - 1 \tag{3.13}$$

この式は横軸に $\log(1/R)$，縦軸に K/S をとって図示すると，線形な関係にはならないが，任意の狭い範囲での K/S を考えると，$\log(1/R)$ すなわち吸収が K/S に対して近似的に線形性を満たしていると考えられる。農産物などの生物材料の反射スペクトルを測定した結果で，近赤外領域では log (1/R) を縦軸にとったグラフをよく見かける。つまりこれは“吸収”を表しており，比較的長波長側の近赤外領域での生体材料の測定は拡散反射測定が基本となることが多いため，相対拡散反射率 R を用いたこの表し方が吸収として使われる。

（3） 反　射　法　反射分光法は，外部反射と内部反射に分けられる。前者は屈折率の小さい物質から屈折率の大きい物質に入射する際に生じる反射を扱った分光法で，後者はその逆の関係の屈折率の関係で生じる反射である。

通常，空気からサンプルに光を直接照射して反射測定する場合は，空気の屈折率は 1 と見なせることから，外部反射光学系となる。この方法は，透過測定が困難な吸収の大きな対象物やサンプル調整が困難な対象物も非破壊的に吸収測定が可能であるとともに，反射率から対象物の光学定数（屈折率や消衰係数）を得ることが可能といった，他の分光法にはない特徴を有している。しかし本書で扱う生物材料や食品を対象とした場合，ここで紹介する反射法を使う機会は少ない。それはこの反射法の理論が，鏡面のように凹凸のないサンプルからの反射を想定しており，通常は正反射や鏡面反射と呼ばれる現象を説明するものであるからである。

しかし他の方法とは異なるユニークな利用法もある。具体的には，分子を吸着させた金属基板を作成し，その分子配向を反射吸収スペクトルから解析することが可能なことである。

いま，**図 3.17** のような正反射を考える。入射光と反射光の両方の光軸を含む面を入射面と呼び，この入射面に平行な電場の振動をもつ偏光を p 偏光，垂直な電場の振動をもつ偏光を s 偏光と定義する。このとき基板に金属を利用し，浅い角度で光を入射すると，s 偏光の電場は打ち消され，p 偏光の電場のみが面近傍で強められる。この結果，微量なサンプルでも吸収が大きく測定され，理論的には透過測定法よりも 10 倍程度高感度に測定できるとともに，特定の方向の電場が強められているため，分子配向に関する知見を与えてくれる[10]。これを RAS 法という。

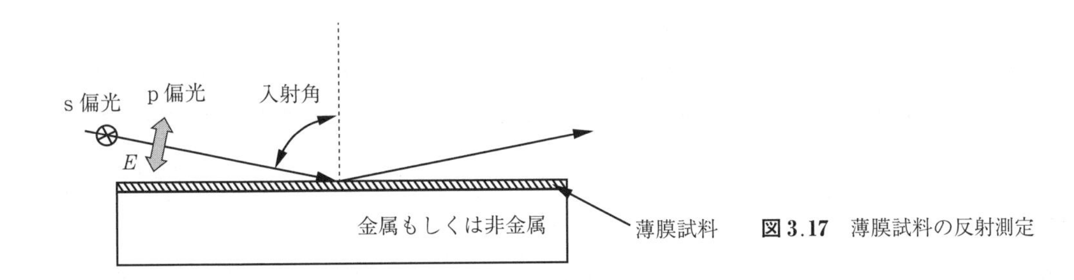

図 3.17　薄膜試料の反射測定

一方，基板に非金属材料を用いた場合は少々話が複雑になる。先の金属基板を用いた RAS 法では p 偏光のみを利用できたが，非金属の場合は両方の偏光を考える必要が出てくる。これは 2.1.1 項で紹介したように，偏光によって反射率が異なるとともに，金属のように s 偏光をキャンセルできないためである。また，反射法はサンプルや基板の光学特性の影響を受けやすく，得られた反射吸光度（$= -\log(R/R_0)$）の正負が反転する場合があるため，通常本手法で測定するためには入射角や偏光を変えながら測定し，解析を行うことが多い。ちなみに，ブリュースター角による反射を利用すると非偏光な光から偏光のみを取り出すことができるため，偏光特性をもった光が必要なときに利用できる。

実際の実験系で入射角0°の垂直入射を実現することは困難である。しかし幸い入射角が15°以下であれば，偏光が異なっても振幅反射係数 $\tilde{r}$ はほぼ同じになる。電場の振幅反射率の二乗が（パワー）反射率と定義できるため，空気から複素屈折率 $\tilde{n} = n - i\kappa$ をもつサンプルに垂直入射した光の反射率 R はつぎのように表すことができる。

$$R = |\tilde{r}|^2 = \frac{(n-1)^2 + \kappa^2}{(n+1)^2 + \kappa^2} \tag{3.14}$$

このように，反射率にはサンプルの屈折率，消衰係数の情報が含まれている。しかし，ここで得た反射率からこれらの光学定数を得るには工夫が必要となる。ここでは，Kramers-Kronig 解析[11)]と呼ばれる手法を用いた方法を紹介する。

この解析は，周波数応答関数の実部か虚部のどちらか一方がわかっているとき，もう一方を計算で求める方法である。なお，この解析法を利用した分光器のソフトの中での K-K 変換は，正反射スペクトルがサンプルの屈折率の影響を受けて見せる微分形の異常分散を補正し，消衰係数の情報を抽出することで，定性的な評価が行えるスペクトルに変換してくれる。

垂直入射の場合，反射率 $R(\omega)$ の複素反射係数は周波数 ω の関数として以下のように表される。

$$\tilde{r}(\omega) = \sqrt{R(\omega)}\,\exp\,(i\phi(\omega)) \tag{3.15}$$

ここで，$\sqrt{R(\omega)}$ は振幅，$\phi(\omega)$ は位相を表す。さらに，複素反射係数がサンプルの複素屈折率によって導かれることを考慮すると，複素屈折率の実部 $n(\omega)$ と虚部 $\kappa(\omega)$ はそれぞれ以下のように表すことができる。

$$n(\omega) = \frac{1 - R(\omega)}{1 + R(\omega) - 2\sqrt{R(\omega)}\cos\phi(\omega)} \tag{3.16}$$

$$\kappa(\omega) = \frac{2\sqrt{R(\omega)}\sin\phi(\omega)}{1 + R(\omega) - 2\sqrt{R(\omega)}\cos\phi(\omega)} \tag{3.17}$$

つまり，反射率 $R(\omega)$ と位相 $\phi(\omega)$ が得られれば，サンプルの複素屈折率を求めることができる。しかし，先述の方法では反射率を得ることができるが，位相を実験から得ることは困難である。ここで，式(3.15)の両辺の対数をとると

$$\ln\tilde{r}(\omega) = \frac{1}{2}\ln R(\omega) + i\phi(\omega) \tag{3.18}$$

となり，複素関数の実部と虚部に分けることができる。ここでコーシーの主値 P を用いた Kramers-Kronig の関係式を用いると，両者にはつぎのような関係が成り立つ。

$$\ln\sqrt{R(\omega)} = \frac{2}{\pi}P\int_0^{\omega_u}\frac{\omega'(\phi(\omega') - \phi_\infty)}{\omega'^2 - \omega^2}\,d\omega' \tag{3.19}$$

$$\phi(\omega) = -\frac{2\,\omega}{\pi}P\int_0^{\omega_u}\frac{\ln\sqrt{R(\omega')}}{\omega'^2 - \omega^2}\,d\omega' + \Delta\phi \tag{3.20}$$

式(3.20)の $\Delta\phi$ は位相補正項で，外部反射の場合は $\Delta\phi = \pi$ となる[12)]。このようにして，式(3.20)から位相が導出されると，式(3.16)，(3.17)から複素屈折率の実部と虚部を求めることがで

きる。しかし，式(3.20)は，全周波数区間の積分からなるため，分光器についている解析ソフトのK-K 変換では，マクローリン法や二重フーリエ変換法といった近似式を利用する方法が採用されている。ただし，この解析方法は反射測定の結果の精度が直接解析結果に影響を与えることから，精度よく反射率を測定した結果を解析に供することが重要である。

（4）　減衰全反射法　反射分光法のうち，内部反射に相当する方式に減衰全反射法（全反射減衰法とも呼ぶ）がある。通常，吸収の大きなサンプルは透過測定が困難となる。そのようなサンプルの吸収スペクトルを測定するには，反射法が用いられるが，その一つが**減衰全反射法**（attenuated total reflection, ATR）である。この方法は，サンプルの前処理を必要とせず粉体や液体サンプルをそのまま測定できることから実用性が高く，生物材料計測においても重要な測定法の一つといえる。

臨界角以上の入射角でプリズムに照射した光によって反射面の裏面に**エバネッセント波**（evanescent wave）が生じ，このエバネッセント波とサンプルとの相互作用によって減少した減衰全反射率を計測する手法である。エバネッセント波はプリズム反射面のサンプル側に垂直な方向には非伝播光として局在し，プリズムとサンプル界面で大きな電場振幅をもつため，実効的なサンプルとの相互作用長が通常の外部反射よりも長くなるため，高感度な測定が可能である。

全反射条件を満たす ATR プリズムには，吸収が小さく，屈折率が大きい物質が用いられる。特に内部反射の条件を満たすには測定サンプルよりも屈折率が大きい必要があり，赤外域では KRS-5（$n = 2.37$ at 1 000 cm^{-1}），Ge（$n = 4.0$ at 1 000 cm^{-1}），ZnSe（$n = 2.41$ at 1 000 cm^{-1}），ダイヤモンド（$n = 2.4$ at 1 000 cm^{-1}）などが用いられ，テラヘルツ帯では 1 kΩ/cm 以上の高抵抗 Si（$n = 3.4$）が一般的である。それぞれのプリズムは，硬度や耐溶剤性が違うため扱いが異なる。プリズムの材質を確認のうえ，使用することを強く勧める。通常の分光器のアタッチメントとして市販されている ATR ユニットは，**図 3.18** に示すように ATR プリズムの上にサンプルを置き，下面からの光を ATR プリズム-サンプル界面で反射させ，その際の減衰反射率から吸収の情報を得る。

入射角が臨界角と同じになり全反射条件を満たすとき，入射した光のエネルギーは ATR プリズ

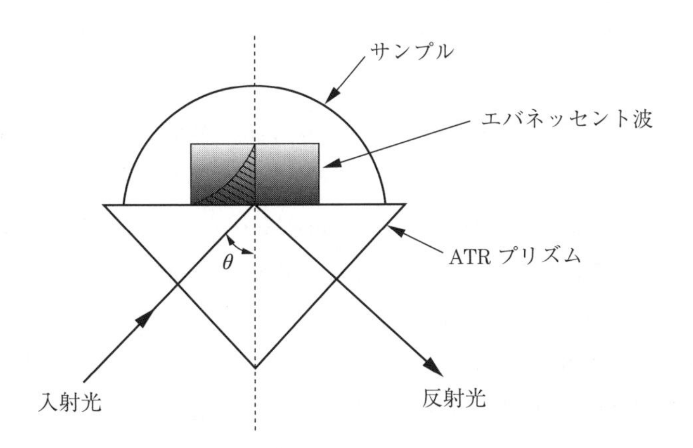

図 3.18　ATR 法の測定部の模式図

ム-サンプル界面ですべて反射されることとなり，p 偏光と s 偏光ともに反射係数 $r=1$，透過係数 $t=0$ となる。このとき，透過波はエバネッセント波と呼ばれ，サンプル側にしみ出す局在電場となって存在し，エバネッセント波の電場振幅 E（試料側の電場振幅）は z 軸方向（全反射面に垂直な方向）に対して指数関数的に減衰する。このときのしみ出し領域を表す指標として，エバネッセント波の電場振幅 E が z 軸方向で $1/e$ 倍減衰する深さを“しみ出し深さ（penetration depth, d_p）”として以下のように定義されている。

$$d_p=\frac{\lambda}{2\pi n_1}\frac{1}{\sqrt{\sin^2\theta-(n_2/n_1)^2}} \tag{3.21}$$

ここでは，ATR プリズムの屈折率を n_1，サンプルの屈折率を n_2 としている。実作業においては，サンプルの屈折率がわからないと，この式からしみ出し深さを見積もることができないが，経験的に予想できる値や文献値の値を入れることで，どれくらいのしみ出し深さがあるのかを見積もることができるとともに，準備すべきサンプルの厚さや量について考えることができる。なお，サンプルの吸収も考慮に入れたしみ出し深さの記述方法もあるが，ここでは省略する。

エネルギー保存則を考えても，エバネッセント波のエネルギーは境界の前後を行き来するだけである。しかし，わずかながらエバネッセント波のエネルギーはサンプル側にしみ出しているため，サンプル有無の反射強度比をとった ATR 測定による反射スペクトルは，透過スペクトルと同様の情報をもった吸収スペクトルを表す。大雑把には，これはエバネッセント波で作られる空間での光とサンプルとの相互作用によるものと考えられ，その結果，吸収の大きい測定サンプルの場合でもむだに伝播して減衰することなく，適度に吸収された信号の測定が可能となる。

また ATR 法は，外部反射よりも，高精度に測定を行うことが可能である。通常，多くの試料において s 偏光に比べて p 偏光のほうが試料の吸収に対する感度が高く，より大きい複素反射係数の変化を与えるため，偏光を制御できる実験系では p 偏光を用いた方が有利な場合が多い。

先のしみ出し深さの式(3.21)を見直すと，しみ出し深さは入射角によっても変化する。しかし，通常の分光測定では入射角が一定なので，問題になるのはしみ出し深さが波長依存を有する点である。つまり，原理的に長波長側のしみ出し深さが大きくなるため，吸収が大きく見積もられる。そこで分光器のソフトの中には“ATR 補正（ATR correction）”という機能があり，この補正を用いることで，波長で除した ATR スペクトル（もしくは ATR 信号）と呼ばれる，吸収に相当するスペクトルを得ることができる。

また，ATR スペクトルで得られるピークは，原理的にサンプルの屈折率や吸収の強い分散の影響を受け，透過測定の結果と比べてピークの位置が長波長側にシフトすることがある。最近の分光器にはこういった分散の影響も補正できる機能を有したものも市販されている。いずれにしても，測定で得られた結果にこのような誤差要因が含まれていることを知って実験することが重要であり，これらを理解してソフトを用いることが重要である。

ATR 法は，粉体のサンプル測定にも利用できる。このときプリズムにサンプルを押し付け，サンプルを密着させる必要がある。押し付けの荷重によってプリズムへの密着具合が異なるので，吸収スペクトルが安定しないことがある。そのため，市販のATR分光器はサンプルを上から押し付ける機構に荷重を確認しながら分光測定できるようになっているため，あらかじめ最適な荷重を確認のうえ，実験を行うことができる。また，ATR測定はエバネッセント波（非伝播光）を利用しているため粒径依存性が少ないとされている[13]。ただし，ATR測定の場合は全反射条件を満たす必要があるので，ATRプリズムの屈折率とサンプルの屈折率の関係を事前に把握しておく必要がある。

3.2　スペクトル解析法

分光器の中にサンプルを入れてボタンを押せばスペクトルが得られる。ただ，これだけではスペクトルを眺めるだけで，ほとんどの場合，有益な情報を得ることはできない。特にスペクトル定性・定量的な議論を行うには，測定したスペクトルを元に解析を行う必要がある。特にわれわれの対象は生物材料なので，化学分析のサンプル以上に複雑でばらつきも大きい。ここでは，そういった状況から所望の情報を取得するためのスペクトル解析の概要を解説する。

3.2.1　前　処　理

分光器で吸収スペクトルを測定した結果には，ベースの揺らぎやサンプルのばらつきなど，さまざまな誤差が含まれる。また，長時間測定する場合には装置だけでなく周囲の温度や湿度も変化するため，あらかじめ装置の安定性や癖について評価し，特性を把握することは分光器で正しい物性値を得るために重要な作業である。

しかし装置の特性や癖を考慮して丁寧に測定したデータにも，ベースラインの傾きや歪みが生じることがある。こういったノイズを有するデータをそのまま多変量解析などのスペクトル解析に用いると，ローディング（相関に対する成分の寄与）に偽のピークを生じたり，定量・定性評価の結果が悪くなるなどの問題が起こる。一方，ATR法や拡散反射法は，原理的に吸収スペクトルに波長依存性や非線形性をもたらす場合がある。

そのため，これらはATR補正やクベルカ-ムンク変換といった前処理が使われる。測定原理由来の歪みを補正するこれらの処理も前処理に区分されることが多いが，後者の前処理は3.1.2項の分光法の中で説明することとし，ここでは前者の想定しにくいノイズやベースラインの変動に対して，あらかじめ吸収スペクトルに行うべき“前処理”について紹介する。

（1）　差スペクトル　　差スペクトルは最も簡単な前処理方法の一つで，ベースラインのシフトを除去する際に用いられる。具体的には吸光度スペクトルに対して行う必要があり，吸収にベースラインのシフトが重なっている場合に，あらかじめ測定したベースラインのシフトのみのスペクトルを引き算する。これにより吸光度がゼロのところにベースラインを合わせることができ，その後の吸収ピークの評価が行いやすい。

ただし，ベースラインを引く際に係数を乗じる必要がある場合は，客観性を欠きやすくなるため注意する必要がある。また，異なる二つの吸収スペクトルの差を取ることで，変化のないスペクトル形状を取り除き，違いのあるピークのみを強調したスペクトル形状を表すことができる。

（**2**）　**二次微分**　　**図3.19**に二つの吸収ピークが重なりつつ，ベースラインが変動している原スペクトルと二次微分スペクトルを示す。ここでは示していないが，一次微分は原スペクトルのピーク波長で0となり，その両側の変曲点で正と負のピークになる。このとき，光の散乱によって生じるような波長に依存しないベースラインの変動は取り除かれる。これに対して二次微分では原スペクトルのピークのある位置で下向きのピーク形状をとる。また，左側にあるスロープと重なったピークも分離でき，明瞭に検出できるため，微小なピークを検出するのに適している。

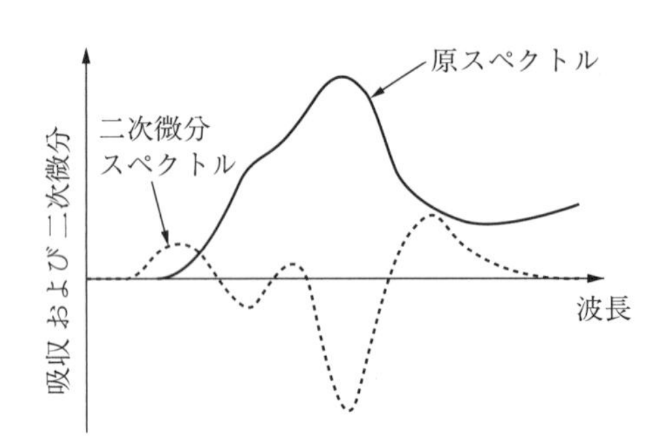

図3.19　原スペクトルと二次微分スペクトル

しかし，微分次数が二つ上がるごとに，SN比は約1桁落ちることが知られているため，二次微分法は非常にノイズの少ないスペクトルに対して行われるものであり，不用意に用いることは避けるべきである。こういった問題を避けるために，Savitzky-Golay法が知られている。この方法は，平滑化を行いながら微分処理を行う特徴をもつ。

具体的には，着目するデータ点とその前後数点（窓幅で決まる）に対して最小二乗法による近似を行い，得られた高次の式における着目するデータについての微分値を採用する方法である。このときの注意点として，窓幅を小さくしすぎるとノイズが強調されてしまい，偽のピークを作ることがある。一方，窓幅を大きくしすぎると，本来存在していた小さなピークを消し去ってしまうことがある。また，処理後のピークの見え方は原スペクトルのピーク幅と窓幅によっても変化するため，窓幅の決定がポイントとなる。そのため，Savitzky-Golay法を用いるには予備検討で窓幅を決定したうえで微分スペクトルを計算すべきである。

（**3**）　**スムージング**　　ノイズが多く含まれる場合というのは，SN比が悪い状態であることが多い。このようなとき，スムージングを用いることでノイズを小さくし，スペクトルを滑らかにすることができる。具体的には，着目するテータ点に隣接する値（もしくは任意の区間）の平均値をその点の値に置き換えながら処理する隣接平均法である。見栄えがよくなるので頻繁に使いたくなる処理方法ではあるが，サンプル由来の微小なピークも平均化によって見にくくなる。また，ピークを鈍らせるためピークの高さが変って定量評価に影響を与えることもある。そのため，通常はこの手法による前処理は避け，Savitzky-Golay法を利用することが多い。

（**4**）　**SNVとMSC**　　懸濁しているサンプルや散乱を生じるサンプルを測定した場合，分光器の性能以上に大きなばらつきをもったスペクトルが測定されることがある。このような場合，**SNV**（standard normal variate）と呼ばれる複数本測定したスペクトルのばらつきを統計的に補正する方法が，効果を示す場合がある。

一方，われわれが対象とする生体は分光する波長サイズを考えると，つねに散乱の効果を受けたスペクトルを扱っているといえる。このときは，**MSC**（multiplicative scatter correction）が有効である。この処理は，乗算的・加算的散乱因子を最小二乗法により残差が最小となるように推定する方法で，サンプルの粒度ばらつきによるスペクトルのばらつきを補正する効果がある。具体的な計算について詳しくは参考文献14)を参考にされたい。

ここでは，ウンシュウミカンの近赤外スペクトルを例に，MSCの事例を**図3.20**に紹介する[15)]。

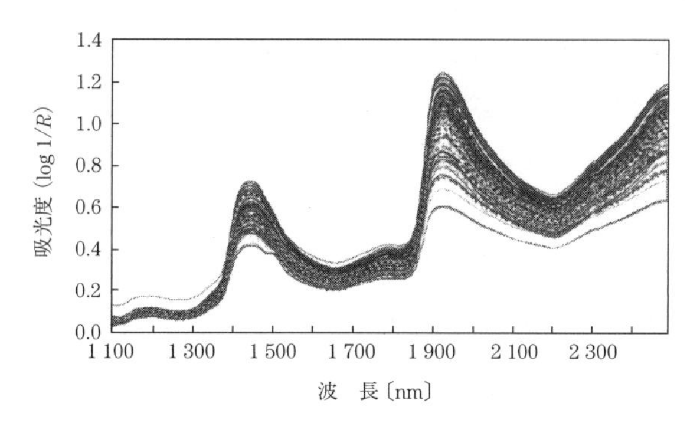

（a）　ウンシュウミカンの葉の波長1 100～2 500 nmまでの拡散反射スペクトル

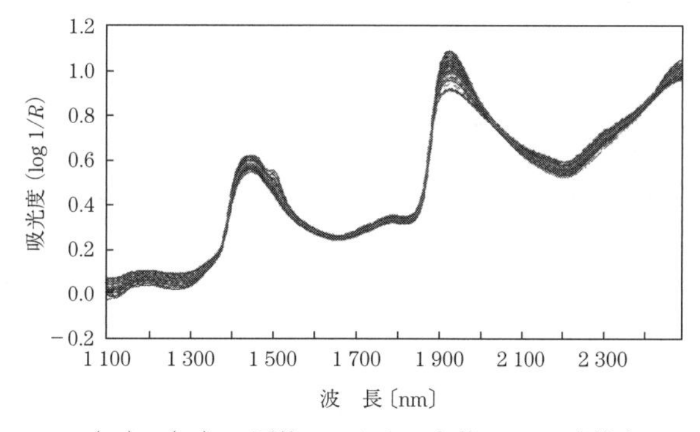

（b）　（a）の平均スペクトルを基にMSC変換を行った結果

図3.20　MSC前後の比較[15)]

このようにベースラインの変動によるばらつきを軽減することができ，生物材料を対象とした分光スペクトルの前処理としては有効である。しかし，変動の要因が成分などに由来する場合は，この処理によってその情報を消してしまうことがあるため，あらかじめ波長領域に適応できるかどうかや，この処理が適切かどうかを検討しておく必要がある。

（5）　その他の前処理　　中赤外分光法では，光路中の水蒸気のスペクトルが測定結果に影響を与えることがある。このような場合は，あらかじめサンプルのない状態で水蒸気の吸収スペクトルを測定しておき，先述の差スペクトルを利用することで除去することができる。また，サンプル内部やセル厚の影響で多重反射が生じ，測定したスペクトルに干渉が重なる場合がある。この干渉縞は光路差に応じて現れるため，フーリエ変換型分光器の場合，スペクトルのインターフェログラムを見るとサイドバーストが生じている。このサイドバーストを取り除き，再度フーリエ変換してスペクトルに直すことで，干渉縞を取り除くことが可能である。

3.2.2 多変量解析

生物材料のような複雑系を対象とした分光測定を行う場合，さまざまな物質の影響を受けたスペクトルが不鮮明で，見たい物質の変化に対して判別しにくい場合がよくある。このような中から見たい物質との関係性を見出す解析方法として，多変量解析が有効である。

多変量とは，1個のサンプルを表す複数の変量のことである。具体的には，測定波長の領域における N 個の波長のスペクトルデータは，N 個の数値（例えば吸光度）の並びのことなので，分光スペクトルは一つのサンプルを多くの変量からなる多変量データで説明していることになる。スペクトル解析において，化学的特性や物理的特性，品質や物質の含有量などは目的変数として扱い，吸光度や反射率など分光測定で得られる量が説明変数として扱われる。**表 3.3** に，生物を対象とした場合の目的変数とその代表的な解析法について記す。

表 3.3　目的変数別の解析方法

目的変数	解析方法
物性値（量的尺度）	重回帰分析（MLR），主成分回帰分析（PCR），PLS 回帰分析（PLSR）
品種や状態（質的尺度）	判別分析
サンプル間の差異（目的変数がない場合）	主成分分析（PCA）
定量的なサンプル間の特性の違いを基にした，サンプルのグループ化や階層化	クラスタ分析

成分の濃度や特定の物質の含有量，糖度，酸度といった量（数値）で表すことができる目的変数に対しては，**重回帰分析**（multiple linear regression, MLR）や**主成分回帰分析**（principal component regression, PCR），**PLS 回帰分析**（partial least squires）と呼ばれる解析法が用いられる。これらは，スペクトルの説明変数と別途計測器で測定した目的変数の関係を表す式を作る作業に相当する。個別の手法に関する詳細は専門書 16)に委ねるとして，ここでは簡単に概要や違いについて説明する。

説明変数と目的変数の関係を表す式を検量線と呼び，この式に対して，新たなスペクトルセットの情報を入力として計算すると，目的の量を推定することができる。この作成した検量線の評価指標として，重相関係数 R や決定係数 R^2 と**検量線標準誤差**（standard error of calibration, SEC）が用いられる（単回帰の単相関係数は小文字の r で書く）。検量線作成に際して最も重要なことは，重相関係数や決定係数を最大にすることである。

SEC は検量線を作成する際に使用したモデルを使った検量線の評価結果であり，値が小さいほどモデルに対して信頼性の高いことを意味する。しかし実際には，この式を作成するときに使用していなかったデータを使う必要があり，このときの誤差を予測値の**標準偏差**（standard error of prediction, SEP）と呼ぶ。また，加算的な系統誤差を表す指標として BIAS があり，このように BIAS と SEP に予測誤差を分けて考えることで，予期しない加算的な系統誤差を補正することが可能となる。さらに BIAS と SEP を包括する評価指標として，RMSEP（root mean square error of calibration）があり，こちらを使って書かれている文献もある。なお，これらにはおおよそつぎのような関係がある。

$$RMSEP^2 \approx SEP^2 + BIAS^2 \tag{3.22}$$

これらの方法は，検量線を作成するためのモデルサンプルと，評価するためのサンプルの 2 群が必要となるが，近年は**クロスバリデーション**（cross-validation）と呼ばれる手法が一般的である。クロスバリデーションではまず，検量線を作るためのデータセット（トレーニングセット）から一つのスペクトルを一時的に除外し，残りのスペクトルでモデルを構築する。除外したスペクトルをこのモデルで評価したのち，スペクトルを戻して別のスペクトルを除外して新しいモデルを構築し，除外したスペクトルでモデルを評価する。

この作業をすべてのスペクトルが 1 回は除外されるまで繰り返しつつ，評価結果である残差を蓄積し，その残差から**クロスバリデーションの標準偏差**（standard error of cross-validation, SECV）を算出してこのモデルの妥当性を評価する。

MLR を用いて複数の説明変数を選択する場合，それぞれの説明変数同士は無関係である必要がある。例えば，3 成分で構成される濃度の異なる混合ペレットを作成する場合に，スペクトル I では成分 A：成分 B：成分 C＝2％：3％：1％，スペクトル II では 4％：6％：2％，スペクトル III では 8％：12％：4％というように，それぞれのスペクトルの説明変数に関係性がある状態を「共線性の強いスペクトル」と呼び，このような**多重共線性**（multicollinearity）をもつスペクトルをモデル作成に供することは誤差を大きくするため，実際には使えないモデルとなる。

他の例として，例えば葉の吸収スペクトルをテラヘルツ帯や近赤外帯で分光測定するとき，水の量が変化するとスペクトル全体が変化する。これはこの帯域に水のブロードな吸収が存在するためで，これはつまり共線性をもっていることを意味する。したがって，この帯域の解析に MLR を用いるには注意を要する。このことは，モデル用のサンプルを作成する段階や，その帯域のスペクトルの情報を理解したうえで共線性について意識しながら研究することが重要であり，十分な知識のない状態で，安易に解析用ソフトウェアに答えを求めるのは危険であることを意味している。

一方，PCR や PLS は，後述する主成分分析によって主成分に相当する因子に集約して計算するため，主成分間に相関がなくなり，共線性が現れない。また，PCR や PLS ではスペクトルデータをスコア（サンプル間の特性）とローディングに分解して評価するが，これらの評価値は，“主成分の選択”を行う際に利用され，明らかにノイズと考えられる要因（例えば粒径の違いによる要因）が選ばれた場合には，それを説明変数から取り除くことができるが，MLR ではそのような処理が困難である。

これらの定量的な解析を行う際に，どれだけの個体数を用意して実験を行うべきかという議論になることがある。単純には数が多いほどロバストで精度のよい検量線が得られると思われがちだが，実際にはサンプルの都合上数を確保できなかったり，ある個体数以上になるとスペクトルのノイズによって誤差が飽和し，検量線の精度が上がらなくなることがある。

われわれが対象とする生物材料は，工業材料と比較してもバラツキが大きいことが特徴であり，そういった対象物から関係性を見出すには，私見ではあるが，少なくとも 50 サンプル以上は準備する必要があると思われる。逆にいうと，そういった数の準備ができる対象物がこのような解析手法を用いた研究対象となり得る。

同様に，「いくつの説明変数を用いて検量線を作成すればよいか？」ということを考える必要がある。通常，説明変数が増えるほど決定係数は 1 に近づき，検量線としての性能は高くなる。しかし，実際には説明変数に最適な数が存在することが知られており，それよりも多い数の変数を用いる場合はオーバフィッティング，逆に少ない場合はアンダフィッティングと呼び，用いる試料の数が多く，データの中のノイズが少ないほど最適な説明変数の数は多くなり，検量線の性能は高くなる。

クロスバリデーションを用いて，横軸に説明変数の数を取り，SEP のグラフを描くと，最小になる場所が最適な説明変数の数となるため，この値を用いることでオーバフィッティングを避けることが可能である（**図 3.21**）[16]。

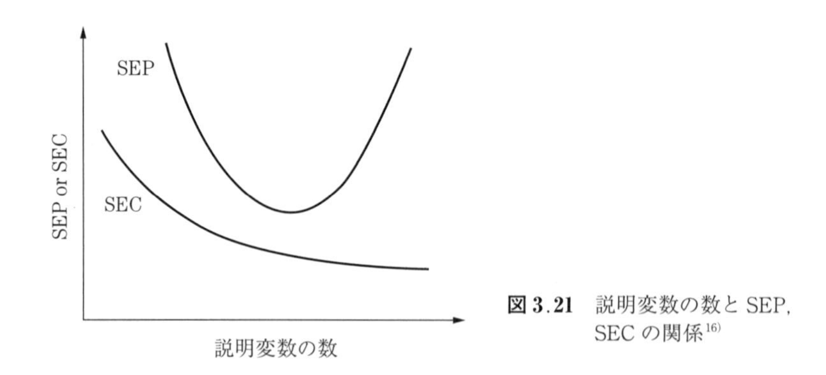

図 3.21　説明変数の数と SEP，SEC の関係[16]

判別分析は，未知のサンプルがどの品種や状態のグループに分類されるのかを決定するための，定量的な判定基準を求める際に用いられる。つまり，非数値特性を判定する際に利用する解析法の一種である。具体的にはマハラノビスの汎距離がよく用いられる。このマハラノビスの汎距離（D^2）は，「ユークリッド距離を標準偏差で割った値の二乗」であり，グループの重心と広がりを考慮した距離を表しているため，単に平均値や重心間の距離で比較するよりも全体の分布の様子に即した結果が得られる。分光スペクトルのように変数が多い場合，まずは後述の主成分分析によって空間の次数を下げたのち判別分析を行うことで，良好な結果を得られる場合がある。

判別分析に似た解析法にクラスタ分析がある。この違いは，前者はあらかじめ分類すべきグループが与えられている場合で，後者は分類すべきグループが未知であり，スペクトルの類似性からグループを生成する点が異なる。具体的には，分光スペクトルから良品や異常を分類したい場合は判別分析を用い，分光スペクトル群のそれぞれの違いや類似度からおたがいがどれくらい離れているのかを調べ，系統を調べたりする場合にはクラスタ分析を用いる。

主成分分析（principal component analysis, PCA）は，多次元の量的データの変数間の相関を排除しつつサンプルの次元を減らし，理解しやすくする方法で，回帰分析の前処理として考えることもできる。分光スペクトルは多次元の情報をもっているため，その関係を空間的に理解することはわれわれヒトには困難である。そこでPCAを使うと代数的には変量の組の分散共分散行列の固有値を求めることができ，固有値の大きい順に第一主成分，第二主成分と呼ばれる新しい軸へ座標変換を行うことになる。この手法の利点は，この処理によって変数間の相関を排除できるため，共線性を排除できる点にある。

いま，二つの波長 x_1，x_2 での吸光度をプロットした**図3.22**がある。この図において一つの点は一つのサンプルを表していることとなる。主成分分析とは x_1-x_2 座標系を回転および移動させ，新しい座標系 t_1-t_2 を見つけることである。どうやって求めるのかの詳細な説明はここでは省略するが，この図をつかって主成分分析の意味について考えてみたい。

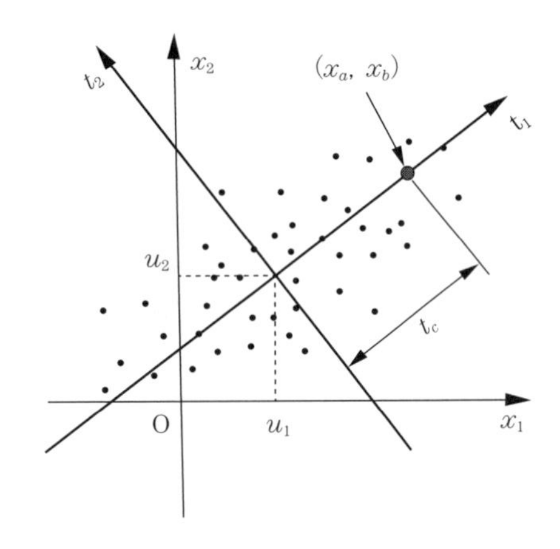

図3.22　主成分分析の座標変換

先述のとおり，座標系 x_1-x_2 を t_1-t_2 にするには，取得したデータを基に，まずは回転させる必要がある。このときどれだけ回転させるかは，回転させた結果その軸上でデータの広がりが最も大きくなるまで回転させる。つぎに，点群の重心（u_1，u_2）を求め，この点が新しい座標系 t_1-t_2 の原点になるように平行移動させる。このように，幾何学的に説明される処理が主成分分析という解析に相当する。

この主成分分析の結果，軸 t_1，t_2 はそれぞれ第一主成分，第二主成分と呼ばれ，軸 t_1 が最も分散（＝固有値）が大きな軸で，このデータを説明するうえで最も情報の多い軸となる。元の座標系 x_1-x_2 である点（x_a，x_b）は2次元の情報を有しているが，主成分分析の結果，第一主成分上の点

（もしくは軸からの距離（誤差）が小さい点）とみなせるため，いまの例の場合この点は $t_1 = t_c$ と表すことができ，次元を一つ減らせたことになる。またこのとき，点 x_a，x_b の t_1 軸上の原点Oからの正負の符号付き距離を“第一主成分スコア”と呼び，同様に t_2 軸の原点からの正負の符号付き距離を“第二主成分スコア”と呼ぶ。この例では，第一主成分スコアが $+t_c$ で，第二主成分スコアは0となる。

つぎに，どれくらい軸を回転させたのかを表す用語としてローディングがある。吸収スペクトルを利用した解析の場合，この値はある波長での吸光がどれくらい重要かを示すのがローディングと言われる値であり，ローディングを調べることで，主成分がどのような物理的，化学的意味をもっているかがわかる[14]。具体的には，各主成分についてローディングをプロットした際に，1または－1に近い値ほど主成分に強く寄与していることを示しており，視覚的に理解しやすい。また，例えば縦軸に第一主成分，横軸に第二主成分をとり，ローディングをプロットする方法もあり，どの変量がどの成分に寄与を与えているのかを知ることができる。

この軸がどれくらいの情報をもっているかの指標として，寄与率という値があり，1番目から n 番目までの主成分の固有値の合計を累積寄与率と呼ぶ。このとき，ローディングが大きいほど，寄与率の高い軸であるといえる。通常，サンプルが単純な系の分光スペクトルの解析を行う場合は，比較的少ない n で累積寄与率が80％を超えるため，この1から n までの主成分だけを考慮すればよいことになる。ここで80％は厳密な値ではなく，おおむねこの程度の値に達していれば，良好な結果といえる。一方，主成分を増やしても累積寄与率が80％に達しない場合は，解析対象が複雑な場合が考えられるので，変数のとり方から見直すとよい場合がある。

吸光度スペクトルのように各変数が同じ単位で表記される場合は問題ないが，重さ，大きさ，色などの単位の異なる変数を使ってPCAをするには，あらかじめ供試データを標準化する必要がある。いま，V 個の変数に対してそれぞれ N 個のデータをもつデータセット $x_{V,N}$ がある。これを標準化するには，以下のように v 番目の変数の平均値 $\bar{x}_v$ と標準偏差 σ_{x_v} の値を使って計算すればよい。

$$x'_{n,v} = \frac{x_{n,v} - \bar{x}_v}{\sigma_{x_v}} \tag{3.23}$$

この結果，単位を意識することなくPCAに供することができる。このほかにも，標準化の方法には重み付けする方法があるため，解析するデータに応じて適切な処理があることを知っておく必要がある。

3.2.3　2次元相関法による解析

NMR（nuclear magnetic resonance）の解析手法として開発された2次元分光法は，1986年に野田によって赤外領域でも提案された。基本的なコンセプトは，X 軸と Y 軸の両方にスペクトルをとり，外部からの摂動を加えた際に生じるスペクトル変化について，バンド間の関係をわかりやすくするものである。また，この手法は赤外分光法だけでなく他の分光法にも利用できるため，分光を利用する人は是非身につけておきたい手法である。本解析手法には，優れた教科書[17]があるため，ここでは本手法の概要と特徴を中心に解説する[18),19)]。

通常，外部摂動には温度，濃度，圧力をとることが多い。いま，ある外部摂動を与えている吸光度スペクトル $y(\nu, p)$ を考える。ここで，ν は波数，摂動変数を p を示す。2次元相関分光法では，まず，測定結果の吸光度スペクトル $y(\nu, p)$ を動的スペクトル $\tilde{y}(\nu, p)$ に変換する必要がある。

$$\tilde{y}(\nu, p) = \begin{cases} y(\nu, p) - \bar{y}(\nu) & p_{\min} \leq p \leq p_{\max} \\ 0 & \text{その他} \end{cases} \tag{3.24}$$

なお，$\bar{y}(\nu)$ は測定したスペクトルの平均値であり，例えば $p_{\min}$ から $p_{\max}$ の間で N 本のデータが取得されていたとすると，以下の式で表されるスペクトルである。

$$\bar{y}(\nu) = \frac{1}{N}\int_{p_{\min}}^{p_{\max}} y(\nu, p)dp \tag{3.25}$$

2次元相関スペクトルを得るには，フーリエ変換を使って先の動的スペクトルを周波数ドメイン $\tilde{Y}_1(\omega)$ に変換する。いま，あるスペクトル変数 ν_1 において観測されたスペクトル強度変化 $\tilde{y}(\nu_1, p)$ のフーリエ変換を虚数単位 i を用いて表すと

$$\tilde{Y}_1(\omega) = \int_{-\infty}^{\infty}\tilde{y}(\nu_1, p)\exp(-i\omega p)dp = \tilde{Y}_1^{Re}(\omega) + i\tilde{Y}_1^{Im}(\omega) \tag{3.26}$$

ここで，$\tilde{Y}_1^{Re}(\omega)$，$\tilde{Y}_1^{Im}(\omega)$ はそれぞれ $\tilde{y}(\nu_1, p)$ の複素フーリエ変換の実部と虚部である。フーリエ周波数 ω は，$\tilde{y}(\nu_1, p)$ の時間変化の個々の周波数成分を表す。同様に ν_2 において観測されたスペクトル強度変化 $\tilde{y}(\nu_2, p)$ のフーリエ変換 $\tilde{Y}_2(\omega)$ の共役部分 $\tilde{Y}_2^*(\omega)$ は

$$\tilde{Y}_2^*(\omega) = \int_{-\infty}^{\infty}\tilde{y}(\nu_2, p)\exp(+i\omega p)dp = \tilde{Y}_2^{Re}(\omega) - i\tilde{Y}_2^{Im}(\omega) \tag{3.27}$$

で与えられる。ここから，2次元の相関強度を算出すると

$$\phi(\nu_1, \nu_2) + i\psi(\nu_1, \nu_2) = \frac{1}{\pi(p_{\max} - p_{\min})}\int_{-\infty}^{\infty}\tilde{Y}_1(\omega)\cdot\tilde{Y}_2^*(\omega)d\omega \tag{3.28}$$

となる。$\phi(\nu_1, \nu_2)$ と $\psi(\nu_1, \nu_2)$ は，それぞれ2次元相関強度の実数と虚数部分を表しており，それぞれ同時相関スペクトル，異時相関スペクトルと呼ぶ。前者は，振動数 ν_1 と ν_2 での強度変化が同位相起こる領域を表し，後者は強度変化の位相がずれて生じる領域を表す。具体的な計算については，数値解析ソフトを利用するか，2DShigeのようなフリーのソフトウェアを利用することが可能である。

図3.23に，同時相関2次元スペクトルと異時相関2次元スペクトルの概略図を示す。2次元相関の読み方については，森田らによって書かれた解析論文[20)]があるので，参考にされたい。

同時相関スペクトルの $\nu_1 = \nu_2$ の対角線上には自己相関ピークが，それ以外にも相互相関ピークが対象な位置にみられ，これらの強度や位置から外部摂動に応答する化学的な情報を得ることができる。このとき，吸光度の高いピークが必ずしも強い自己相関ピークをもつわけではなく，外部摂動とその応答とのメカニズムによる選択性が作用するため，2次元スペクトルの分解能が上がることが知られている。

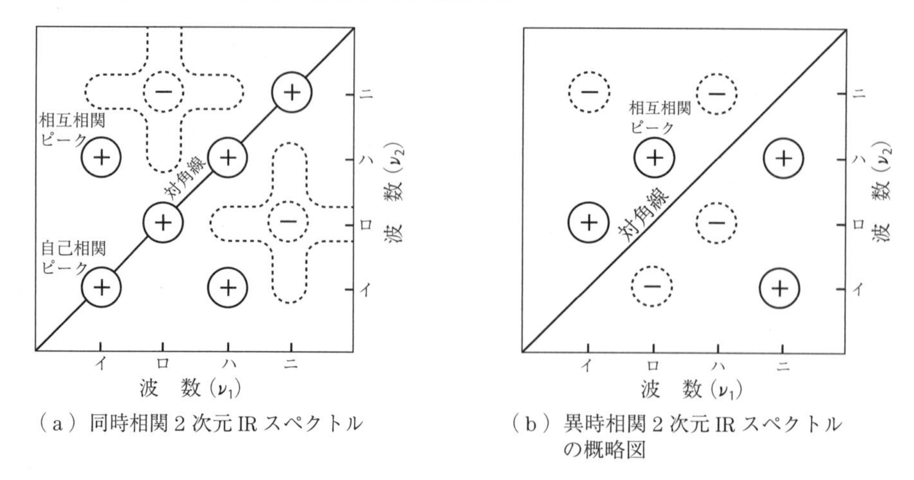

（a）同時相関 2 次元 IR スペクトル

（b）異時相関 2 次元 IR スペクトルの概略図

図 3.23　同時相関 2 次元 IR スペクトルと異時相関 2 次元 IR スペクトルの概略図[18),19)]

一方，相互相関ピークは，官能基間の連結や水素結合その他の分子間相互作用が存在する可能性といった，相互作用の有無を表すのに役立つ。また，相互相関ピークの符号は外部摂動に対する二つのピークの応答の向きを表している。

異時相関スペクトルは，対角線に対して反対称性を示す。フーリエ変換後の実部と虚部に相当する関係性から，異時相関スペクトルは外部摂動に対する位相のズレを表す。つまり異時相関スペクトルで現れる相互相関ピークは，二つの信号強度変化が完全に同期していないことを意味する。

先に触れたとおり，外部摂動に対する応答の類似性や位相のズレを解析する本手法は，分解能を上げることが可能である。このような性質は，いくつかのバンドが重なり合った複合ピークの分解に有効である。このことを示す事例として，野田の解説論文[18)]で紹介されている毛髪ケラチンの異時相関スペクトルを**図 3.24** に示す。

タンパク質は，1 650 cm^{-1} にアミド I と呼ばれる吸収バンドをもつことが知られている。このバンドは周辺の影響を受けやすく，ピークが広がってしまうためスペクトルの詳細を知ることが困

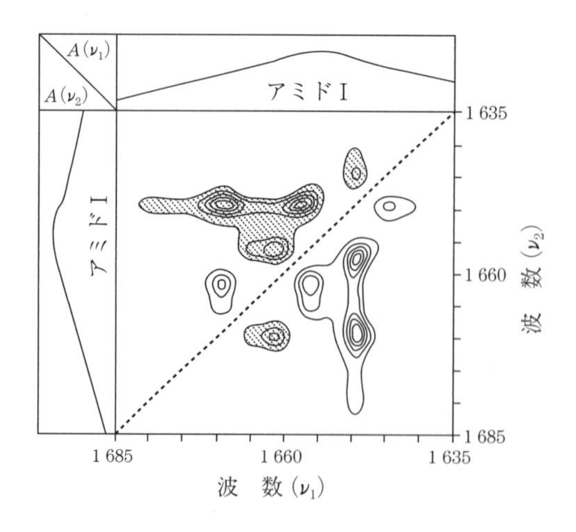

図 3.24　毛髪ケラチンの異時相関スペクトル

難となる。しかし図を見るとわかるように，ブロードなバンドの中に複数のピークの存在が確認できる。おのおのの相関ピークの波数座標は，α-へリックスやβ-シートなどのバンドに対応しており，本解析手法により吸収スペクトルの分解能が向上していることを表している。

このように，2次元相関分光法は強力な解析方法であるが，注意すべきポイントがある。まず，摂動を加えた際にバンドシフトがみられるような場合は，バタフライパターンと呼ばれるアーチファクトを与えることがあるため，注意が必要となる。つぎに，スペクトルのノイズが異時相関スペクトルにアーチファクトを与えることがある。そのため，測定したスペクトルをそのまま用いることはせず，スムージングを用いたり，場合によっては主成分分析などを使って信号の前処理を行い，ノイズを減らしておく必要がある。

3.2.4 マルチスペクトル画像の解析

ここでは，つぎの三つの仮定や条件が成立する信号を扱う。

1) 各成分のスペクトル強度はそれぞれの成分量に比例する。

2) 混合物のスペクトルは，それを構成する各成分のスペクトルの和となっている。

3) 測定データのノイズは加法的雑音であり，信号とは独立である。

1)，2)は信号が線形性をもつことを仮定しており，本手法を用いる際にはあらかじめなんらかの方法でこの仮定を満たす確認，もしくは数値処理をしておく必要がある[21]。

マルチスペクトル画像とは，**図3.25**に示すように，さまざまな波長で測定した画像を重ね合わせたイメージ群を指す。例えば，いくつかの成分が混在する試料を波長λの光で透過光を観測した場合，任意の画素の明るさは$f(x,y,\lambda)$と表される。この明るさは，波長λに対する各成分の応答$s(\lambda)$が比重として物質の空間パターン$p(x,y)$に掛け合わさり，それらが重なり合った結果，任意の画素の明るさを作っていることになる[22]。

このことは異なる波長すべてについて成立するので，それぞれの波長での画像の明るさを式で表

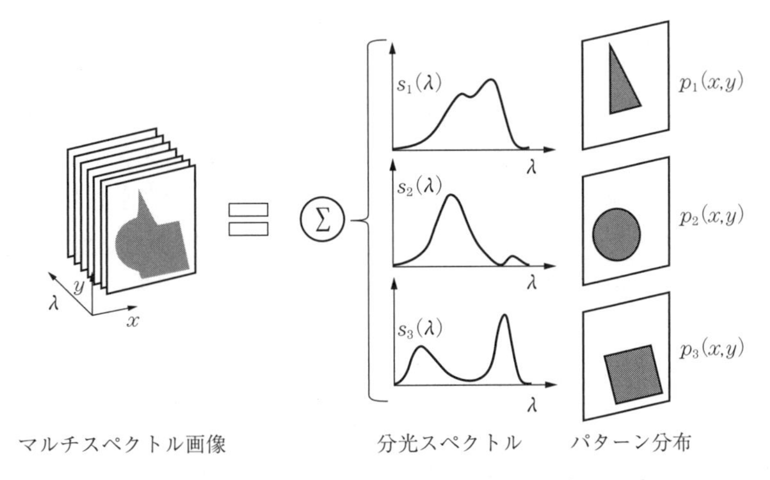

図3.25 マルチスペクトル画像のもつ情報

すと，つぎのようになる。

$$\begin{aligned} f(x,y,\lambda_1) &= \sum_{i=1}^{m} s_i(\lambda_1)\cdot p_i(x,y) \\ f(x,y,\lambda_2) &= \sum_{i=1}^{m} s_i(\lambda_2)\cdot p_i(x,y) \\ &\vdots \\ f(x,y,\lambda_n) &= \sum_{i=1}^{m} s_i(\lambda_n)\cdot p_i(x,y) \end{aligned} \tag{3.29}$$

ここで，m，n は画像に含まれる成分の種類の数と光の波長の数である。なお，このとき吸収画像をこのように表すには，観測画像をサンプルのない状態で測定した画像で除し，しかもそれを対数に変換しないとこの関係式で表すことができないため，注意が必要である。これは物質に光が吸収される際に指数関数で減衰するため，冒頭で述べた線形性を満たさないため上式のような式で表せないためである。それに対し，蛍光を含む発光画像については，物質の成分量と発光量に線形性が見られるため，このような処理を行う必要はない。

また，このマルチスペクトル画像の特徴として，任意の画素に着目すると波長方向の強度変化を，スペクトルとしてみなすことができる。つまり，観測された画像 [I] は，画像中にある物質や成分のスペクトルセット [S] とそれらの空間分布 [P] の掛け算と考えることができ，行列式として**図 3.26** のように表現できる。なお，ここで意味する空間分布 [P] は，濃度分布と言い換えることもできる。

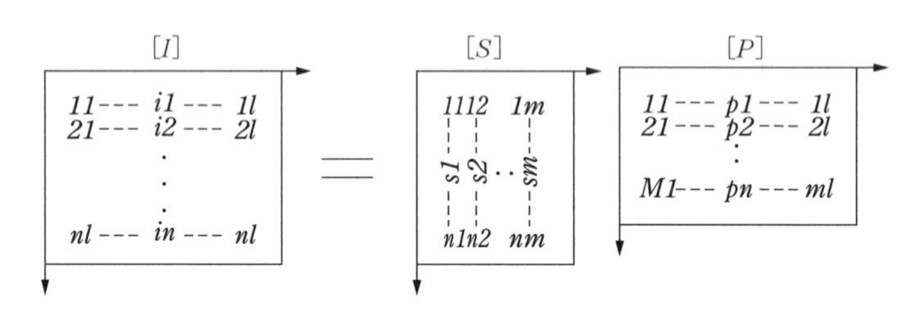

図 3.26　行列で表現した分光スペクトル

以下に，あらかじめ測定した m 種類の吸収スペクトル [S] をもっている状態で，n 種類（$n \geq m$）の波長でマルチスペクトル画像 [I] を取得したのち，そこから m 種類の各物質がどのように分布 [P] しているのかを解析的に求める方法を説明する。光がサンプルを透過するとき，サンプル中の吸収によって光は減衰するので，透過強度は Lambert-Beer 則を満たす。したがって，式(3.29)の線形関係を満たすためには，先述の通り [I] の値は吸光度をとる必要がある。

話しを簡単にするため，上式を以下の行列式で考える。

$$[I] = [S][P] \tag{3.30}$$

$n = m$ のときを考えると，単純に $[P] = [S]^{-1}[I]$ を解けば各物質の分布 [P] が求まるが，$n > m$ では連立方程式を考えると，方程式の数が未知数の個数を上回る。このとき，すべてのスペクトルが誤差なく正しく測定できているとすると，n 本の吸光度スペクトルから m 本を選び，

連立方程式を解けばよい。しかし通常は測定データには誤差が含まれているため，最小二乗法を使って n 個の方程式に対してそれぞれの両辺の差を二乗し，これらを加えた値 $|[I]-[S][P]|^2$ が最も小さくなるように，m 個の未知数 $[P]$ を求める。これを転置行列 $[S]^{\mathrm{T}}$ を使って表すと以下のように表せ，$[P]$ を解析的に求めることができる。

$$[P]=([S]^{\mathrm{T}}[S])^{-1}[S]^{\mathrm{T}}[I] \tag{3.31}$$

さて，ここまでの解析方法は画像内に混在する物質の個数が既知であり，さらにそれらのスペクトルをあらかじめ測定していることを前提にした話である。しかし通常は画像中に未知の物質が含まれており，一つでも未知の物質が画像中に含まれていると，この方法は適用できない。そこで事前情報がない物質に対して観測したマルチスペクトル画像の情報のみから存在する物質の個数と，それらの空間分布パターンおよびスペクトルを推定する方法がある。

m 個の混合物のスペクトルの形が，濃度が違ってもそれらの重ね合わせであることから，観測画像の自由度は m しかない。このとき，成分数 m を求めることは，観測したマルチスペクトル画像 $[I]$ の階級を求めることに相当する。つまり，固有値展開を利用して以下の自己相関行列 $[R]$ の固有値のうち 0 でないものの個数として，m が与えられる。

$$[R]=[I]^{\mathrm{T}}[I] \tag{3.32}$$

結果，成分数 m が決まるが，$[S]$ と $[P]$ は未知のままであり，未知数が方程式の数を上回る。以降，さらに固有値展開を使って未知数の数を減らすとともに，主成分分析によって条件を限定できるものの，最終的には $m\times m$ の未知係数行列が残ってしまう。そこで，濃度分布とスペクトルがもつ物理的な性質の要請，つまりは負の値をとらないことから，行列 $[P]$ と $[S]$ も $[0]$ 以上であるとの拘束条件をつけることができる。ここまでの作業は，方程式ほど解を拘束できないが，このような拘束された解の範囲を計算するにはさまざまなアルゴリズムが提案されており，例えば，非負拘束付きやエントロピー規範に基づく非線形最適化による推定が必要となる。詳しくは参考文献 23), 24) を参照されたい。

一方，蛍光画像を用いると，画像に含まれる各物質のスペクトルも空間パターンも知ることなく，それらを一意的に決めることができる。その違いは吸収画像と違って，観測する蛍光波長だけでなく励起光の波長も変えつつマルチスペクトル画像を取得する点にある[25)]。具体的な方法については，文献 26) を参考にされたい。

3.2.5 時間領域スペクトルの解析

3.1.3 項で述べたとおり，テラヘルツ帯の分光情報を得る方法の一つとして，時間領域分光法がある。この方法は，1 ピコ秒程度のパルス幅をもつ電場パルスを発生させ，対象物と相互作用した後の位相の遅れや振幅の減少を調べることで，対象物の複素誘電率の実部と虚部を同時に計測できる分光法である。ここでは発生法や検出法の原理は他書[27)]に委ねるとして，得た時間波形の信号から複素誘電率を導出する方法や干渉信号の扱い方の一例について説明する。

いま，厚さ d の平行平板で複素屈折率が $\tilde{n}(\omega)=n(\omega)-i\kappa(\omega)$ をもつサンプルの透過測定を考える。ここで ω は角周波数，n は実部，κ は消衰係数を示す。通常の分光器のシングルビーム測定のように，試料を挿入しないときのテラヘルツ電場の時間波形 $E_{\rm ref}(t)$ を測定し，つぎにサンプルを挿入したときのテラヘルツ電場の時間波形 $E_{\rm sam}(t)$ を取得し，それぞれを複素フーリエ変換することで周波数領域の複素電場振幅 $\tilde{E}_{\rm ref}(\omega)$ と $\tilde{E}_{\rm sam}(\omega)$ が得られる。

ここでフレネルの複素振幅透過率 $\tilde{t}(\omega)$ は電場振幅の比で定義され，$\tilde{t}(\omega)$ を複素平面上に描いたとき，原点からの距離の二乗が透過率 $T(\omega)$，偏角が位相差 $\phi(\omega)$ に相当するので

$$\tilde{t}(\omega) = \frac{\tilde{E}_{\rm sam}(\omega)}{\tilde{E}_{\rm ref}(\omega)} = \sqrt{T(\omega)}\exp\left[-i\phi(\omega)\right] \tag{3.33}$$

が測定結果として得られる。つまり，エネルギー透過率が $T(\omega) = |\tilde{E}_{\rm sam}(\omega)/\tilde{E}_{\rm ref}(\omega)|^2$，位相差スペクトルが $\phi(\omega) = \arg\left[\tilde{E}_{\rm sam}(\omega) - \tilde{E}_{\rm ref}(\omega)\right]$ で与えられる。

つぎに理論的に複素振幅透過率 $\tilde{t}(\omega)$ を導出する。まず，フレネルの公式より垂直入射における空気 → 試料，試料 → 空気の振幅透過率 $\tilde{t}_{as}(\omega)$，$\tilde{t}_{sa}(\omega)$ は

$$\tilde{t}_{as}(\omega) = \frac{2}{\tilde{n}(\omega) + 1} \tag{3.34}$$

$$\tilde{t}_{sa}(\omega) = \frac{2\,\tilde{n}(\omega)}{\tilde{n}(\omega) + 1} \tag{3.35}$$

と表される。複素屈折率 $\tilde{n}(\omega)$，厚み d の試料内を透過する電場の複素振幅透過率 $\tilde{t}(\omega)$ は

$$\tilde{t}(\omega) = \tilde{t}_{as}(\omega)\,\tilde{t}_{sa}(\omega)\exp\left[-i\,\frac{(\tilde{n}(\omega)-1)d\omega}{c}\right]\sum_{l=0}^{m}\left[(r_{sa}(\omega))^2\exp\left(-i\,\frac{2\,\tilde{n}(\omega)d\omega}{c}\right)\right]^l \tag{3.36}$$

となる。なお，m を観測時間内の多重反射の回数とした場合，$\sum_{l=0}^{m}\left[(r_{sa}(\omega))^2\exp\left(-i\,\frac{2\,\tilde{n}(\omega)d\omega}{c}\right)\right]^l$ の部分は試料の多重反射の効果であり，$r_{sa}(\omega)$ は試料 → 空気の振幅反射率，c は光速を示す。実験的に得た $T(\omega)$ と $\phi(\omega)$ で n と κ を表現することができないので，式(3.36)をつぎの2式に書き換える。

$$\begin{aligned} n(\omega) &= \frac{c}{d\omega}\left\{\phi(\omega) + \frac{d\omega}{c} + \arg\left[\tilde{t}_{as}(\omega)\,\tilde{t}_{sa}(\omega) \times \sum_{l=0}^{m}\left((\tilde{r}_{sa}(\omega))^2\exp\left(-i\,\frac{2\,\tilde{n}(\omega)d\omega}{c}\right)\right)^l\right]\right\} \\ \kappa(\omega) &= -\frac{c}{2\,d\omega} \times \ln\frac{T(\omega)}{\left[\tilde{t}_{as}(\omega)\,\tilde{t}_{sa}(\omega) \times \sum_{l=0}^{m}\left((\tilde{r}_{sa}(\omega))^2\exp\left(-i\,\frac{2\,\tilde{n}(\omega)d\omega}{c}\right)\right)^l\right]} \end{aligned} \tag{3.37}$$

以上の式に初期値を与え，逐次計算を行ってそれぞれの値を収束させる形で，試料の複素屈折率 $\tilde{n}(\omega) = n(\omega) - i\kappa(\omega)$ が求められる[28]。ここで，$\tilde{n}(\omega)^2 = \tilde{\varepsilon}(\omega)$ の関係を用いると，複素屈折率 $\tilde{n}(\omega)$ は複素誘電率 $\tilde{\varepsilon}(\omega)$ に換算でき，吸収係数は，$\alpha(\omega) = 2\,\omega\kappa/c$ で与えられる。

図 3.27 にテラヘルツ時間領域分光法の透過系を用いて，厚さ 212 μm のシリコン基板を測定した際に得たテラヘルツパルスの時間波形 $E_{\rm sam}(t)$ とリファレンスの時間波形 $E_{\rm ref}(t)$ を示す。

図のように平行平板を通過する際の遅れとして，$E_{\rm ref}$ のピークに対して 1.7 ps の遅れで $E_{\rm sam}$ の

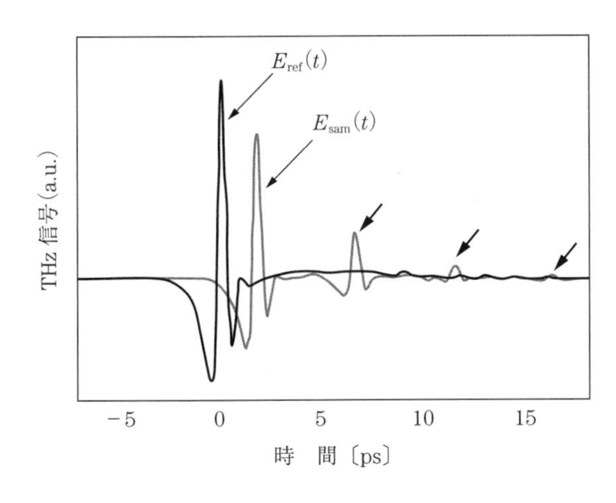

図 3.27 テラヘルツ TDS による電場パルス

一つ目のピークが観測された。その一つ目のピークから遅れて観測された 2, 3, 4 番目のピーク（矢印）は，それぞれの間隔が 4.7 ps で観測され，徐々にピークが小さくなった。

いま光速 c を 3×10^{14} μm/s，空気の屈折率 n_{air} を 1 とすると，最初の 1.7 ps の遅れは，空気中と平板中の同じ距離（212 μm）をテラヘルツ波が通過した際に生じた時間遅れ，つまりはサンプルと空気の屈折率差によって生じた遅れ（T_d〔ps〕）である。サンプルの厚さを d〔μm〕としてこれらの関係を式で表すと

$$\frac{(n_{\mathrm{sam}} - n_{\mathrm{air}})d}{c} = T_d \tag{3.38}$$

ここに既知の数値を入れると，平行平板の屈折率 n_{sam} は約 3.4 と見積もられる。

つぎに，二つ目以降のピークに着目する。これらのピークは，平行平板内を反射して往復してきたテラヘルツ波が遅れて検出されたもので，**図 3.28** のように多重反射を繰り返してくるため，順に遅れて検出される。

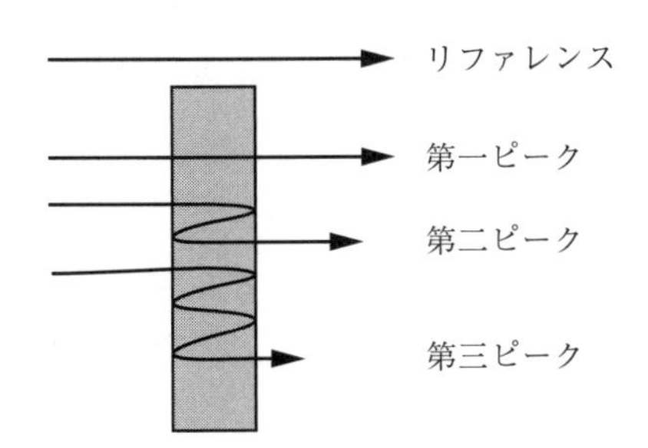

図 3.28 平行平板内の多重反射の様子

この間隔はサンプルの厚さの 2 倍の距離（往復分）とサンプルの屈折率で決まる“光路差”を光速で割ることで概算することが可能である。先ほど求めた屈折率 3.4 を使って見積もると，ピーク間隔は 4.8 ps と見積もられ，測定結果の 4.7 ps と近い値を得ることができた。なおここでは光速を 3×10^8 m/s とするなど概算を行っているので，実験値と予測値に誤差が生じるが，このような概算は実験中の時間波形の確認には十分効果的である。

つぎに，この時間波形から透過率に変換し，横軸を波数で表した結果を**図 3.29** に示す。ここには平行平板間で生じる多重反射の影響で，10 個のピークからなる干渉が確認できる。いま，10 個の干渉ピークの間隔を調べると，62.5 cm^{-1} であった。つまりこの間には 9 つの干渉が存在する。そこで，分光法で膜厚を測定する際に使用する以下の式を適用してみる。

$$d = \frac{\Delta m}{2\sqrt{n_{\mathrm{sam}}^2 - \sin^2\theta}} \times \frac{10\,000}{\Delta\nu} \tag{3.39}$$

ここで，$\Delta\nu$ は波数間隔〔cm^{-1}〕を表し，Δm は波数間隔の間に存在する干渉の数，入射角 θ は 0° とし，先ほど求めたサンプルの屈折率 3.4 を使って厚さ d〔μm〕を求めると，211.8 μm が得られる。

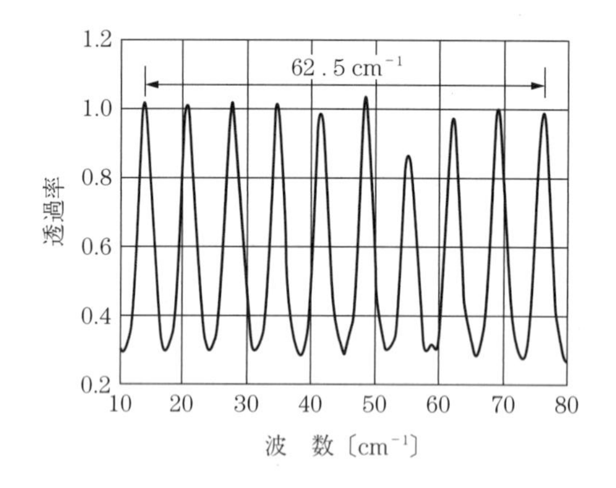

図 3.29　図 3.27 の時間波形から得た透過スペクトル

通常，サンプルの透過率や反射率を知るために分光測定を行うが，これまで説明してきたように，多重反射するサンプルでは干渉が現れるため特性を把握しにくい。一方，この時間領域分光法では，元の時間波形の中から多重反射が現れる時間領域を取り除いた新しい時間波形を作成し，それから透過率を求めることで完全に干渉を取り除いたスペクトルを得ることができる。このような解析方法は，時間領域分光法の大きな特徴の一つである。また逆に，反射配置において時間波形に現れる多層構造からの反射波を利用することで，個々の薄膜の厚さ管理を非破壊的に行うといった計測も可能である。

このように時間波形は多くの情報をもっており，適切な解析を行うことで多くの知見を得ることができる。しかし，実験によって得られる生データの時間波形に，やみくもに手を加えるのは大変危険である。慎重に解析しないと，誤ったスペクトル波形を手にすることとなるため，測定原理や装置内で行っている解析などをしっかり理解することがきわめて重要となる。

3.3　分光センシングの応用例

3.3.1　蛍光を利用した農産物の評価

3.1.2 項で述べたとおり，蛍光はある特定の波長の光を物質に当てたとき，一旦電子が励起された後，その電子が元の状態に戻る際の発光過程で生じる光である。有名な利用法としては，ノーベル賞の受賞理由にもなった**緑色蛍光タンパク質**（green fluorescent protein, GFP）がある。このタンパク質と反応させた物質の分布を細胞内で観察する際，489 nm の励起光を照射すると，508 nm の発光が観測される。通常，このように蛍光を利用するには波長を限定し，最適化した光学系で観測する場合が多い。具体的には，蛍光顕微鏡などが該当する。

1970 年代に提案された**励起蛍光マトリクス**（excitation-emission matrix, EEM）[29]は，多波長励起蛍光分析に用いられる方法で，水平軸にそれぞれ蛍光，励起波長をとり，垂直軸に発光強度をとって三次元的にデータを評価する手法である。近年，この手法に基づいて蛍光スペクトルの形状そのものが，物質や対象物の状態を評価する指紋として扱えるという考え方が提案され[30]，わが国では食品総合研究所の杉山らが精力的に研究を進めている。

いま，**図 3.30** に示すように励起波長を変えながら測定した蛍光波長と発光波長を，横軸と縦軸にそれぞれとったグラフを考える。

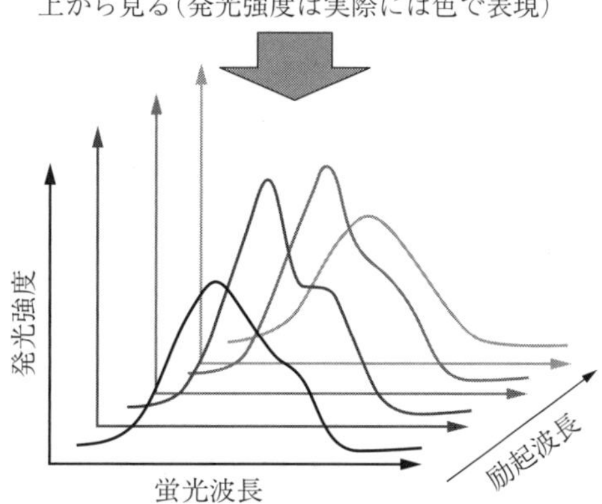

図 3.30 励起蛍光マトリクスの表現方法

このスペクトルデータセットは，物質固有のものと考えることができ，このスペクトルデータセットを上部から見ると，蛍光波長を横軸，励起波長を縦軸にとった二次元のグラフを考えることができる。このとき，発光強度を色や明るさで表現すると三次元情報をもったマトリクスが完成する。

いま，先の方法で得た三次元情報を二次元で図示した結果の一例を**図 3.31** に示す（実際にはカラー）。横軸に蛍光波長，縦軸に励起波長をとったこの図は，対角線で区切られた半分（図(a)①の領域）とそれ以外に分けられる。原理的に，図示したすべての領域が蛍光指紋として使える情報をもっているわけではない。そこで，これらの情報から指紋として活用できる領域を選択するという前処理が必要となる。通常，蛍光現象はストークスシフトを伴う現象なので，① の領域は蛍光ではない。

つぎに対角線上のラインは，励起光がそのまま検出されたことを意味しており，これも蛍光ではなくノイズである。さらにこの光は，1 次，2 次，3 次の回折成分を生じさせるため，② の部分は任意の波長幅をもたせて削除する（引用したこの文献では，± 30〜40 nm を削除している）。最後

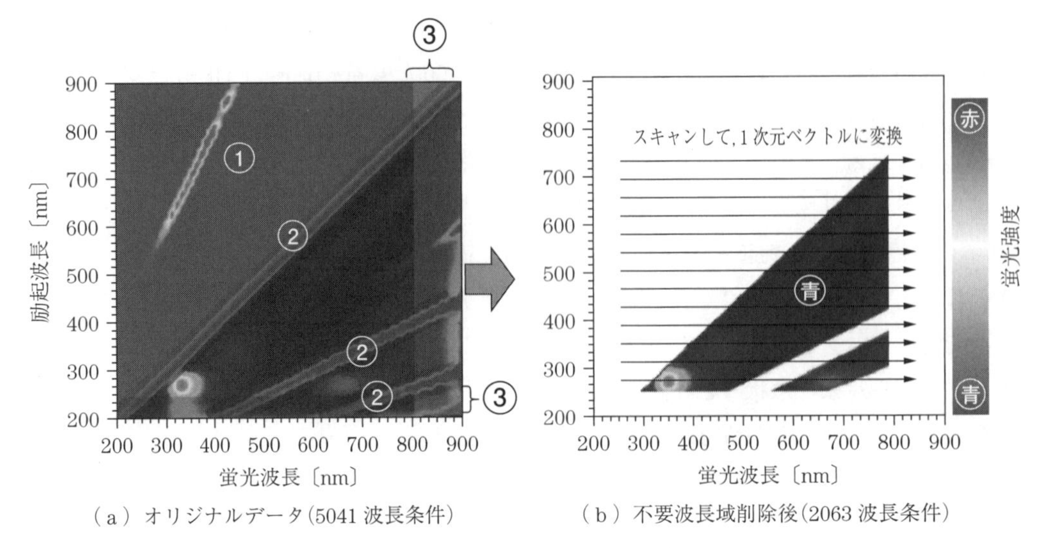

図 3.31　蛍光指紋データの処理[31]

に，検出器の SN 比を考慮して，低感度領域（③ の領域）を削除する。

このようにして取り出したデータを図(b)のようにスキャンしながら 1 次元の蛍光強度データに変換すると，スペクトルデータを得ることができる。このようにして得た数千もの変数をもつスペクトルデータを準備することで，これまで他の分光法でも使われていた多変量解析を用いることができる。

現在，多変量解析と組み合わせることで，マンゴーの産地特定やカビ毒の定量分析などの応用が報告されている。蛍光指紋の一つの大きな特徴は，蛍光（すなわち発光）を基本としているため，吸光測定より感度が高い測定が可能である。また，さまざまな穀粉の蛍光指紋を計測し PCA にかけることで，それぞれの穀粉の種類だけでなく等級の違いも判別できている。さらにはワインの産地や醸造所，収穫年の違いも明確に判別できるという報告もある。もちろん，この技術はサンプルをスキャンしながら励起蛍光マトリクスを作ると，3.2.4 項で紹介しているマルチスペクトル画像として解析することも可能である。

3.3.2　近赤外分光法を用いた糖度測定

近赤外光は可視光と比べて水の吸収が大きい帯域なので，農産物と相互作用した近赤外光による分光スペクトルは，水の吸収が支配的である。また近赤外域は赤外域の基本振動の倍音や結合音が観測されるため，基準振動由来のこれらの組合せがスペクトルとして現れる。さらに，内部での散乱の影響を含むため観測されるスペクトルはきわめて複雑で，単純な解析では定量かつ定性的な議論が困難となる[32]。このような複雑なスペクトルの中から関係性を見出すための解析手法として，**ケモメトリクス**（chemometrics）と総称されるスペクトル解析手法が提案されている。ここでは Kawano らによって行われた，温州みかんの拡散透過スペクトルから糖度（Brix 値）を推定する研究事例[33]を紹介する。

まずKawanoらは，温州みかんを50個用意し，26℃の環境下で近赤外分光スペクトルを取得している。光ファイバで果実上部から分光器を使って単色化された光を照射し，ミカン内部で拡散反射を繰り返して透過した光をシリコン検出器で受光する構成で，波長680 nmから1 235 nmの帯域のスペクトルを得た。リファレンスには厚さ6.5 mmのセラミックディスクを用いている。

図3.32にKawanoらが検討した測定系を示す。図(a)，(b)の測定に加えて，図(c)に示すようにジュースも測定した。各サンプルの糖度は，透過測定の後サンプリングしてジュースにし，屈折率計でBrix値として測定した。50個のサンプルで検量線を作成し，別途評価用に50サンプルを使って検量線の評価を行った。もちろん，温州みかんは完全な球ではないし，均一ではない。そのため分光スペクトルを取得するには，さまざまな方向からの測定が考えられるため，最も精度よくBrix値を予測できる測定法を検討することが重要になる。

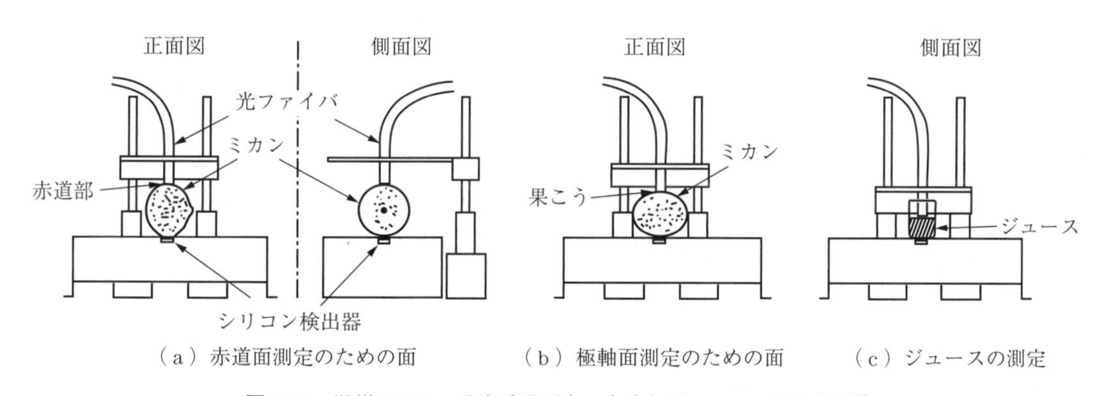

(a) 赤道面測定のための面　(b) 極軸面測定のための面　(c) ジュースの測定

図3.32　温州みかんの分光透過測定の方法とジュースの測定方法[33]

さらに，分光装置の特性を把握することも重要である。Kawanoらは，本実験の前に分光装置の線形性確認の実験を行っている(**図3.33**)。ここでは，薄い牛乳をサンプルとし，光路長を変化させたときにどの波長帯で線形性が確保できるかを調べている。3.1.2項で述べたように，吸収測定の基本はLambert-Beer則に基づく必要があり，この法則は光路長と吸収が線形であることにほかならない。つまり広帯域で測定できる分光装置を使ったとしても，吸収と線形性が確保できない領域を解析に用いることは，原理的に適さない。このような確認を行ったうえで，Kawanoらは解析に供する波長域を，680～930 nmに決定した。

当然，農産物にはBrix値が同じでもサイズの異なるものがある。この場合，吸収スペクトルはベーズが変動し，全体が上下する。これはサイズの違いが光路長に変化を与えるためで，実際には**図3.34**のように変動する。

この大きさの違いによる影響は，2次微分をしてもキャンセルできない。そこでここでは，2次微分値がBrix値とは関係がなく，サイズとのみ相関の高かった波長(844 nm)を見つけ出し，844 nmでの2次微分値を分母とすることで得た，規格化した2次微分スペクトルを多変量解析に用いている。このような規格化は，先の線形性の確認と同様に重要である。つまりは，得たスペクトルをそのまま何も考えずに多変量解析に用いてはいけないことを意味している。特に生物材料を

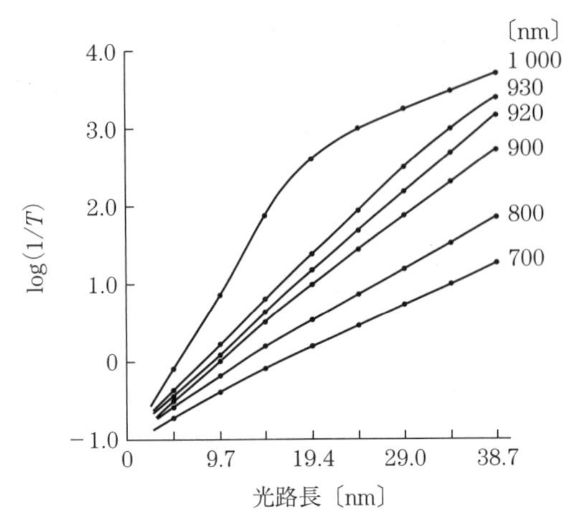

図 3.33　分光装置の線形性の確認[33)]

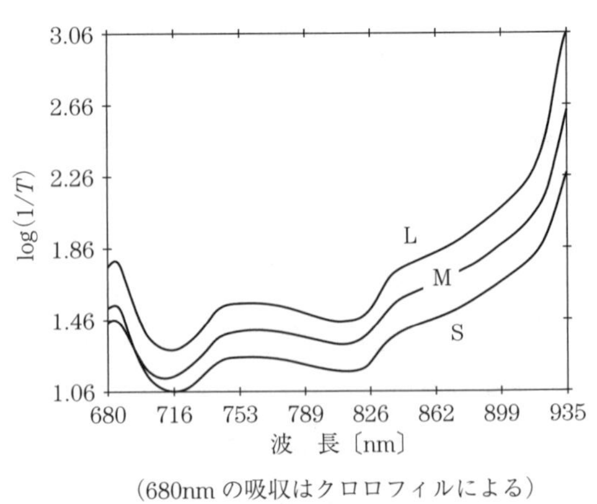

図 3.34　Brix 値は同じで大きさの異なる吸収スペクトル[33)]

対象としている場合，この点への配慮が足りない場合が見受けられるため，スペクトルを多変量解析に供する場合は十分に配慮されたい。

以上の前処理を行って多変量解析を行った結果，波長 745，769，786，914 nm を使って検量線を作成することに成功し，予測値と実験値において高い相関を得ることができた（**図 3.35**）。なお，この検量線は，検量線を作成し評価するのに用いたサンプルの Brix 値の範囲でしか適用できず，外挿して糖度の高いミカンや低いミカンに使ってはいけない。したがって，広い範囲で機能する検量線を作るには，最初から糖度の振れ幅の大きいサンプルを用意して，検量線の作成を行う必要がある。

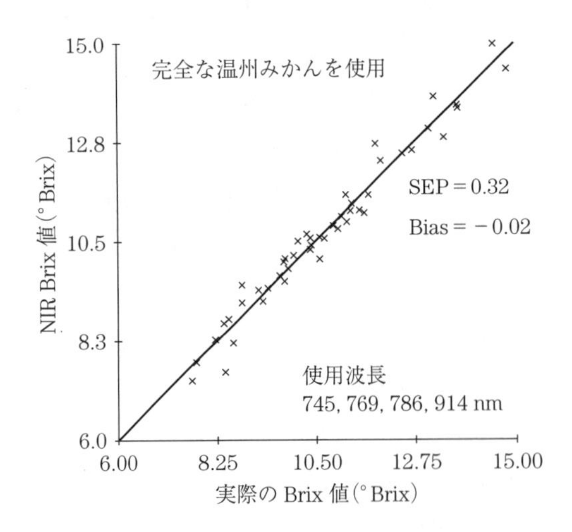

図 3.35　検量線評価用データを用いた Brix 値の推定結果[33)]

3.3.3　テラヘルツ時間領域分光法を用いた水溶液分析

テラヘルツ帯において，水は大きな吸収をもつ物質である。そのため，水溶液の分光測定を行うには全反射減衰分光法を用いることが多い。ここではグルコース水溶液を例に，全反射減衰時間領域分光法で得られた時間波形を解析し，誘電率のスペクトルをフィッティングして，水分子のダイナミクスを評価する方法について紹介する。**図3.36** に 0.1 GHz～120 THz の水の複素誘電率を示す。

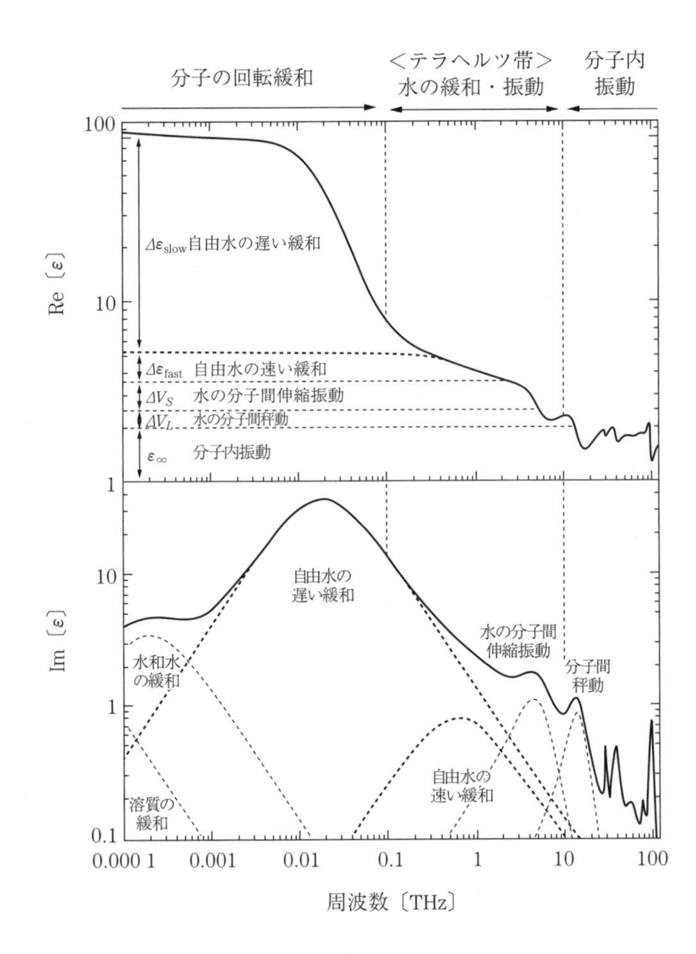

図3.36　水の複素誘電率（上段：実部，下段：虚部）とその構成要素[34]

この周波数分散はマイクロ波帯の誘電分光，赤外～遠赤外領域の振動分光と THz-TDS（time domain spectroscopy）の先行研究で得られた結果を基に作成したものである。誘電率実部（上段），虚部（下段）ともに低周波側に Debye 緩和モード（18 GHz と 0.5 THz 付近），そして高周波側には Lorentz 振動モード（5 THz と 15 THz 付近）の存在が認められる。

このように，水の誘電率は電磁波の周波数に応じた応答を示し，測定される誘電率はそれぞれの寄与の足し合わせとなる。これに溶質が含まれると，単位体積当たりの水分子が減るため誘電率が小さくなるとともに，さらに一部の自由水が溶質近傍で拘束される水和水に変化する。その結果，自由水として存在する水分子の数が減少することとなる。

この自由水の分子数は，誘電率虚部の 18 GHz 付近に観測される大きなピークの減少として現れ，それは図中の水分子の遅い緩和と速い緩和の減少量としても現れる。つまり，水和に寄与している水分子数を考えるには，適切な分光法で得られた誘電率の虚部に対してフィッティング手法を用いることで各モードに分離し，それぞれの寄与がどのように変化したかを考えることで理解することができる。

テラヘルツ帯の誘電特性は，ピコからサブピコ秒の相関時間を有する動的振る舞いを反映するため，数 GHz に緩和周波数を有する溶質分子や水和水の緩和動態は高周波側に寄与しないと考えられる。したがって，糖類水溶液は以下の Debye-Lorentz 関数を用いて複素誘電率 $\tilde{\varepsilon}(\omega)$ をバルク水の遅い緩和 $\tilde{\chi}_{Slow}(\omega)$，水の速い緩和 $\tilde{\chi}_{Fast}(\omega)$，水分子間伸縮振動 $\tilde{\chi}_{S}(\omega)$ および高周波極限 ε_∞ に分解することができる。なお，今回は分子間秤動や分子内振動などさらに高周波側に現れる誘電応答は，ここでは無視することとしてそれらを誘電率の高周波極限 ε_∞ の項に含めるが，さらに広帯域な分光情報を扱う場合は，これらも含めて解析すると，より高い精度でスペクトル全体に対してフィッティングすることができる。

$$\begin{aligned}\tilde{\varepsilon}(\omega) &= \tilde{\chi}_{Slow}(\omega) + \tilde{\chi}_{Fast}(\omega) + \tilde{\chi}_{S}(\omega) + \varepsilon_\infty \\ &= \frac{\Delta\varepsilon_{Slow}}{1 + i\omega\tau_{Slow}} + \frac{\Delta\varepsilon_{Fast}}{1 + i\omega\tau_{Fast}} + \frac{\Delta V_S}{1 - (\omega/\omega_S)^2 + i\omega\gamma_S/{\omega_S}^2} + \varepsilon_\infty \end{aligned} \tag{3.40}$$

ここで，第 1 項と第 2 項は，Debye 関数で遅い緩和と速い緩和を表しており，$\Delta\varepsilon_{Slow(Fast)}$ は遅い緩和と速い緩和の強度，$\tau_{Slow(Fast)}$ は遅い緩和と速い緩和のそれぞれの緩和時間，ω は角周波数を表し，第 3 項は振動強度 ΔV_S，共鳴周波数 ω_S，減衰定数 γ_S で表されるローレンツ関数である。さらに，ε_∞ 誘電率の高周波極限を示す。具体的な実験にはモル濃度を正しく測定した水溶液サンプルを用意し，温度を室温にしておく。テラヘルツ帯の水の誘電率は温度依存性があるため，スペクトル測定の際には ATR プリズム（attenuated total reflection prism）そのものの温度制御が必要であり，± 0.1° 程度での温度制御が望ましい。プリズムの温度が設定値になったことを確認し，サンプルのない状態で測定を行う。この ATR 反射強度を参照信号とし，つぎにサンプルを滴下して設定した温度であることを確認した後，サンプル信号を取得する。**図 3.37** に，一般的な TDS で取

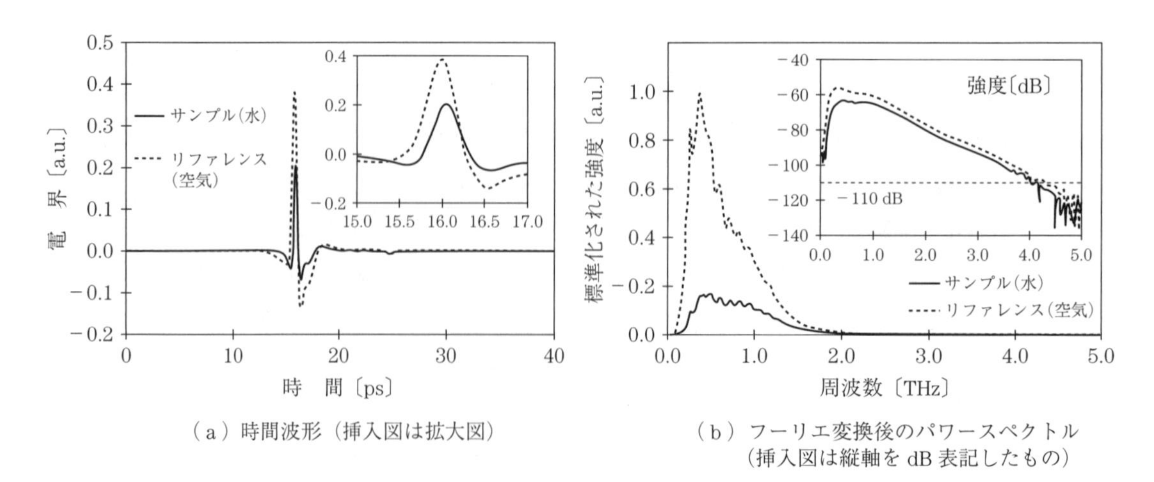

（a）時間波形（挿入図は拡大図）

（b）フーリエ変換後のパワースペクトル（挿入図は縦軸を dB 表記したもの）

図 3.37　THz-TD ATR で測定した時間波形とフーリエ変換後のパワースペクトル

得したそれぞれの生データである時間波形と反射強度を記す。なお反射強度は，時間波形をフーリエ変換して得たものである。

この結果を基に，解析したグルコース水溶液の複素誘電率のグラフを**図 3.38** に示す。

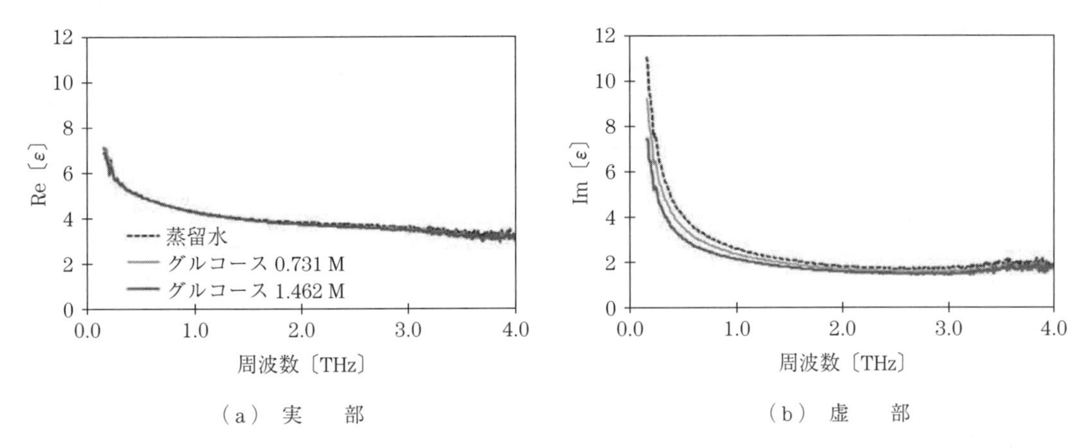

図 3.38　蒸留水とグルコース水溶液（0.731 M と 1.462 M）の複素誘電率の実部と虚部

自由水のみがテラヘルツ帯の誘電率に寄与するという考えに基づけば，最小二乗法を用いて図の複素誘電率を先の Debye-Lorentz 関数にフィッティングさせることで，各パラメータを求めることができる。ところで，式(3.40)の Debye-Lorentz 関数には 8 個の未知パラメータがあり，フィッティングの収束を考えると，未知パラメータは少ないほうが望ましい。そこで，蒸留水の遅い緩和の緩和時間 τ_{Slow} は温度 T〔K〕の関数として以下のように表すことができ

$$\tau_{Slow} = 1.08\left(\frac{T}{228} - 1\right)^{-1.73} \tag{3.41}$$

温度が決まれば τ_{Slow} を固定できる。この値を制約条件とすることで，数値計算ソフトを利用し，残り七つのパラメータをフィッティングで求めた。ここでは数値計算ソフト Origin（Light Stone 製）を用いた例を示す。なお，このような非線形フィッティングは，どこまで厳密にフィッティングを行うかが不明瞭となる。そこでここでは，Levenberg-Marquardt 法による反復解法アルゴリズムを採用し，以下の式で表されるカイ二乗値（χ^2）が $< 10^{-15}$ を満たすまで反復計算を行った。

$$\chi^2 = \sum_{j=1}^{n} \frac{(\tilde{\varepsilon}^{fit}(\omega_j) - \tilde{\varepsilon}(\omega_j))^2}{{\sigma_j}^2} \tag{3.42}$$

ここで，n はデータ数，σ_j は標準偏差，$\tilde{\varepsilon}^{fit}(\omega_j)$ は式(3.40)の右辺の和，そして $\tilde{\varepsilon}(\omega_j)$ は複素誘電率の実験結果である。スペクトルのフィッティングは，正しく行えば数多くの有益な情報を与えてくれるが，恣意的になりやすいため慎重に行うべきである。特に元のスペクトルのノイズやシステムの揺らぎなどもフィッティング結果に影響を与えることがあるため，測定結果のバラツキを考慮のうえフィッティングを行い，測定誤差との比較を行いながら慎重に解析することが望ましい。

以上の解析から各モードに分割し，蒸留水とグルコース水溶液の違いをまとめた結果を**図 3.39**

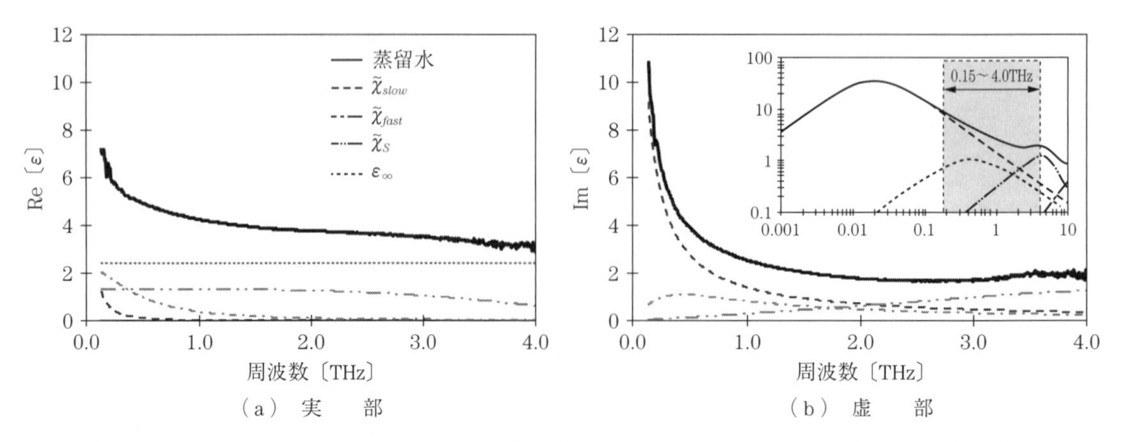

図 3.39　フィッティングによって導出した蒸留水の $\tilde{\chi}_{Slow}(\omega)$，$\tilde{\chi}_{Fast}(\omega)$ および $\tilde{\chi}_{S}(\omega)$ の周波数分散（複素誘電率の実部と虚部）

に示す。

ただし，ここで紹介した測定では，5 THz 付近に現れる分子間振動モードをカバーできていないため，このモードに関して議論することはできない。さらにこのことは，周辺のモードのフィッティング結果にも影響を与えているはずである。ここでは，上記の解析手法を紹介するにとどめ，さらに広帯域な分光装置を利用したより厳密な解析については，文献 35)を参考にされたい。

3.3.4　マルチスペクトル画像を用いた物質特定

波長を変えながら取得したマルチスペクトル画像は，物質の定性・定量評価に利用できる。ここでは簡単なモデルとして，2 種類の異なる粉体試料を希釈材（ポリエチレン粉末）に混ぜたペレットを対象にした，テラヘルツ帯の分光イメージングの例を紹介する[36)]。なお本事例では，テラヘルツ波を用いているが，もちろん可視や近赤外領域の画像を使っても同様に物質の定量，定性分析が可能である。

本事例での測定対象物は，それぞれ濃度を振って作成されたペレットで，ペレットの直径，厚さおよび重さはそれぞれ 13 mm，1 mm および 200 mg である。実験系の詳細は割愛するが，水平方向に伝播させたテラヘルツ波をレンズでサンプル面上に集光し，透過光を焦電素子で検出する構成となっている。なお，画像の取得には集光光を使ってサンプルをスキャンする方法と，広い領域にテラヘルツ波を照射してカメラで画像を取得する方法があるが，後者はビームを広げるため単位面積当たりのエネルギーが低くなることから強力な光源が必要となるため，本実験では前者の方式を採用している。なお，原理的にはカメラを使った場合も同様の解析が可能である。サンプルは，**図 3.40** のように両面テープで薄いプラスチック板に固定されている。

テラヘルツ波の透過画像の領域は縦横 35 × 50 mm の範囲で，0.5 mm ピッチでラスタスキャンをして画像を得た（**図 3.41**）。その結果，1 枚の画像の総画素数 l は 70 × 100 = 7 000 になる。今回，波長可変テラヘルツ波光源を使って，周波数を 1.3～2.0 THz の範囲で 8 通りに変化させ，n = 8 枚のマルチスペクトル画像を取得したため，$n \times l = 8 \times 7\,000$ の行列 $[I]$ を得た。このとき

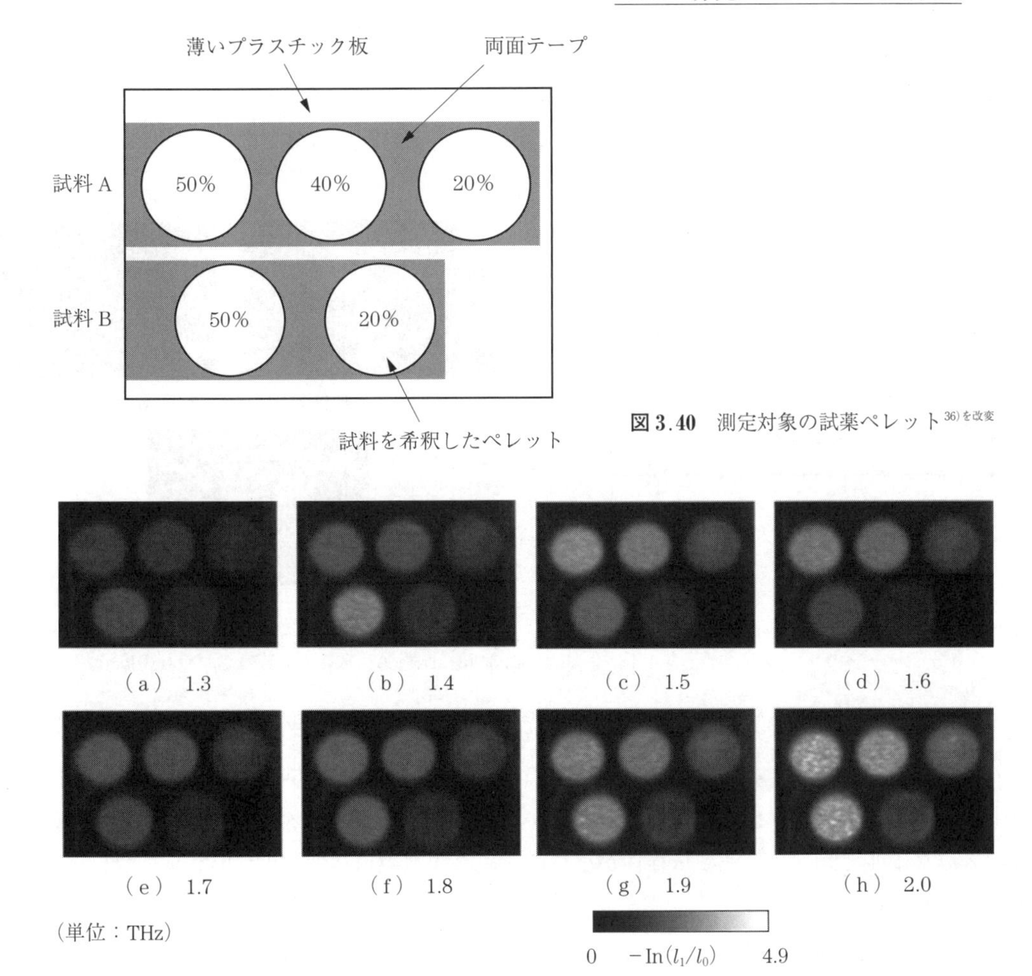

図 3.40　測定対象の試薬ペレット[36)を改変]

図 3.41　周波数の異なるテラヘルツ波によるマルチスペクトル透過画像

の信号強度は，3.2.4 項で述べたように，濃度に線形性のある信号を用いる必要があることから，透過したテラヘルツ波の強度をあらかじめサンプルのない状態で計測した入射強度で割った値の対数をとることで，吸光度に換算してある。

このテラヘルツ波のマルチスペクトル画像中には 2 種類の試薬だけでなく，プラスチック板や両面テープも含まれ，これらは主成分分析による画像解析の際にノイズになる。そこで，これらが対象となる試薬に比べて周波数依存性が小さいことに着目し，あらかじめ参照スペクトルとして取得していた二つの物質の吸収スペクトルに周波数非依存成分を追加して行列 $[S]$ を作成した（**図 3.42**）。つまり，本実験での行列 $[S]$ は，マルチスペクトル画像の 8 通りの測定周波数に対して，3 種類の物質が存在すると仮定した $n \times m = 8 \times 3$ の行列となる。

このとき，3.2.4 項によると，物質の種類の数 m と連立させる分光スペクトルの数 n が，$n > m$ の関係となっていることから，C 言語などでプログラミングを行い，以下の行列式を解くことで空間パターン $[P]$ を求めることができる。

$$[P] = ([S]^{\mathrm{T}}[S])^{-1}[S]^{\mathrm{T}}[I] \qquad (3.43)$$

ここでTは転置行列を示す。$[I]$と$[S]$を式(3.43)に代入して求めた空間パターン$[P]$は$m \times l = 3 \times 7\,000$の行列となり，これをそれぞれの成分ごとに分けて画像化したパターンが**図3.43**である。

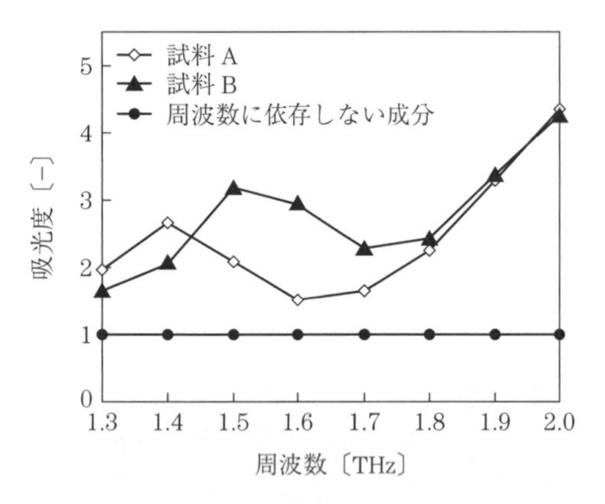

図3.42　周波数に依存しない成分を追加した分光データセット$[S]$[36)を改変]

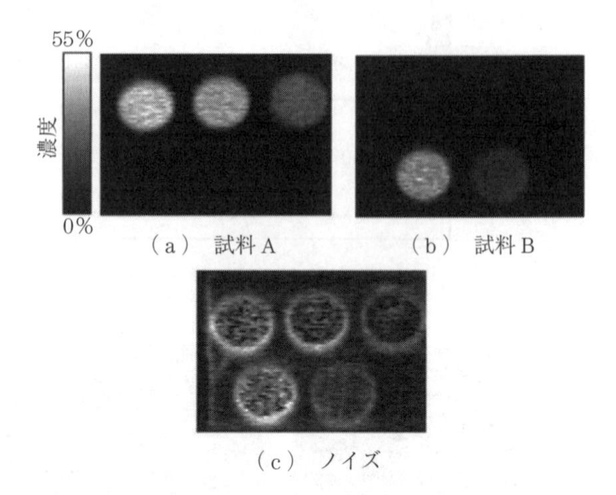

図3.43　試料A，B，ノイズのそれぞれの成分パターン[36)]

ノイズが除去され二つの物質が明瞭に識別され，それぞれの空間パターンや濃度の違いも判別できていることがわかる。なお，図(c)に現れているリング状のノイズは，テラヘルツ波の集光がペレットのエッジで散乱し，検出器に到達できなかったことによるノイズで，このノイズ自体は物質の吸収スペクトルと比べて周波数依存性が小さいため，周波数依存性が小さいグループにノイズ成分として現れている。

このように分離抽出した成分画像(a)，(b)はその明るさが各サンプルの濃度に依存していることから，本手法は定性および定量分析が可能である。さらに，この手法を使って混合物ペレット中のそれぞれの物質を識別できることも報告されている[36)]。

テラヘルツ波は，可視や赤外光と比べて透過性が高いため紙を透過できる。このテラヘルツ波の特性と，ここで紹介した解析手法を活かすことで，透過した封筒内の禁止薬物の検出が可能となる。この帯域の電磁波の特性を活かした応用事例の一つとして，ここに文献37)を紹介しておくので参考にされたい。

3.3.5　スペクトル変化を利用したセンサ

金属と光の相互作用は，つぎのように現象を説明できる。光が金属に入射すると光の振動電場によって金属表面の自由電子が加速され，自由電子が集団的に振動する。この集団的な動きは「表面プラズモン」と呼ばれる。この表面プラズモンが励起されるには，境界面を形成する二つの媒質の誘電率の符号が逆になっている必要がある。

通常，金属はプラズマ周波数以下の周波数帯では負の誘電率をもつため，金属に光を入射すると，表面プラズモンが励起されることとなる。ここで，ある特定の条件で光を入射すると，表面プラズモンが外部からの光電場によって共鳴現象を起こし，光のエネルギーはすべて金属に吸収され，反射率が低くなる。この現象を利用したバイオセンサとして，表面プラズモン共鳴（SPR）センサが実用化されている。詳しい原理については他書を参考にされたい[38]。

通常，縦波であるプラズモンのプラズマ振動に対して，横波の電磁波がカップルして共鳴することはない。しかし，全反射を利用したエバネッセント光を利用することでカップリングできる条件をつくり，角度を調節することで表面波の波数ベクトルを一致させることができ，共鳴が生じる。そのためSPRセンサの基本構成は，ATRプリズム上に数十nm厚の金蒸着膜を配置した内部反射による全反射光学系とするのが一般的である（**図3.44**）。

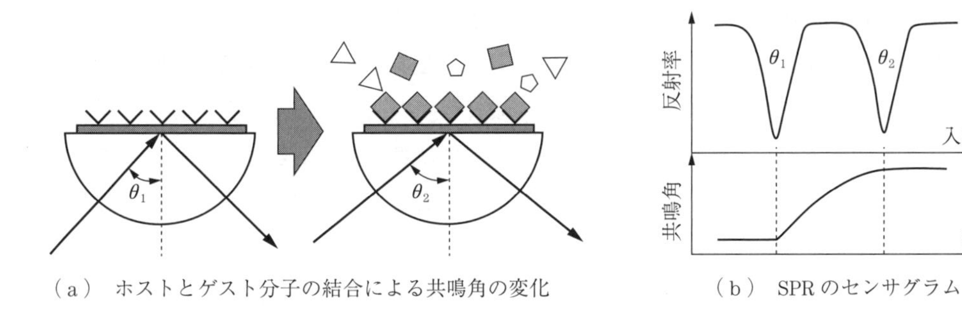

（a）ホストとゲスト分子の結合による共鳴角の変化　　（b）SPRのセンサグラム

図3.44　SPR　の　原　理

光源にはレーザ，検出器にはアレイセンサが使われ，入射角度を変えた際に変化する反射率を計測し，急峻に変化する反射率の位置を共鳴角の変化として計測する。この共鳴角は，金蒸着表面の屈折率に敏感であるため，あらかじめホスト分子をコーティングしておくと，ゲスト分子との分子結合の量や有無によって屈折率が変化し，この屈折率変化によって変化する共鳴角度を時間変化とともに計測し，センサグラムを得る。このセンサグラムは，ゲスト分子の結合数（質量）によって変化するため，共鳴角の変化は，時間とともに図(b)のように変化する。一般に，タンパク質の場合，1 mm^{2}当たり1 ngの物質が結合すると，0.1°共鳴角が変化する。

さらにこのSPRセンサは，反応速度論的解析を用いることで，2分子間の解離定数を導出することが可能である。そのため，医薬品開発などですでに多くの実績をあげているが，農産物内に含まれる機能性物質の探索やプロバイオティクスへの応用など，今後，農業・食品開発分野においても応用頻度が高くなることが見込まれる技術といえる。

参考までに実際の光学系について補足すると，先述のとおり光源にはレーザなどの単色光を，検出器にはラインセンサが用いられる。若干の広がり角をもたせながら金属面に入射し，反射してさらに広がったビームがラインセンサで受光されるように配置すると，反射率が低くなる共鳴角の部分のみラインセンサの信号強度が弱くなる。つまり実際には可動部を有することなく，ラインセンサ上の信号強度が低くなった部分の動きに着目すれば，共鳴角の変化をモニタリングすることが可能である。

つぎに，違う物理現象を利用して同様に複素屈折率変化に敏感な共鳴を生じさせ，センサとして利用している事例を紹介する。古くからマイクロ波帯のように波長の長い電磁周波数帯では金属の周期構造を光学素子として用いる研究が行われていた。このときの設計パラメータの一つが周期構造のサイズで，波長に比べて大きな開口や小さな開口のものをつくり，透過や反射特性が評価されてきた。その中で，四角開口の周期構造は金属メッシュと呼ばれ，古くから研究が行われていた材料の一つである。

この構造は，波長と周期構造の開口の間隔が同程度のときに異常透過と呼ばれる現象が現れる。それは，開口率から導き出される透過率よりもはるかに高い透過率が現れるという現象である。興味深いことに，この現象はスケーリング則が成り立ち，マイクロ波帯だけでなく，テラヘルツ帯や赤外域でも波長に合わせて大きさを変えて作成すれば，同様の透過特性が観測される。

この異常透過を示す理由は，入射側と裏面に伝播する表面モードと開口部の導波管モードによりおおむね説明できる。例えば，ある電磁波の入射を考えたとき，その波長程度の周期間隔をもつ金属メッシュは表面モードが励起され，電磁場がサブ波長程度の開口付近に局在する。つぎに，開口付近に局在した電磁場が穴へと導波され，入射側裏面で再び表面モードが励起される。この表面と裏面の表面モードの開口部を介した協調的な連動により，裏面への電磁エネルギーの移動が促進され，透過波として自由空間に放たれる。

電磁界解析の結果，このような現象が生じているとき，金属表面の特に開口部エッジでは，電磁場が局在することが明らかとなっている。さらにこのとき，入射光が斜入射成分をもつと，異常透過部分に急峻な谷構造（以降，ディップと呼ぶ）が観測される。

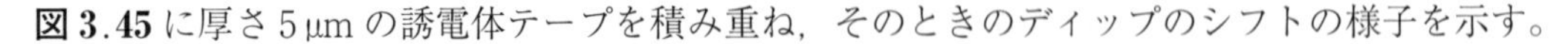
図 3.45 に厚さ 5 µm の誘電体テープを積み重ね，そのときのディップのシフトの様子を示す。

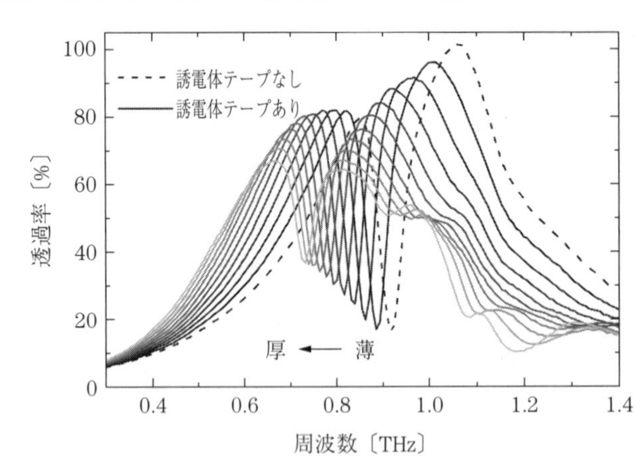

図 3.45　薄膜誘電体の厚み変化によるディップの周波数シフト[39)]

この誘電体テープは，屈折率，消衰係数がそれぞれ 1.6 と 0.01 である。誘電体の厚みが増すと，順にスペクトル全体が低周波側に移動し，異常透過の高さとディップの谷の間隔が近づく様子が確認される。これは，金属表面の表面波が誘電体テープによって減衰し，異常透過やディップを維持できなくなるためである。逆に考えると，この現象を利用すると金属メッシュはセンサとなる。金属メッシュ表面近傍の誘電率変化を高感度に検出できるため，さまざまなセンサ応用が報告されている[40)~42)]。

なお，この金属メッシュのディップ構造は，光源から発生する光の質と関わりがあり，コヒーレンス光源を用いると，急峻なディップ構造が観測されるが，白色光源の場合は鈍ったディップとなる。そのため，ディップ周波数の判別が見た目では困難になることがあるため，透過スペクトルのディップ部にローレンツ関数などをフィッティングすることで，ディップ周波数を決定することがある。また，ディップの深さは斜入射の角度依存もある。10°程度の入射角が最もディップが観測されやすく，平行光にすると，ディップはなくなり異常透過のみが残ったスペクトルになる。FTIRなどの分光器はちょうどサンプル部で集光している光学系が多いので，分光器の光学系に工夫することなく，金属メッシュの透過測定を行うことでディップが観測できるため，研究するには都合のいいセンサである。

ここで紹介したのは，分光スペクトルを物性評価として利用するのではなく，センサで生じさせた共鳴構造をスペクトル上に意図的に作り出し，センサが感じる屈折率などの変化によって，その共鳴が変化するのを読みとる方式である。通常の分光スペクトルの利用法とは異なるが，今後はこのような分光スペクトルを信号取り出しに利用するようなセンサ開発も増えることが予想される。

演　習　問　題

3.1　ラマン分光法と赤外分光法の違いについて説明せよ。

3.2　ある物質は，波長500 nmの光に対して複素誘電率$\tilde{\varepsilon} = 8.92 - i2.29$となることが知られている。

（1）　この物質の複素屈折率を求めよ。

（2）　波長500 nmでの吸収係数を求めよ。

3.3　ある波長の光で水溶液の透過測定を行った結果，透過率60 %が得られた。透過セルの光路長を1.0 cm，サンプルの濃度を2.0×10^{-5} mol/Lとするとき，この物質のモル吸光係数を求めよ。ただし，界面での反射ロスはないものとする。

3.4　ある物質の屈折率と吸収係数は，波長800 nmの光に対してそれぞれ3.68と$1.3 \times 10^{6}\ \mathrm{m}^{-1}$である。この物質でできた平板に，波長800 nmの光を垂直入射したときの反射率を求めよ。ただし，平板の入射面は入射光よりも十分に大きく，平板背面からの反射は考えないものとする。

3.5　拡散反射光で得た吸収スペクトルにみられる特徴と，その特徴が生じる理由をそれぞれ答えよ。

3.6　蛍光やりん光でストークスシフトが生じる理由を述べよ。

3.7　粉末サンプルの分光測定を行う際にヌジョール法が用いられる理由を説明せよ。

3.8　屈折率3.4で吸収が無視できるほど小さい結晶をATRプリズムとした全反射減衰分光法において，屈折率2.0をもつサンプルの測定を考える。いま，サンプルの吸収を考えないものとするとき，電磁周波数1 THzでのしみ出し深さはいくらになるか計算せよ。ただし，全反射時の入射角は45°，光速は秒速30万kmとする。

3.9　多重共線性とは何か答えよ。

3.10　吸収を無視できる屈折率3.5の平行平板（厚み30 mm）に1.0 THzの電磁波が入射角20°で入射している。このとき平行平板内部で生じる多重反射の時間間隔を計算せよ。ただし，光速は秒速30万kmとする。

生物を対象とした画像のセンシング

4.1　画像センシングの基礎

図4.1に，画像入力する際のエネルギーの流れを示す。多様な特性を有する生物材料に対するマシンビジョンを設計する際，および適切な特徴量を抽出するための効果的な画像を得る際には，この流れを知っておくことは重要である。まず，光源からのエネルギーEが対象物に照射され，その反射率Rに応じた光エネルギー$E \cdot R$が対象物から反射される。続いて光学フィルタの透過率Tおよびレンズの透過率Lを透過した光エネルギー$E \cdot R \cdot T \cdot L$は，カメラの撮像素子の感度$S$に応じて映像信号$E \cdot R \cdot T \cdot L \cdot S$を出力する。

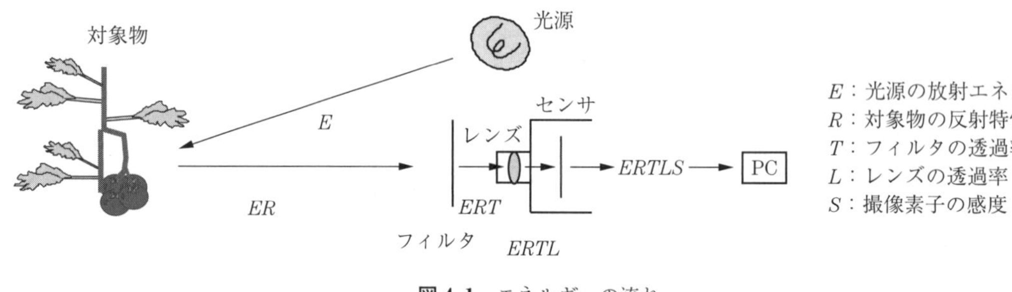

図4.1　エネルギーの流れ

この流れを波長ごとに足し合わせたものが，得られるビデオ信号（NTSCあるいはRGB等）として式(4.1)で表され，モニタの画像に映し出される。

$$O = \sum E \cdot R \cdot T \cdot L \cdot S \cdot \Delta\lambda \qquad (4.1)$$

ここで，λは波長である。この式を用いれば，対象物の反射率R，レンズの透過率Lなどが既知であれば，目的とするビデオ信号Oを得るために，適当な色温度（放射エネルギー）をもつ光源，適切な透過率をもつ光学フィルタ，および十分な感度を有するカメラの選択あるいは設計をすることが可能である。これらの要素に基づいて最適な光学フィルタを決定するための研究も過去に行われている[1),2)]。本項ではこのような対象物の光学的特性を述べたうえで，正確な計測を行うためのハードウェアの選択，構成，調整方法などについて述べる。

4.1.1 生物材料の光学特性

（1） 反射特性　**図4.2** に，植物各部位の分光反射特性の一例を近紫外領域から近赤外領域にかけて示す[3]。よく知られているように，植物が光合成をするために最も必要とする光は，一般的には主として赤色および青色である。葉はそれらの光をクロロフィルで吸収し，多くの緑色光を反射するため，可視領域では緑色に見える（クロロフィル吸収帯：670 nm および 450 nm 付近）。一方，果実の色はさまざまで，その違いが可視領域の反射率に現れている。

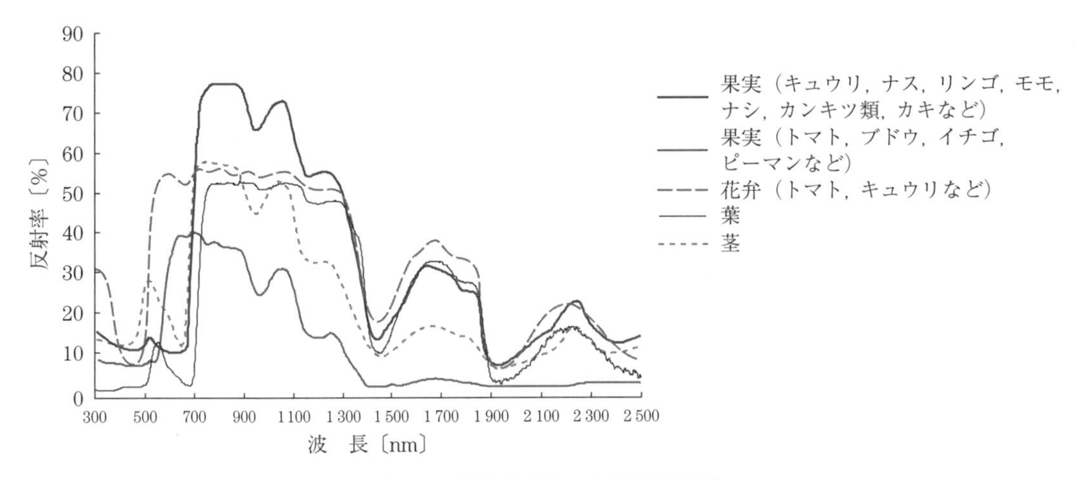

図4.2 植物各部位の分光反射特性[3]

一般に果実が未熟なときはほぼ緑色で，熟度が増すに従って緑色から黄色および赤色まで変化するものが多い。これはクロロフィル，カロチノイド系およびフラボノイド系の色素による色であるが，ナスのように黒紫色を呈するもの，ブルーベリーのように紫色を呈するものはアントシアン系の色素である。テクスチャも，トマト，ナスのように表面が鏡のように滑らかで光沢のあるもの，温州ミカンのように数多くの油胞が表面にあるもの，ブドウやナシのように果粉の付着したもの，モモのように短い毛のあるもの，さらにはニガウリやキュウリのように小さな突起があるものまでさまざまである。花弁の色も可視領域ではいろいろあるが，図4.2にあるように，トマトやキュウリの黄色を呈する花弁にも 300 nm 付近で反射率が高いものがある。これは昆虫の視覚の感度と共進化したものと考えられており，昆虫に蜜の位置を示す花のネクターガイドなどのアトラクタの研究[4]も興味深い。

文献5)によると，一般にガ，ハチ，ハエ，ウンカなどの昆虫の複眼は 350 nm から 400 nm の紫外領域が最も感度が高く，600 nm 以降の赤色に対してはほとんど感度をもたない。一方，鳥類は赤色には感度をもち，ほとんどの果実が成熟すると赤系統の色になるのは，果実内の種子を遠くへ運んでくれる鳥類のためと言われている。植物にとっては，受精するまでは昆虫に来てもらい，受精後は鳥類に来てもらうよう共進化したのであろう。

近赤外領域に目を向けると，可視領域よりも反射率が高くその変動も大きい部位が多いことがわかる。この変動の主たる要因は水分であり，970，1 170，1 450，1 950 nm などの吸収帯はすべて水の吸収帯である。970，1 170 nm については果実，茎のような厚みのある部位では吸収されているものの，葉，花弁のように薄いものでは吸収帯がみられないが，何枚も重ねて分光反射特性を計測すると吸収帯が生じる。

近赤外領域における葉の反射率は，品種，品目を問わず，700～1 400 nm の範囲でほぼ 50 % であるが，果実の反射率は図のように大きく二つに分けられる。キュウリ，ナス，リンゴ，モモ，カンキツ，カキなどのように葉よりも高い反射率を示すものと，トマト，ブドウ，イチゴ，ピーマンのように葉よりも低い反射率を示すもの[1]である。白黒カメラを用いて光学フィルタを決定するときには，これが重要なポイントになることもある。

このように二つに大別される理由はまだはっきりわかっていないが，果実表皮の水分状態によるものと考えられる。農産物の外観を画像入力して理解する場合，その表皮構造を知っておく必要がある。

図 4.3 にはリンゴ果実の表皮画像を示す。植物地上部の表皮構造の最も外側はクチクラ層，ついで表皮細胞，その内側は柔組織細胞あるいは果肉となっており，ほとんどの農産物は表皮のクチクラ層により光沢がある。この**クチクラ**（cuticula）とは，細胞壁の外側にクチン（cutin，不飽和脂肪酸の重合物質）とワックス（高級脂肪酸と高級アルコールのエステル化合物）でできた，透明の水を通さない層である[6]。葉，茎，果実，種子の表面が水を弾くのはこの層のためで，体内への水の侵入および水分蒸発を防ぐという大切な役割を果たしている。

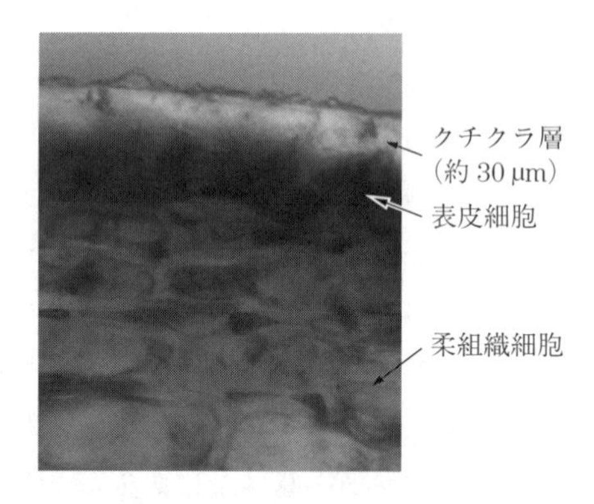

図 4.3 リンゴの表皮

クチクラの発達程度は植物の種類，器官の違い，成熟段階および栽培環境の違いなどによって影響を受け，特に乾燥する季節にはクチクラ層も発達すると言われている。また，クチクラは雨などにより少しずつ損失するため，果実の新鮮さと光沢には相関がある。ただし，ナスのように収穫直後であっても光沢のない果皮は，内部品質の低下している場合（ボケナス）もあるので，この光沢の程度も重要な情報である。

このクチクラ層のため農産物の多くは光沢を有し，画像入力の際にはハレーション（表皮のクチクラ層で光が鏡面反射し，表皮細胞の色を呈さず，**図 4.4** のように画像上で白色に表現される現象を指す）が生じることがある。また，クチクラ層の滑らかさにより周囲環境が果皮へ映り込むこともあり，それが画像に反映されて対象物の真の情報が失われてしまうこともある。さらに，果実は大まかには丸い形，長細い形などに分類してみても，実際には千差万別で，局所的形状はかなり異

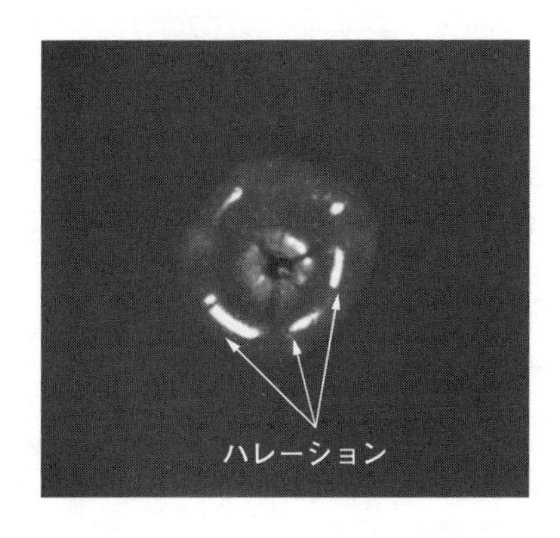

図 4.4　リンゴ果皮での
ハレーション

なる。照明環境が不十分だと，その形状によってハレーションが思わぬところに出現したり，照明ムラが生じ，苦労する。図 4.4 で用いた照明は 4 個であるが，図のように数多くのハレーションが観察できる。

画像情報を取得するに当たっては，いかに均一な照射条件を対象物に与えハレーションなどをなくすかということが，最も重要な課題である。2.1.2 項で示したように，種々の照明はそれぞれ特徴を有することから，適当な照明の選択をすることが目的に応じた画像処理を行う第一歩といえる。

生物センシング工学で扱う対象物は植物ばかりではない。**図 4.5** には，土壌（真砂土）の分光反射特性を示す。この図より，土壌は可視領域では赤，緑，青の順に反射率が高く，近赤外領域では，1 450，1 950 nm などの水の吸収帯で反射率が低い。また，水分を多く含むと全体的に反射率は低下する。白っぽい乾いた土に水をまくと黒っぽくなるのはこのせいである。

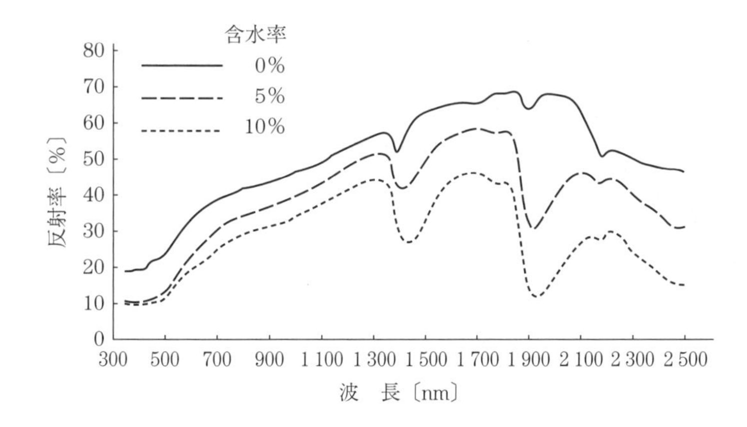

図 4.5　土壌の反射率

図 4.6 には牛肉，豚肉，鶏肉の反射特性を示す。動物に関して，牛，豚，鳥の脂肪と赤肉部分の反射率は可視領域では赤，青色の成分が高く，近赤外領域では植物でみられた水の吸収帯に加えて 1 730 nm および 2 300 nm 付近に吸収帯がみられる。さらに 300〜400 nm の紫外領域において脂肪の部位の反射率が高いのも特徴的である。

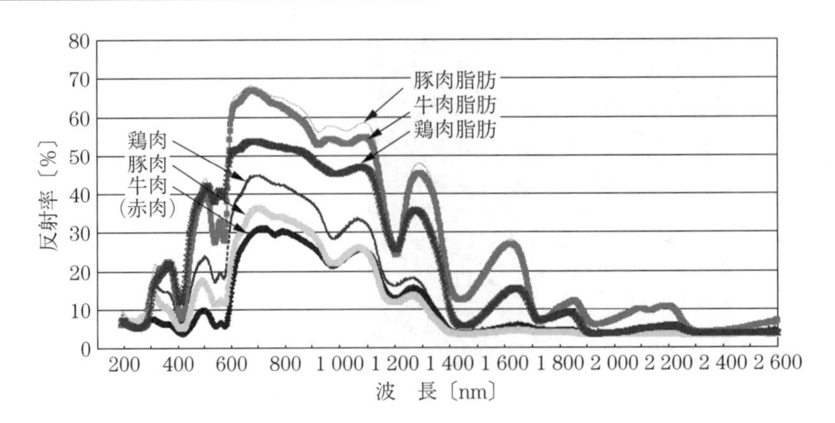

図 4.6　牛肉，豚肉，鶏肉の反射率

図 4.7 にはタイの各部位の反射特性を示す。魚の反射率は通常，上方からの敵（例えば鳥など）および下方からの敵（例えば大形の魚類）から身を守るため，背部は暗い色を，腹部は白っぽい色をしている。そのことより，あごの部分，魚体下部は反射率が高く，胸の上部は低い傾向がある。さらに，いずれの部位も 360〜370 nm の反射率が高い。このように紫外領域が非常に高いことは，植物にはみられない特徴である。

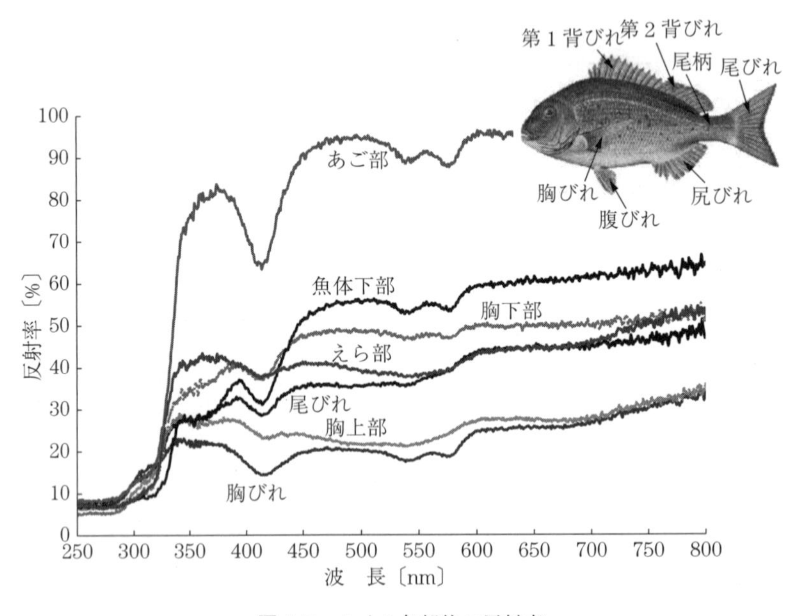

図 4.7　タイの各部位の反射率

図 4.8 には，いろいろな昆虫の胴部の反射特性を示す。これからも，昆虫の種の多様性から植物，動物以上にさまざまな反射率のパターンがあると想像される。ここでは，カマキリやショウリョウバッタのように植物に非常に近い反射率を示すもの，ハチ，アブ，トンボ類のように 700〜1 000 nm の反射率の低いもの，ガやスカシバのように 1 500 nm 以降の反射率も高いものなどがあ

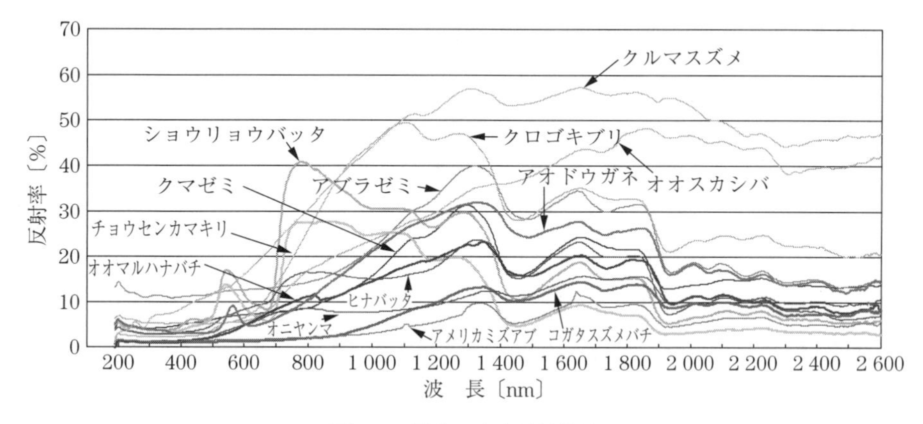

図 4.8　昆虫の分光反射特性

げられる。このほか，モンシロチョウは人間の目には雌雄の区別はできないが，紫外領域においてはメスの羽の方がオスの羽よりも反射率が高く[7]，紫外領域に感度を有するチョウには容易に識別できること，また先述のネクターガイドのように自然界に棲む動物，植物との共進化の結果と思われるものも数多くあるため，これらの反射率を調べることは興味深い。

このように多様な対象物および変化する環境下において，人間の可視領域のみにとどまらず，植物の分光反射特性を基にして，近赤外領域，紫外領域はもちろんのこと，X 線領域，さらには遠赤外領域（テラヘルツ領域）まで画像を用いた研究[8]は及んでいる。例えば，X 線は透過画像などを利用して，非破壊での内部構造および水分に基づく品質評価に使用されている。紫外領域は波長の短い順から，UV-C（100〜280 nm），UV-B（280〜315 nm），UV-A（315〜400 nm）と呼ばれ，それぞれ殺菌作用（UV-C），ビタミン D 生成および紅班・色素沈着作用（UV-B），光重合・退色作用および昆虫誘引作用（UV-A）を有していると言われる。

その紫外線を直接的，間接的に利用した画像は，キズ検出や蛍光発色する対象物に用いられている。最もよく利用される可視領域では，色の変化が観察され，近赤外領域では糖度，酸度，内部品質の評価が実用化している。土壌センサ[9),10]による土中の水分，有機物，窒素の計測および色画像の取得もこの領域である。

また，近年，テラヘルツ帯（サブミリ波帯：遠赤外線とミリ波の中間）のコンパクトな光源が開発された[11]ため，農産物の水分計測，成分分析，薬物検査等のために遠赤外およびテラヘルツの領域において研究が進み，その画像化についても検討されている。同時に，それらの領域のうち，特に可視領域および近赤外領域では複数の波長帯，領域をカバーしたマルチスペクトル画像によって，上空から圃場のリモートセンシング[12]を行うことも可能になった。

（2）透過特性　一般のカメラで得られる画像は，反射光に基づくものが多いが，農産物の透過画像を得ることもしばしばある。例えば，カンキツの浮皮，果実内部の構造や品質の計測，材料の部分的な透過率の違いのある対象物を計測するには有効な手法である。農産物や食品の検査においては，軟 X 線を利用した透過画像（4.3.1 項参照）が一般的であるが，可視領域や近赤外においても透過画像（4.3.4 項）でその対象物の性質の違いを表すことができる。

X 線やテラヘルツ波のように透過特性を有する電磁波を除けば，その波長が短いほど散乱する傾向が強く，長いほど透過容易となることを利用する。ただし，水分を多く含む生物材料を対象とする場合，近赤外領域でも 1 500 nm を超える長い波長の電磁波では，対象物の水分に吸収されることより透過が困難となる。それらのことより，生物材料の内部の品質検査や水分計測には近赤外領域における適切な波長（3.3.2 項参照）の画像が，また 3.3.4 項のように物質特定を行うためのマルチスペクトル画像が用いられる。

（3） 蛍 光 特 性　紫外線や可視光線などを吸収しやすい分子構造をもつ物質がある波長の光によって励起され，その余剰エネルギーをより波長の長い光として放出する**ルミネセンス**（luminescence）を蛍光と呼ぶ（3.3.1 項参照）。

例えば，多くのカンキツ果実には**図 4.9**（a）に示すような吸収を行い，図（b）に示すような光を発するフラボノイド系の蛍光物質がある[13]。このほかにもクマリン系[14]の蛍光物質などに代表されるポリフェノール類，クロロフィル，アミノ酸，ビタミン類などがあげられるが，これらの蛍光物質の特性がどのような条件で変化し，その励起波長，発光波長および発光強度がどのような環境で変化するかということをあらかじめ知っておくと，農産物の損傷検出，鮮度などの画像計測に役立つ。

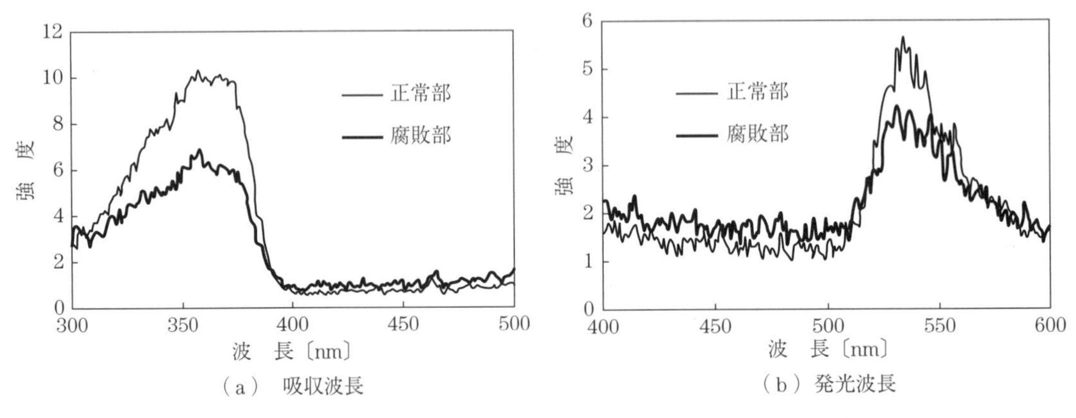

（a） 吸収波長　　（b） 発光波長

図 4.9　カンキツ果皮の吸収波長と発光波長の例（フラボノイド系）

蛍光強度は太陽光や通常の画像処理用の光源による照射強度と比較すると必ずしも強いとはいえず，一般には弱いことより，F 値，シャッタスピードなどの調整には注意を要する。

図 4.10 には（a）ブンタン，（b）デコポン，（c）ハッサクを例に，それぞれの果皮の 1 cm 四方の油胞を針で傷つけ，360 nm 付近の紫外光を含むブラックライトで励起し，撮影した画像を示す。いずれもフラボノイド系の蛍光物質により，540 nm 付近（緑色）の反応が生じている。生物材料においては，ピンホールや表皮のすり傷のような微小な損傷部位であっても，細菌類などが侵入すると腐敗が発生し，他の健全な部位や対象物にまで影響を及ぼす場合がある。それらのことより，

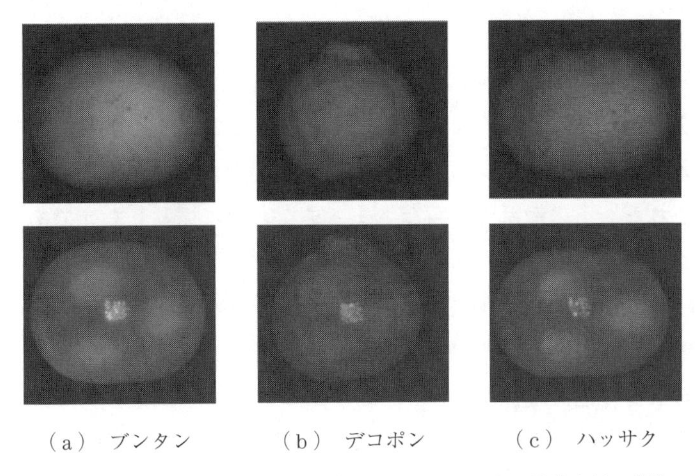

（a）ブンタン　（b）デコポン　（c）ハッサク

図 4.10　カンキツ果皮の蛍光（赤道部に 1 cm 四方の油胞を針で損傷

貯蔵前にこのような微小な損傷も蛍光画像で検出し，健全な対象物と仕分けておくことが食品ロスを減少させるために重要である。

4.1.2　照明の照射方法

光源の照射方法には，光源の照射を直接対象物に向ける直接照射方式と，壁や拡散板などを用いて光強度を減衰・拡散したり，二次あるいは三次間接光を対象物に照射する間接照射方式がある。いずれも対象物の情報を正確に得るため，対象物表面でのハレーション（鏡面反射光，直接反射光）と照明ムラをいかに抑えるか，あるいは意識的に濃淡をつけるかということが，最大の課題である。

図 4.11 に，2 枚の偏光フィルタを直交ニコルに調整した直接照射方式による方法で画像入力をしたときの，カメラへの光入力の模式図を示す。光源からの光はあらゆる方向に振動した光である

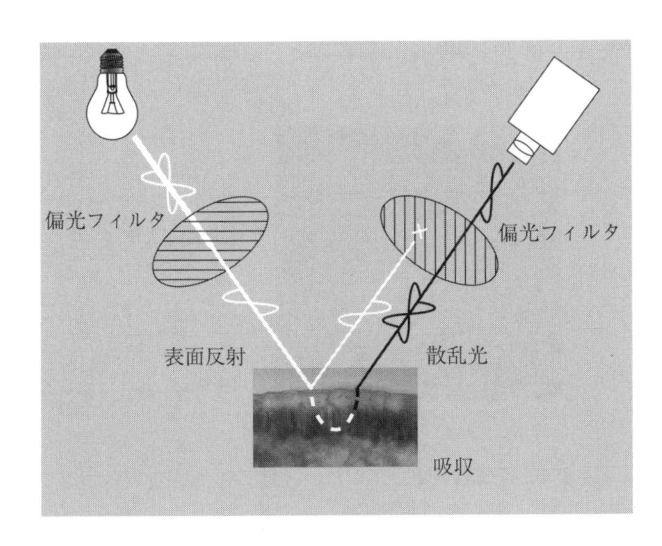

図 4.11　偏光フィルタを 2 枚用いたときのカメラへの光入力

が，最初の偏光フィルタを通過後，一方向の振動のみに制限され，クチクラ層表面で反射した後，2枚目の偏光フィルタでブロックされる。これにより，画像上のハレーションは除去される。

一方クチクラ層を透過し，対象物の表皮に入った光は色素などにより吸収された後，散乱した光が反射される。例えば葉の場合，表皮細胞のクロロフィルにより赤色と青色が吸収されて，主として緑色の光が反射される。その散乱光は再びさまざまな方向に振動した光であることより，2枚目の偏光フィルタを通過し，ある一定方向に振動する光がカメラに入力される。

図4.12(a)には図4.11のように偏光フィルタを配置して直接照射方式で撮像したトマト画像を，図(b)には撮影用ドームを用いて間接照射方式で撮像したトマト画像を示す。偏光フィルタを用いた画像では，対象物の色再現性が高い，ハレーションが生じにくい，光源以外に輝度の高いものが対象の近傍にないため，光沢のある果実に対しても背景が映り込まないなどの有利な点が多い。

(a) 偏光フィルタ使用

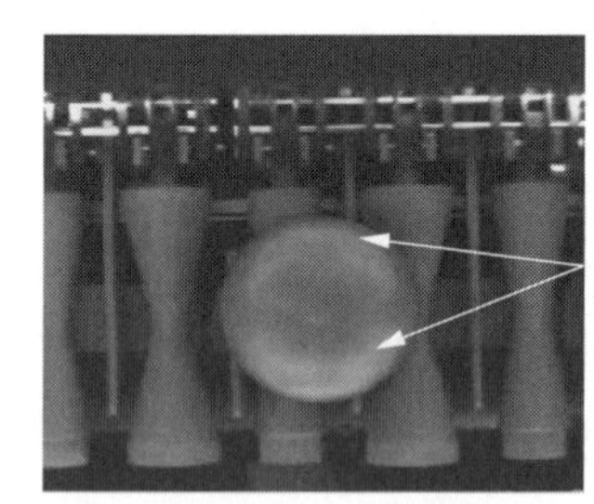

(b) ドーム使用

図4.12　偏光フィルタを用いた直接照射方式とドームを用いた間接照射方式による画像

図4.13にはいずれも表皮に水滴のついたトマト果実の画像を示すが，偏光フィルタを用いた画像ではクチクラ層表面ならびに水滴によるハレーションともに除去される。しかし偏光フィルタの透過率は約30％程度であることから，1枚で1/3に光量が制限されることになる。これを実際に複数の光源で使用するには，光源およびカメラレンズの両方に偏光フィルタを用いる必要があるため，偏光フィルタを用いないときに比べて光量は1/10程度になること，40℃を超えて長時間使用

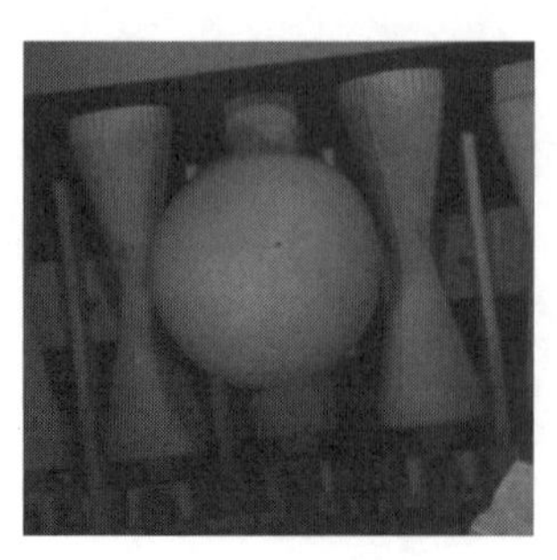

(a) 偏光フィルタ使用

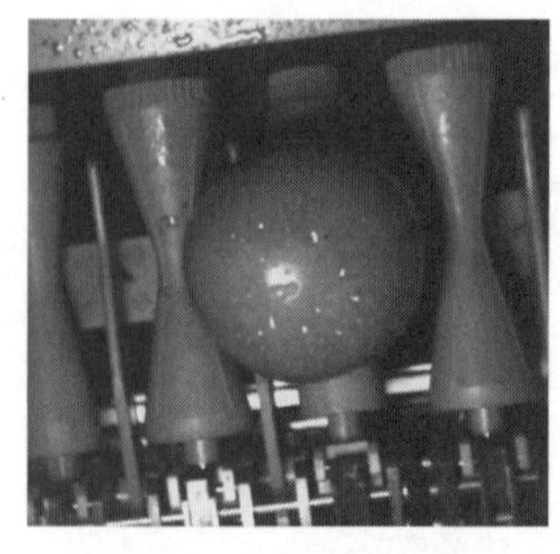

(b) 偏光フィルタなし

図4.13　偏光フィルタを用いた画像と用いていない画像
(左右ともに同じ果実で表皮の水滴も同じ条件)

すると偏光フィルタは短期間で劣化するため，ハロゲンランプなどのように高温度照明と同時に使用するには，冷却の工夫が必要になること[15]，可視，紫外，近赤外領域の異なる波長帯に応じて，それぞれ異なる偏光フィルタが必要となることなどに留意すべきである。

太陽光を光源とする場合，偏光フィルタをカメラレンズにしか使えない場合，およびグリーンハウス内の壁のように対象物の近くに光を反射するものがある状況下で画像入力を余儀なくされる場合には，対象物への光の入射角がブリュースター角になるときの反射特性を用い，p 偏光が最小になる状況を利用することによりハレーション抑制が可能となる。

図 4.14 に，偏光フィルタを 1 枚のみカメラレンズに使用し，ブリュースター角の特性を用いたときの模式図を示す。光源からの光はさまざまな方向に振動しているが，農産物や葉のようにクチクラ層で覆われた対象物表面で反射した場合，鏡面反射を起こし，その反射光は p 偏光と s 偏光と呼ばれる二つの振動方向のみの光となる。この偏光した光は 2.1.1 項の図 2.5 に示すように，いずれも入射角によって反射率が異なり，s 偏光成分は単調増加するものの，p 偏光成分は入射角がブリュースター角のときに反射しなくなる特性がある。また，ブリュースター角前後の角度でも非常に反射率は小さい。

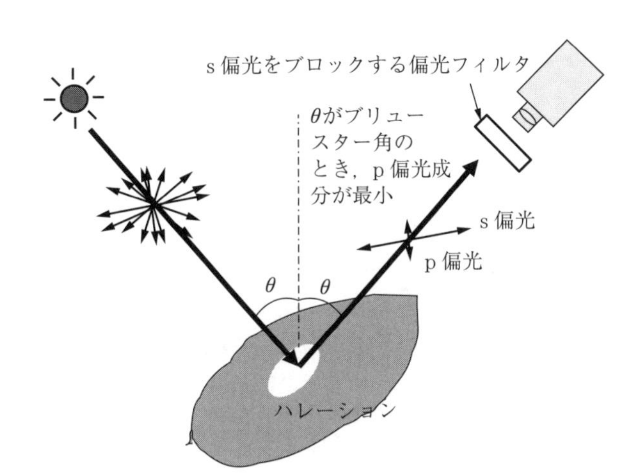

図 4.14 ブリュースター角を用いた偏光フィルタ 1 枚によるハレーション除去

この現象を利用すれば，偏光フィルタがカメラのレンズのみの 1 枚しか使用できない場合でも，s 偏光成分をその偏光フィルタで止めることにより，ほぼハレーションのない画像を得ることも可能である（4.3.6 項参照）。

式(4.2)にはブリュースター角と屈折率との関係を示す。これより，ブリュースター角がわかれば対象物の屈折率が類推できる。さらに，その屈折率は波長が短くなるほど大きくなる（例えば**図 4.15**[16]）。この図の変化を実際のブリュースター角の変化で表すと，赤色（波長 630 nm で屈折率 1.490 のとき）から青色（波長 420 nm で屈折率 1.505）にかけて 56.1° から 56.4° に移行する。このことを利用すれば，ブリュースター角付近で LED などにより異なる波長の光を用いてその反射光を正確に計測すれば，屈折率の変化を伴う対象物の特性の変化（例えば粘性の変化）を簡便にモ

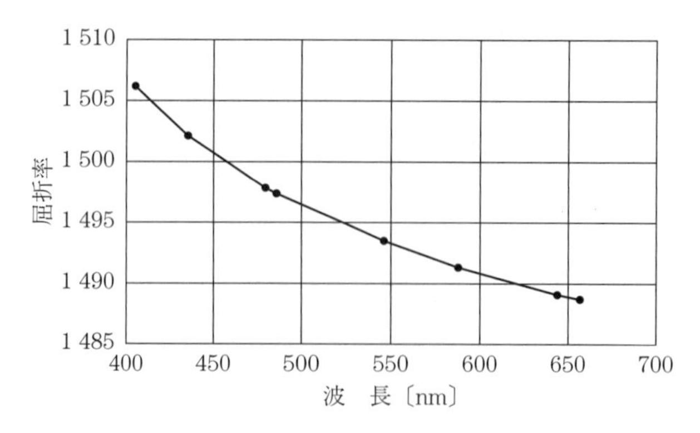

図 4.15　アクリル板の屈折率（（株）島津製作所ホームページより転載）[16]

ニタリングすることも可能である。

$$\tan\theta = \frac{n_2}{n_1} \tag{4.2}$$

ここで，θ はブリュースター角，n_1 は入射側の屈折率，n_2 は透過側の屈折率である。例えば，屈折率 1 の空気中から屈折率 1.33 の水に入射するブリュースター角は 53.1° に，屈折率 1.5 のガラスに入射する場合は 56.3° になる。

4.1.3　カメラと光学フィルタ

（1）　イメージセンサ　　多くのカメラで使用されているイメージセンサは **CCD**（charge coupled device）と **MOS**（metal oxide semiconductor）に大別される。大雑把にいうと CCD は感度が高いため暗い対象物でも解像度が高く撮像できる一方，MOS は消費電力が低く XY 座標指定で各画素の電荷を読み出すため，入力画像のトリミングなどが行いやすいということがいえる。しかし，最近の高解像度化に伴い，MOS の利用が増大している。これらの特徴は**表 4.1** にまとめられている[17]。

年々デバイスの集積度が高くなるに従い，エリアセンサのサイズは 2/3 インチから 1/2 インチ，最近では 1/3 インチ，さらには 1/4 インチになっている。このサイズはカメラの画角に影響する。撮像素子に使用されるフォトダイオードは，700～800 nm にピークをもち 1 200 nm 付近まで感度を有していたが，最近では可視領域側に寄ってきており 500～600 nm にピークを有する 1 000 nm 付近までの感度となっている。逆に，紫外領域の感度が高くなっており，250 nm 付近にまで感度を有するものもある。**図 4.16** に代表的な撮像素子の感度を示す。

近年は奇数，偶数フィールドの関係なく，左上から右下までを一度に走査可能なプログレッシブタイプ（フレームシャッタ，ノンインタレース，全画素読み出し方式）がほとんどで，1 画面を読み出す時間も倍速（16.6 ms），4 倍速（8.3 ms）と早いカメラが登場している。また，1 秒当たり 2 000 枚を超える画像を読み出し可能な高速カメラなどもある。

一般に，TV カメラは 1/30 s で繰り返しスキャンするタイプのものが多いが，移動中の果実を同

表 4.1　CCD と MOS の比較

	CCD	MOS
解像度	高い	低い
消費電力	大きい	小さい
感　度	高い	低い
飽和露光量	小さい	大きい
ブルーミング	あり	なし
周辺回路の価格	高い	安い
トリミング	困難	容易

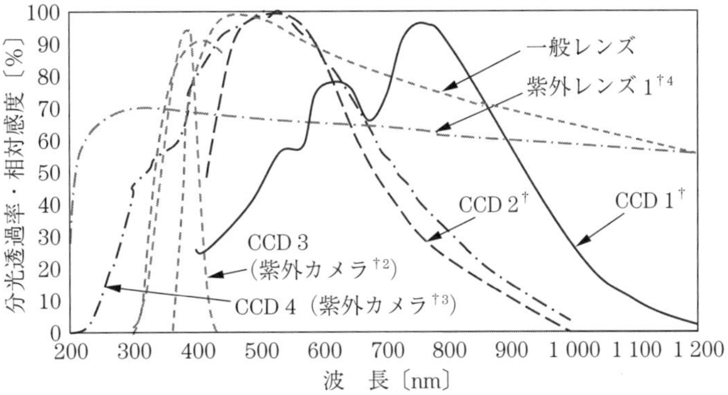

図 4.16　撮像素子の感度およびレンズの透過率（†：東京電子カタログ，†2：蝶理イメージングカタログ，†3 ソニーカタログ，†4 ペンタックス資料より）

一条件で繰り返し画像入力するにはランダムトリガ機能が必要である。これは，フォトインタラプタ，タイマなどを用いて，画像入力するタイミングをパルスの立ち下がり（立ち上がり）の電気信号で与える機能であり，その信号が与えられない限りは画像入力しない。

毎秒 1 m で移動する対象物の瞬時の状態を連続的に画像入力する場合には，1/30 s の走査時間のカメラでは対象物が 33 mm 移動するごとでなくては画像入力できないが，倍速，4 倍速では 16 mm，8 mm 移動するごとに入力可能である。ただ，例えば 1/1 000 s のシャッタスピードにしても，1 mm のぶれが画像に生じる。コンベアで移動している温州ミカン果皮の黒点などのような微小な欠陥を検出するには，このシャッタスピードを高速にする必要がある。そのためには感度の高い，「明るいカメラ」が要求される。

画素数は VGA（30 万画素），から徐々に XGA（80 万画素），SXGA（130 万画素），UXGA（200 万画素）クラスのものへ移行中である。温州ミカン果皮の黒点などを検出するためには，解像度的には VGA，XGA では不十分で，SXGA，UXGA などが必要なことも多い。ディジタルカメラにおいては 2 000 万画素を超える撮像素子も珍しくないが，現段階では，その高解像度な画像をキャプチャして画像処理する性能が追いついていない。**表 4.2** には撮像素子あるいは TV カメラを選択する際の項目を，**表 4.3** にはヒトの目の機能と一般的な CCD カメラ（VGA）の性能の比較をまとめてある。

（2）レ　ン　ズ　一般の工業用カメラの多くは C マウントで，レンズの F 値は 1.4 のものが一般的であり，明るいもので 1.3 程度である。この F 値とは，レンズの焦点距離をレンズ口径で除した値であるため，数値が小さいほど明るいレンズである。明るいレンズほど絞りを絞り込め，シャッタスピードを速くできるなど，有利なことが多い。焦点距離は C マウントのレンズでは，3.5，4.5，6，8，12.5，16，25，50，75 mm などがある。

画角（視野角）とは撮像される視野と対象物までの距離の関係を角度で表したもので，撮像素子のサイズとレンズの焦点距離によって決まる。**図 4.17** に示されるような幾何学的関係から，ピン

表 4.2　撮像素子，TV カメラの種類

撮像素子の種類	CCD	MOS
アレイの種類	エリア	ライン
撮像素子の枚数	単板	3 板
カラー方式	RGB 原色フィルタ	CMYG 補色方式
フィルタの配置	正方格子	ハニカム
トリガ方式	ランダムトリガ，連続撮影	
走査方式	インタレース	プログレッシブ
走査時間	1/30，1/60（倍速），1/120 秒（4 倍速）	
画素数	VGA, XGA, SXGA, UXGA	
撮像素子の寸法	2/3，1/2，1/3，1/4 インチなど	
映像出力方式	ディジタル（カメラリンク，IEEE）	アナログ（NTSC, RGB）
ディジタル出力分解能	8 ビット（256 階調），10 ビット（1 024 階調）	

表 4.3　ヒトの目と一般的な CCD カメラの比較[18)一部改変]

	ヒトの目	カメラ
焦点距離	f 17.1 mm（可変）	f 12 mm（2/3 CCD としたときの画角から）
画　角	約 50°（視認角度：水平 180°，垂直 90°，ピントの合う範囲 4°）	約 49°（標準レンズ 40°〜50°）
口　径	F 3.4	F 1.4
視細胞の寸法	ϕ 1.5 μm	12 μm × 12 μm
分解能	10 000 × 10 000	640 × 480（VGA）
被写体分解能	約 0.07 mm（明視の距離 25 cm）	約 0.7 mm（レンズによる）
最低視認照度	0.005 lx	約 0.1 lx
フレームレート	約 10 Hz	約 30 Hz

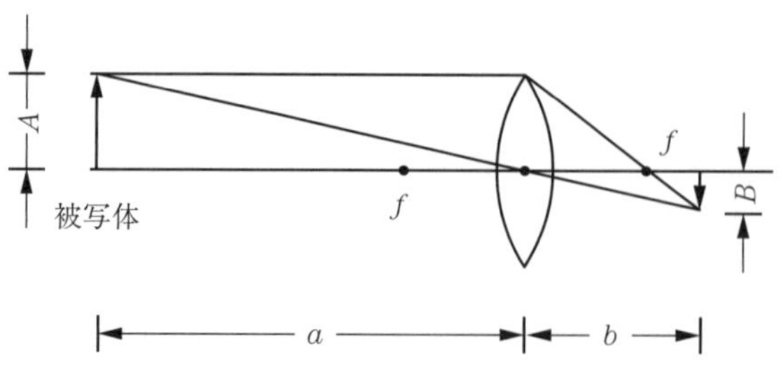

a：被写体からレンズの中心（主点）までの長さ
b：レンズの中心（主点）から撮像面までの長さ
A：被写体の大きさ
B：撮像面に映る被写体の大きさ
f：レンズの焦点距離

図 4.17　レンズによる結像

トが合っている場合は以下の式が成立する。

$$\frac{B}{A}=\frac{b}{a} \tag{4.3}$$

$$\frac{1}{a}+\frac{1}{b}=\frac{1}{f} \tag{4.4}$$

このときの光学系の倍率は B/A である。なお，大雑把ではあるが，1/2 インチの撮像素子をもつカメラを用いて，20 cm の距離で 20 cm の視野を得るには 6 mm の焦点距離のレンズを使用するというように覚えておくと，便利なことが多い。

また，レンズの解像度も近年高いものが登場した。これにより，カメラの解像度が 100 万画素を超えるものまで対応可能であるとともに，収差も小さく正確な計測に有利である。現在出回っているレンズは可視領域，近赤外領域においては透過率を有するものの，紫外領域においては 360 nm 以下は透過しないものが一般的である。上述の UV-A をカバーできるような一般的なレンズはまだ数が少なく，マクロレンズに近いもので 310 nm 付近から立ち上がるものや 280〜365 nm の範囲で，1/2 インチ 150 万画素（画素ピッチ 4〜5 μm）用のレンズ（焦点距離 25 mm，F 値 2）程度である。

なお，一般にレンズの歪みは画像の周囲ほど大きいので，正確な計測のためには画面中央で行うことが望ましい。代表的な一般レンズおよび紫外用レンズの透過率は図 4.16 に示してある。

（3）　カメラの調整手順　　輝度の高い照明および感度の高いカメラを使用すると，レンズの絞りを絞り込むことができる。絞り込むことによりイメージセンサに入力される光量は減るものの，被写界深度を深くできる。これにより，比較的寸法の大きな果実の中心およびその周辺に同時にピントを合わせることが困難な場合，および対象物の寸法の違いによりカメラまでの距離が多少変化する場合にも，容易にピント合わせが可能となる。これに関係する調整項目に，シャッタスピードがある。移動物体に対して被写界深度を深くするには，シャッタスピードをある程度遅くし，撮像素子へ入力される光量を多くしたうえで絞り込む必要がある。このバランスは，対象物および目的に応じて調整する必要がある。

また，前項の照明の色温度によって光の波長に関する放射特性は異なるため，カラーカメラを使用する際にはホワイトバランスを調整する必要がある。これは G の信号を基準として R および B を調整するのが普通である。この調整時には，画像中の G の濃度値をつねに同じ程度の値にしておくことが望ましい。

また，前述したように対象となる農産物の色は花などを除き，ほとんどが緑色から赤色までの可視領域における長波長側である。そこで，色調整機能の付属しているカメラでは青から緑までの感度を縮小し，緑から赤までの感度を高くするよう調整すると，微妙な色の相違も検出容易となる。また，照明の色温度に合わせて自動的にホワイトバランスが取れるカメラも多いが，太陽のように時々刻々と色温度が変化する光源に対応して正確に自動調整することは容易ではない。

室内でマシンビジョンを構成し，各要素を調整する一例として以下に手順を示す。

① 光源の種類，数と対象物までの距離の決定（対象物の寸法に応じた一様な照度）
② カメラから対象物までの距離の決定と対象物表面でのピント調整
③ 偏光フィルタ（ハレーションの除去）の調整
④ 絞りの決定（被写界深度の決定）
⑤ シャッタスピードの決定（画像上のブレの許容）
⑥ ホワイトバランスの調整（色調整）

まず，果実や野菜のような農産物を対象とする場合，対象物の寸法に合わせて光源の種類および数と光源から対象物までの距離を決定し，一様な照度環境を得る。

光源から対象物の距離に応じてカメラから対象物までの距離を決定し，ピントを合わせた後，偏光フィルタの角度を調整する。その状態で絞りをある程度絞り込み，対象物までの距離が多少変わってもほぼピントが合うように被写界深度を調整する。

その際，白色の硫酸バリウムまたは純白の紙を用い，入力した画像中のROI内の濃度値の最高値が240（8ビット出力の場合）を超えないようにシャッタスピードを調整する。

このとき，濃度値が低すぎる場合には，絞りを少し開けるか，再びシャッタスピードを調整して適当な被写界深度ならびにシャッタスピードが得られるまで繰り返す。対象物および計測目的により，絞り（被写界深度）とシャッタスピード（画像のブレ）のどちらを優先するかは適宜判断する。

最後にホワイトバランスを調整して，正確なRGBの濃度値の比率が得られるようにする。

また，濃度値が十分得られないような暗い画像の場合には，出力ゲインを調整して明るくすることが効果的な場合もある。ただし，ゲインを上げすぎるとノイズが増えるので注意が必要である。

さらに，目的に応じてγ補正を行うこともある。これはカメラの受光量に対する出力信号を補正するのであるが，不定形の農産物などに対して照度ムラを小さくしたり，対象物のコントラストを得やすくする目的で用いることが多い。補正を行わないときは1，行うときには0.45程度の補正係数を用いるが，0.45から1の間で十分な場合もある。大きく補正（小さな補正係数）をかけるほどRGBのバランスがオリジナル画像とは変わるので，正確な色表現のためにはできるだけ小さな補正にとどめることが望ましい。

（4） 光学フィルタ　　式(4.1)で示したように，画像は照明の放射エネルギー，対象物の反射率，光学フィルタの透過率，レンズの透過率，およびセンサの感度によって決定される。それらの中で，波長のエネルギーを自由に変化させやすい要素が光学フィルタである。**図4.18**(a)にはRGBフィルタに加えて図4.2で示した植物各部位の反射特性に応じた光学フィルタの透過率を示す[1),2)]。これらの光学フィルタは，図(b)のように透過させる中心波長，その波長における透過率，ならびに半値幅をガウス関数で決定して，式(4.1)の演算をコンピュータ等で行った結果である。

特に，狭い半値幅で特別な波長のみを透過させる場合には干渉フィルタを用い，比較的広いレンジで透過する場合にはガラスフィルタなどを用いる。ガラスフィルタはさまざまな波長のものが用意されていることから，組み合わせて使うことも多い。太陽のように光源のエネルギーが刻々と変

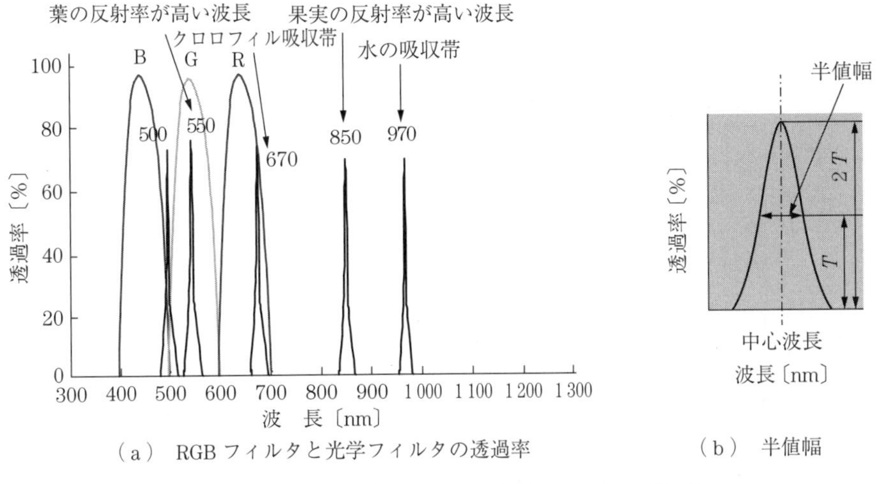

（a） RGB フィルタと光学フィルタの透過率　　（b） 半値幅

図 4.18 植物の反射特性に応じた光学フィルタの透過率

動する場合には，これらのフィルタを複数用いて二つ以上の波長を透過した画像を取得し，画像間の差や比をとって比較すると，安定的に対象物から放出される波長の変化をとらえられるので工夫をしてもらいたい。

4.2 画像解析方法

4.2.1 色　計　測

農産物は表皮の色が特徴的であることが多いため，カラー TV カメラからの RGB 信号を色変換し，特定の色を抽出することで，対象部位を識別する手法がとられることが多い。ディジタル化された RGB 信号は PC 上で，色度，L*a*b*，HSI などの変換方法によって異なる尺度で表現されたり画像変換されて使用される。以下に，種々の表色系を説明しながら色変換の方法[19]を簡単に述べる。

（1） 色度変換　一般に言われる RGB 表色系は人間の目の感度を間接的に**図 4.19** に示される等色関数 $r(\lambda)$，$g(\lambda)$，$b(\lambda)$ で表したものであり，国際照明委員会（Commission Internationale del'Eclairage, CIE）は，原刺激波長として 700.0，546.1，435.8 nm を選んだ。これより，三刺激値 RGB は以下の式(4.5)で示される。なお，厳密には等色関数は CIE では 2° と 10° の視野の場合が採用されている。

$$\left.\begin{aligned} R &= \sum P(\lambda)r(\lambda)\Delta\lambda \\ G &= \sum P(\lambda)g(\lambda)\Delta\lambda \\ B &= \sum P(\lambda)b(\lambda)\Delta\lambda \end{aligned}\right\} \tag{4.5}$$

ここで，λ は波長で 380〜780 nm まで可変であり，$P(\lambda)$ はその波長のエネルギーである。したがって，一般に三刺激値 RGB は TV カメラからの RGB 信号より範囲が広い。しかし，この表色系

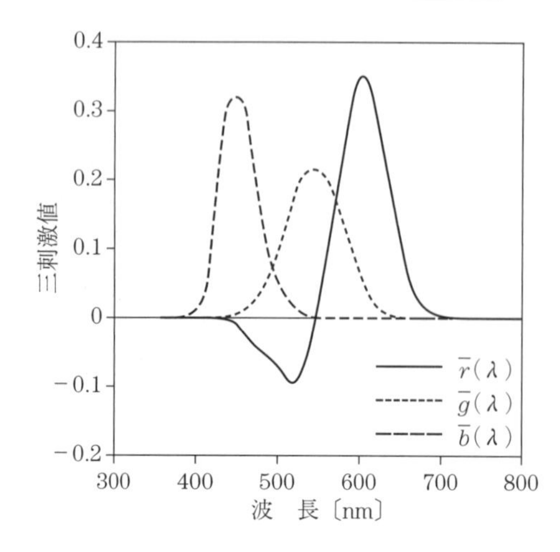

図 4.19　RGB 表色系の等色関数

では，等色関数 $r(\lambda)$ の波長 450〜550 nm 付近のところにマイナスの部分があること，RGB だけで明るさがわかりにくいという不便さがある。そこで XYZ 表色系の等色関数 $x(\lambda)$，$y(\lambda)$，$z(\lambda)$ を，RGB 表色系から求めることにより XYZ 表色系の三刺激値 XYZ を式(4.6)のように表した。

$$\left.\begin{aligned} X &= 2.7690R + 1.7517G + 1.1301B \\ Y &= 1.0000R + 4.5907G + 0.0601B \\ Z &= 0.0000R + 0.0565G + 5.5943B \end{aligned}\right\} \tag{4.6}$$

ここで，Y は輝度を表す。この三刺激値 XYZ から色度座標は式(4.7)によって定義される。**図 4.20** には XYZ 表色系の色度座標を示す。ここでは色相（波長）の変化に伴って馬蹄の形の周囲を回り，彩度は中央（$x = y = 0.333$ 付近）からその形状の周囲へ向かって大きくなる。

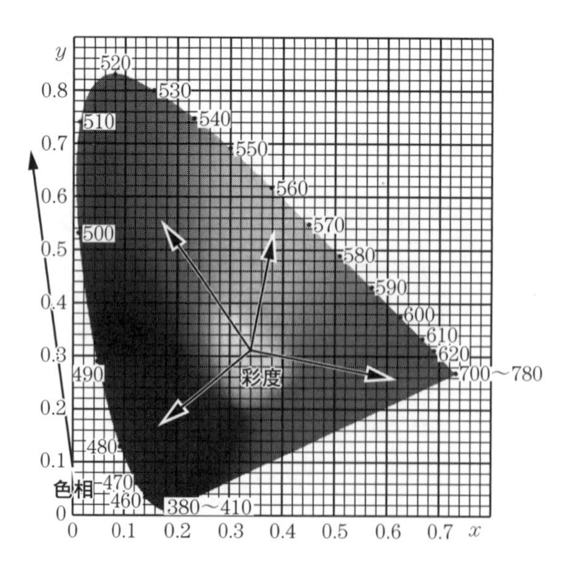

色度

$$x = \frac{X}{X+Y+Z}$$

$$y = \frac{Y}{X+Y+Z}$$

$$z = \frac{Z}{X+Y+Z} = 1 - x - y$$

図 4.20　XYZ 表色系色度図

$$
\left.\begin{aligned}
x &= \frac{X}{X+Y+Z} \\
y &= \frac{Y}{X+Y+Z} \\
z &= \frac{Z}{X+Y+Z} = 1-x-y
\end{aligned}\right\} \tag{4.7}
$$

ここまで述べてきた三刺激値 RGB はそれぞれ700，546.1，435.8 nm の波長の単色光を基準にしており，テレビカメラからのRGB信号（以下 $R_T G_T B_T$ と呼ぶ）とは異なる。そこで，$R_T G_T B_T$ が XYZ に変換できれば，テレビカメラからの信号も簡易に色度変換できることになる。まず，$R_T G_T B_T$ は256階調の整数であるため，0〜1までの実数にしておく。さらに γ 補正されている場合には γ 変換をした後，式(4.8)で XYZ に変換する。さらにそれぞれを100倍すれば，ほぼCIEの XYZ となる。

$$
\left.\begin{aligned}
X &= 0.3933\,R_T + 0.3651\,G_T + 0.1903\,B_T \\
Y &= 0.2123\,R_T + 0.7010\,G_T + 0.0858\,B_T \\
Z &= 0.0182\,R_T + 0.1117\,G_T + 0.9570\,B_T
\end{aligned}\right\} \tag{4.8}
$$

なお，カラーテレビカメラのRGB信号の輝度 Y は，式(4.9)で求められ，この Y とXYZ表色系の Y とは同じになる。

$$
Y = 0.299\,R_T + 0.587\,G_T + 0.114\,B_T \tag{4.9}
$$

（2） **L*a*b* 変換**　前述の表色系および色度変換においては，緑色の部分ではヒトの視覚はあまり差を感じないのに対して，青色の部分では差を感じるという性質があると同時に，輝度 Y が2倍の値になっても，ヒトはその値の1/3乗程度しか明るく感じないという特性があると言われている。そこで，ヒトの色感覚に合った色度図（均等色度図）およびヒトの明るさの感覚に合った明度関数を組み合わせ，3次元空間にしたものが均等色空間と呼ばれている。そのうちの一つがL*a*b*色空間で，CIEから1976年に提案された。

式(4.10)にXYZ表色系からL*a*b*表色系への変換式を示す。ここで，L*は明度（明るさ），a*は緑から赤への色度，b*は青から黄色への色度を表している。2次元座標に変換したものがa*b*になるため，色相はa*b*座標系における（a*，b*）のa*軸からの角度，彩度は原点（a* = b* = 0）からの距離（$\sqrt{a^{*2}+b^{*2}}$）になる。原点は無彩色（灰色）である。L*a*b*色空間ではこの明度-色度の3次元色空間における変化量と，その変化によって受ける視覚の色変化の印象とが比例するよう補正されている。**図4.21**にL*a*b*表色系を示す。

$$
\left.\begin{aligned}
L^* &= 116\left(\frac{Y}{Y_n}\right)^{\frac{1}{3}} - 16 \\
a^* &= 500\left[\left(\frac{X}{X_n}\right)^{\frac{1}{3}} - \left(\frac{Y}{Y_n}\right)^{\frac{1}{3}}\right] \\
b^* &= 200\left[\left(\frac{Y}{Y_n}\right)^{\frac{1}{3}} - \left(\frac{Z}{Z_n}\right)^{\frac{1}{3}}\right]
\end{aligned}\right\} \tag{4.10}
$$

ここで，X，Y，Z はXYZ表色系の三刺激値，X_n，Y_n，Z_n は標準照明（D_{65}）における白基準値

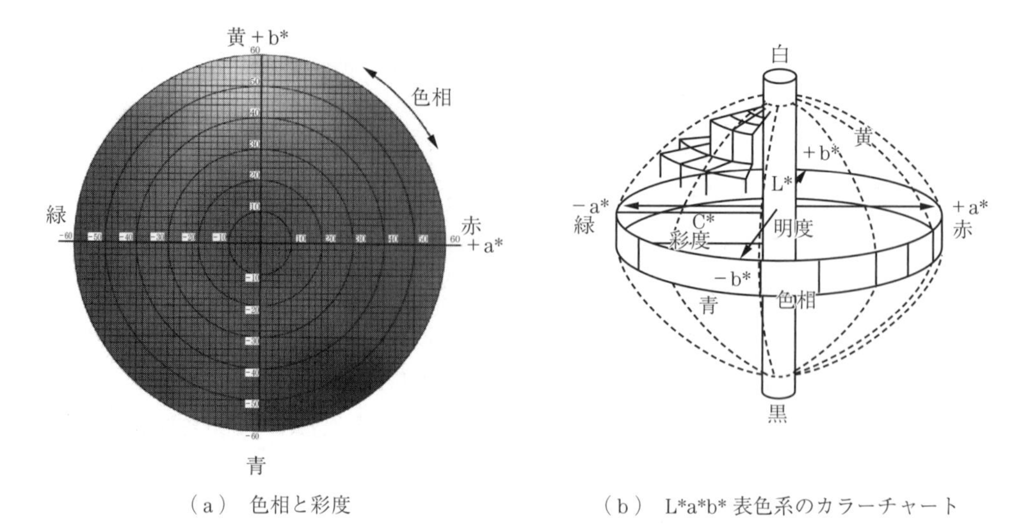

（a） 色相と彩度　　（b） L*a*b* 表色系のカラーチャート

図 4.21　L*a*b* 表色系

の三刺激値で，$X_n = 0.950\,45$，$Y_n = 1.0$，$Z_n = 1.088\,92$ である。ただし，式(4.10)は $Y = 0$（黒色）を代入すると明度が − 16 となることより，$Y/Y_n > 0.008\,856$ のときのみ本式を使用する。本式を用いても，ほとんどの場合はマイナスになることはない。詳しくは文献 19)を参考にされたい。

（3） HSI 変換　本書で示す表色系のほかに，有名なものとしてアメリカ合衆国の美術教育家の A. H. マンセルが考案したマンセル表色系（Munsel color system）がある。これは色相（hue），彩度（saturation），明度（intensity あるいは luminosity，lightness）を番号や記号で分類された色票を用い，物体の色と色票を見比べて色を表現する方法であり，JIS Z 8721 に採用されている。

このマンセル表色系に近い方法で，カラーテレビカメラの $R_T G_T B_T$ 出力信号から直接行う方法が HSI（HSL または HSV）変換であり，この色変換方法もヒトの視覚に近い表現方法であるとされている。HSI には種々のモデルがあり，その計算方法はモデルによって異なり，円柱，円錐，六角柱，六角錐，三角錐などのモデルが提案されている。ここでは，例として**図 4.22** に示す円柱モ

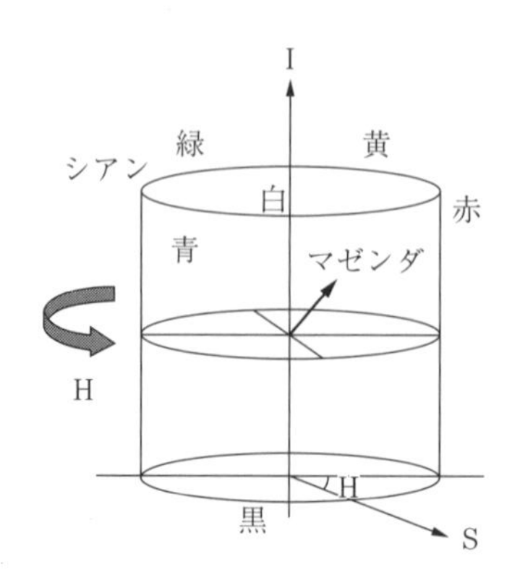

図 4.22　HSI 表色系（円柱モデル）

デルを紹介する。

RGB座標系からHSI座標系への変換は，以下のように行う。まず，RGB直交座標系を式(4.11)で座標系を第3軸が$G=R$，$B=R$に重なるように回転して，HSI直交空間［M_1，M_2，I_1］に変換する。さらに直交座標系から円柱座標系（HSI）への変換および明度の調整は，式(4.12)から(4.15)によって行う。

$$[M_1 \quad M_2 \quad I_1]=[R_T \quad G_T \quad B_T]\begin{bmatrix} \dfrac{2}{\sqrt{6}} & 0 & \dfrac{1}{\sqrt{3}} \\ -\dfrac{1}{\sqrt{6}} & \dfrac{1}{\sqrt{2}} & \dfrac{1}{\sqrt{3}} \\ -\dfrac{1}{\sqrt{6}} & -\dfrac{1}{\sqrt{2}} & \dfrac{1}{\sqrt{3}} \end{bmatrix} \tag{4.11}$$

これより

$$\left.\begin{aligned} M_1 &= \left(\frac{2}{\sqrt{6}}\right)R_T-\left(\frac{1}{\sqrt{6}}\right)G_T-\left(\frac{1}{\sqrt{6}}\right)B_T \\ M_2 &= \left(\frac{1}{\sqrt{2}}\right)G_T-\left(\frac{1}{\sqrt{6}}\right)B_T \\ I_1 &= \left(\frac{1}{\sqrt{3}}\right)R_T+\left(\frac{1}{\sqrt{3}}\right)G_T+\left(\frac{1}{\sqrt{3}}\right)B_T \end{aligned}\right\} \tag{4.12}$$

$$H=\arctan\frac{M_1}{M_2} \tag{4.13}$$

$$S=(M_1^2+M_2^2)^{\frac{1}{2}} \tag{4.14}$$

$$I=\sqrt{3}\,I_1 \tag{4.15}$$

（4） 画像間演算による色抽出　上述のような色変換を行わず，RGB相互の画像間演算をすることで，新たな画像を作成し，対象物の色を抽出する方法もよく行われる。例えば，**図4.23**

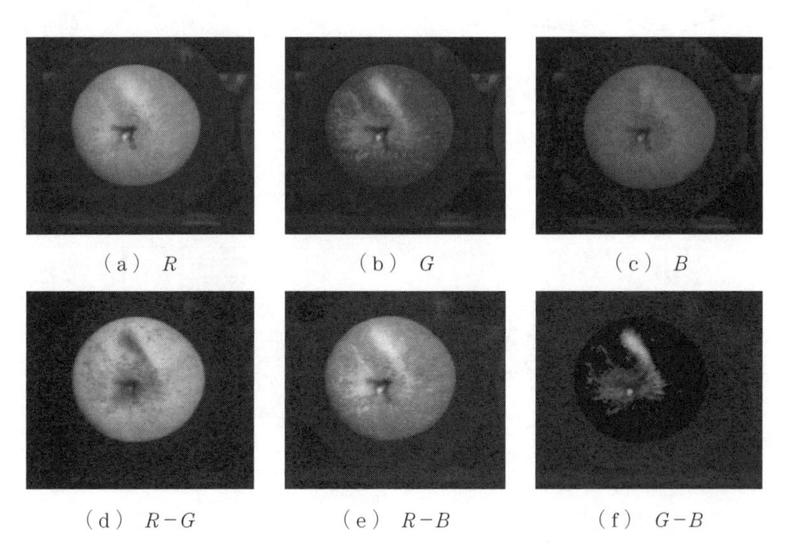

（a） R　（b） G　（c） B

（d） $R-G$　（e） $R-B$　（f） $G-B$

図4.23　画像間演算による色差抽出

（a）〜（c）には，赤いリンゴの画像をRGBの三原色に分解した白黒の原画像を示す。この果実は果柄の周囲に未着色の部分およびサビが観察された。これらの三原色の画像より，$R-G$の演算を行うと図4.23（d）となり，そのまま二値化すれば果実が抽出可能である。しかし，単純に減算のみでは，明度の変化によって安定した抽出が困難なこともあるため，R/G，$(R-G)/G$，あるいは$R/(R+G+B)$などの除算を用いることも多い。

また，未着色の部分およびサビの色のみを抽出する場合，$R-B$や$G-B$の演算によって図4.23（e）や（f）のような画像を得ることができる。このように，カラー画像の場合は目的に応じていろいろな演算を各画素の出力値が256階調内に収まる程度に行うと，識別容易となることがある。また，二つあるいはそれ以上の画像（または画像とある定数）の間で対応画素同士の最大，最小，平均などをとることで，目的とする色を抽出することも可能である。

4.2.2　寸法・形状計測

（1）寸　　法

①　最大径（最大弦長）と対角幅　　最大径の求め方は**図4.24**（a）に示すように，まず対象物の輪郭画素の座標を得る。続いて，すべての組合せに対しておのおのの画素から他の境界画素までの距離を求め，そのうちの最大値を最大径D_{max}としている。したがって，境界画素数をnとすれば，$n(n-1)$通りの2点間の距離を求めることになる。なお，この最大径に垂直な方向の最大径を対角幅Wと呼び，その比を針状比R_sと呼ぶ。

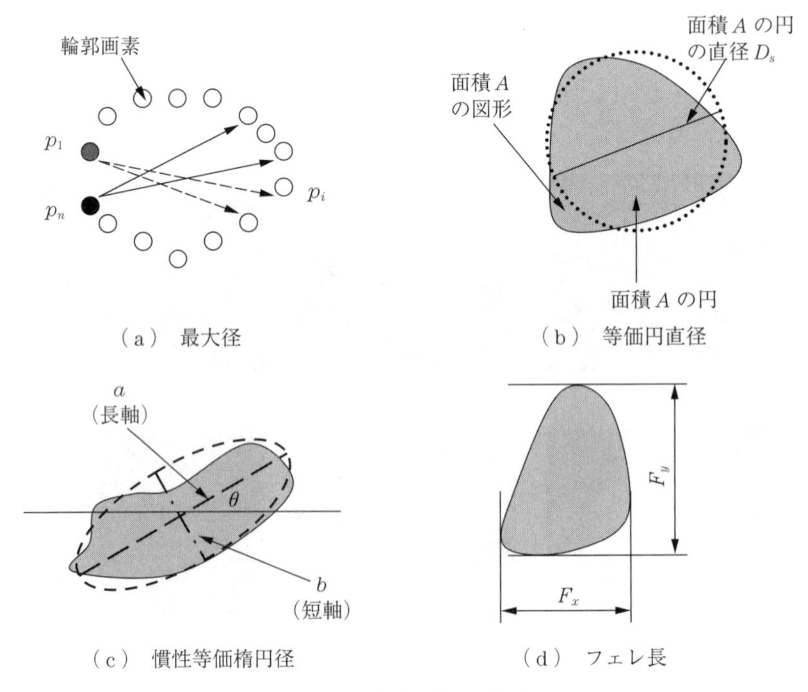

（a）最大径　（b）等価円直径　（c）慣性等価楕円径　（d）フェレ長

図4.24　対象物の寸法

$$R_s = \frac{D_{\max}}{W} \tag{4.16}$$

② **等価円直径**　対象物の面積と同じ面積の円の直径を等価円直径と呼ぶ（図 4.24(b)）。このことより，対象物の面積を A とすると等価円直径 D_s は

$$D_s = 2\sqrt{\frac{A}{\pi}} \tag{4.17}$$

で算出される。

③ **慣性等価楕円径**　対象物の慣性等価楕円を求め，その長軸，短軸を評価する方法も一般的である（図 4.24(c)）。慣性等価楕円とは，その楕円の重心まわりの二次モーメントと注目する対象物体のそれとの差が最小になる楕円のことで，傾き角 θ は楕円の主軸（長軸）と水平線とのなす角で，これは重心まわりの慣性モーメントを用いて求めることができる。

④ **フェレ長**　図 4.24(d)のように，画像中の対象物の X 方向の最大径および Y 方向の最大径をフェレ長と呼び，式(4.18)のように Y フェレ長 F_y の X フェレ長 F_x に対する比をフェレ長比 R_f と呼ぶ。

$$R_f = \frac{F_y}{F_x} \tag{4.18}$$

(2)　形状特徴量

① **円形度**　不定形の対象物の面積 S と同じ面積を有する円の周囲長 E_p を実際の対象物の周囲長 P で除した指標を円形度 C_1 と呼ぶ（式(4.19)）。あるいは，これを二乗したものを円形度 C_2，C_2 の逆数を円形度係数 C_e と呼んだりもする（式(4.20)）。等価円周は同じ面積の図形の中で最も短いため，円形度は必ず 1 より小さくなる。また，単純に対象物の面積 S を外接円の面積 S_o で除した円形度 C_u も式(4.21)で計算される（**図 4.25**）。

$$C_1 = \frac{E_p}{P} = \frac{2\sqrt{S\pi}}{P} \tag{4.19}$$

$$C_e = \frac{P^2}{4\pi S} \tag{4.20}$$

$$C_u = \frac{S}{S_o} \tag{4.21}$$

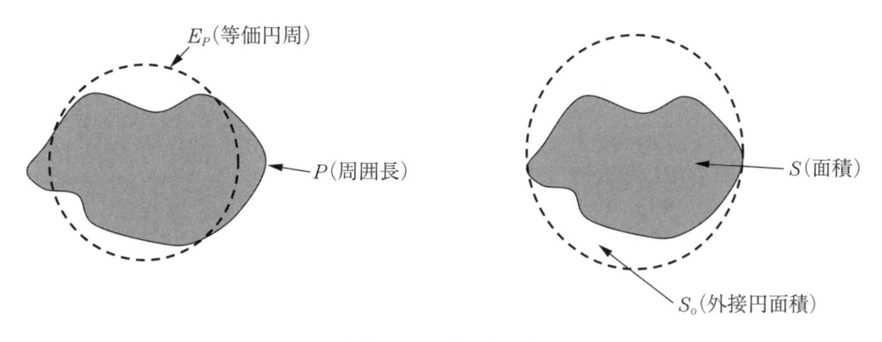

図 4.25　円　形　度

② **複　雑　度**　対象物の周囲長の二乗を面積で除した値を複雑度 C_o と言い，式(4.22)で表される。

$$C_o = \frac{P^2}{S} \tag{4.22}$$

③ **占　有　度**　**図 4.26** のように，対象物の面積 A と外接四角形の面積の比率を占有度と呼ぶことにすると，占有度 O_c は式(4.23)で表される。また，その外接四角形を 4 等分し，それぞれの四角形の占有度 O_i を式(4.24)のように求め，その最大および最小を最大四分占有度，最小四分占有度と定義する。さらに最大四分占有度から最小四分占有度を引いたものを四分占有度 O_f と定義する（式(4.25)）。例えば，ジャガイモの変形，異形果実を評価するときに使用することがある。

$$O_c = \frac{S}{D_{\max} \cdot W} \tag{4.23}$$

$$O_i = \frac{S_i}{LB} \qquad (i = 1 \sim 4) \tag{4.24}$$

$$O_f = \max\{O_1, O_2, O_3, O_4\} - \min\{O_1, O_2, O_3, O_4\} \tag{4.25}$$

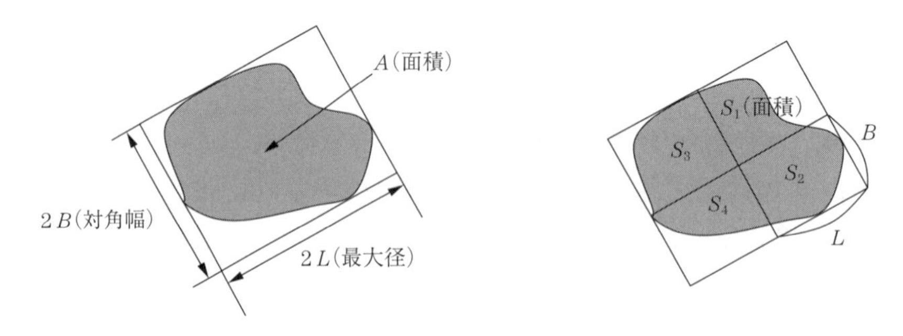

図 4.26　占　有　度

④ **遠心度，重心距離差，対称度**　対象物の輪郭画素の位置情報から形状を評価する方法である。まず，輪郭画素の座標を得るとともに対象物の重心を求め，輪郭画素と重心との距離を計算し（**図 4.27**（a）），輪郭画素の順にヒストグラムを作成する（図（b））。この図では距離が大きくなった点を抽出することで突起の位置と高さを検出することができるため，対象物の突起の方向はこの方法で算出することも可能である。

さらにそのヒストグラムの一次差分は，その重心からの距離の変化の傾きを表す。対象物の円であれば傾きが 0 で，形状に凹凸があればその傾きの変動が大きくなる。そのばらつきを評価するため，分散を計算したものを一次遠心度 V_1 と定義する。距離の尺度により値の大小が生じるので，式(4.26)に示すように面積などで正規化する必要がある。

$$V_1 = \sum \frac{(D_i - m_p)^2}{nS} \tag{4.26}$$

ここで $D_i = |P_i - P_{i+1}|$，P_i は重心から i 番目の輪郭画素までの距離，m_p は P_i の平均，n は輪郭画素の個数である。

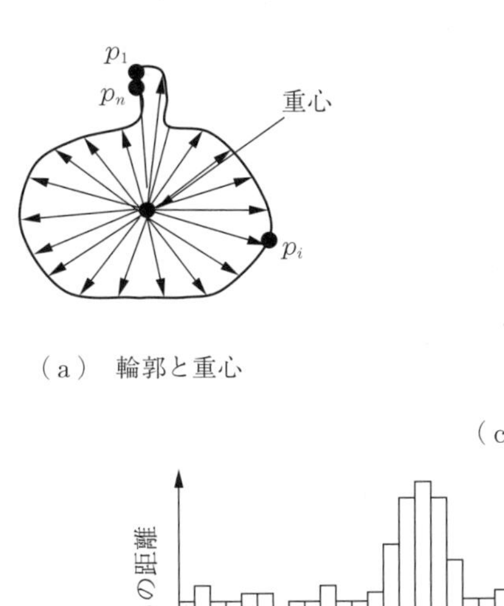

（a） 輪郭と重心

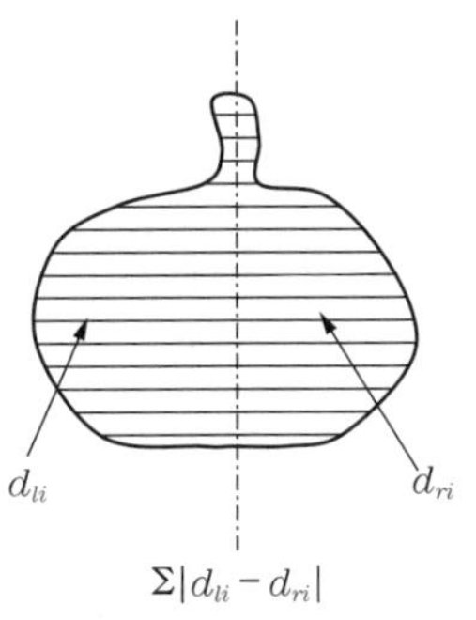

（c） ヒストグラムの一次差分

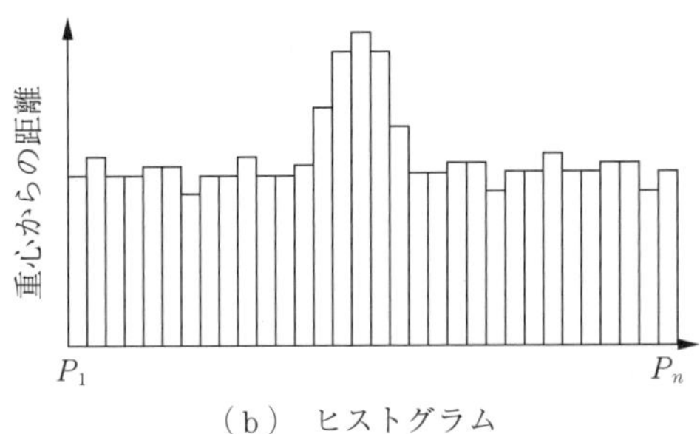

（b） ヒストグラム

図 4.27 遠心度，対称度

さらにヒストグラムの二次差分を計算するとその重心からの距離の変化率が求まるが，これは周囲長が大きくないと（解像度が低いと）よい結果が得られないことも多い。そのため，近傍の画素と移動平均をとることが効果的である。そのばらつきを評価するため，分散を計算したものを式(4.27)のように二次遠心度 V_2 と定義する。これも面積などで正規化する必要がある。

$$V_2 = \sum \frac{(H_i - m_d)^2}{nS} \tag{4.27}$$

ここで $H_i = |D_i - D_{i+1}|$，m_d は D_i の平均である。

重心距離差とは，輪郭画素と重心との距離の最大値から最小値を引いたものと定義する。これらの値では変形した円形だけでなく，楕円に対しても大きな値をとるので注意が必要である。

また，対象物がほぼ左右対称（上下対象）で，その対称軸が既知の場合には，対称性をみるため，中央線から左右（上下）の周辺画素までの距離の差の絶対値を積算した値を正規化した数値を，対称度 S_y と定義することもできる。

$$S_y = \sum \frac{|d_{li} - d_{ri}|}{S} \tag{4.28}$$

ここで，d_{li} は図形中心から左側の輪郭画素までの水平距離，d_{ri} は図形中心から右側の輪郭画素までの水平距離である。

⑤ **丸み度，円形比，内外接円径比**　　**図 4.28**（a）に示すような，内接円の半径 R_i よりも小さい曲率半径 r_i の比率を丸み度と呼んで以下の式で表す[20]。

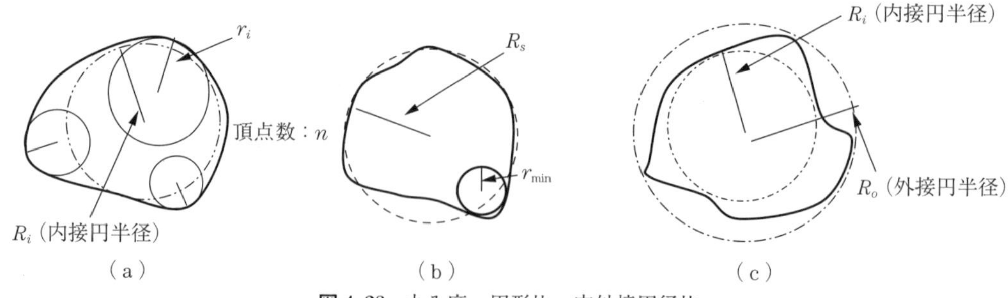

（a）　（b）　（c）

図 4.28　丸み度，円形比，内外接円径比

$$R_m = \sum \frac{r_i}{nR_i} \tag{4.29}$$

また，図（b）のように等価円半径 R_s と最も鋭いコーナーの曲率半径 $r_{\min}$ の比率を円形比 R_c と定義して使うこともある。

$$R_c = \frac{r_{\min}}{R_s} \tag{4.30}$$

内外接円径比 R_w は，対象の内接円の半径 R_i と外接円の半径 R_o の比をとったものである。

$$R_w = \frac{R_o}{R_i} \tag{4.31}$$

⑥　曲　が　り　対象物の曲がりが重要な品質評価の項目となることもある。例えば，C字曲がり，S字曲がりを抽出すべきこともある。まず，**図 4.29**（a）のように，対象物の中央線を細線化処理，骨格化処理などにより，中心線を抽出する。その中心線の両端点を線分で結び，その線分と中心線との距離が最も大きい垂線の距離をC字曲がりの指標 b_c とする。また，中心線を円で近似したときのその曲率半径 r_b を利用することも可能である。円の求め方は，積分法，最小二乗法によるパラメータ推定法や，一般化 Hough 変換を用いることもできる。

S字曲がりは一般に垂線の方向が異なるものが存在する場合であり，方向の異なる最大の垂線の距離を加えたものをS字曲がりの指標 b_s とする（図（b））。

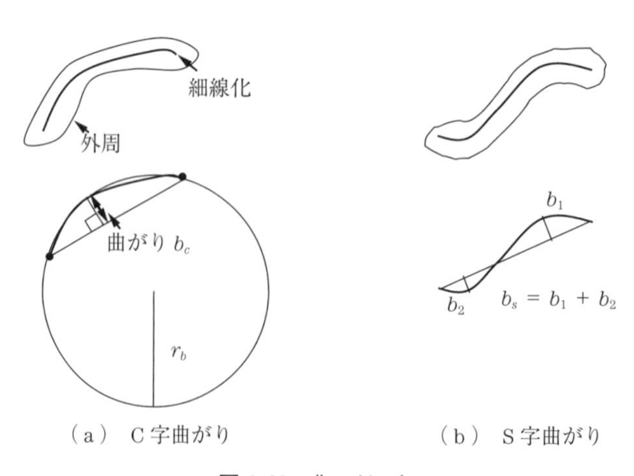

（a）　C字曲がり　　（b）　S字曲がり

図 4.29　曲　が　り

⑦ モーメント　2値画像では，図形 T の各画素が質量1の重さをもつものとみなされ，種々のモーメントに関わる量は次式で求められる。

$$M(p,q)=\sum_{(i,j)\in T} i^p j^p \tag{4.32}$$

これより，$M(0,0)$ は図形 T の面積を表し，$M(0,1)$ および $M(1,0)$ は I 軸および J 軸まわりのモーメントを表す[21]（**図4.30**）。$i=c$ に植物の主茎軸あるいは葉軸などを配置したとき，その軸まわりのモーメント M_c は式(4.33)で，さらに M_c を T の面積で割って標準化した M_s は式(4.34)で求められる。

$$M_c(p,q)=\sum|i-c|^p j^q \tag{4.33}$$

$$M_s=\frac{M_c(1,0)}{M(0,0)} \tag{4.34}$$

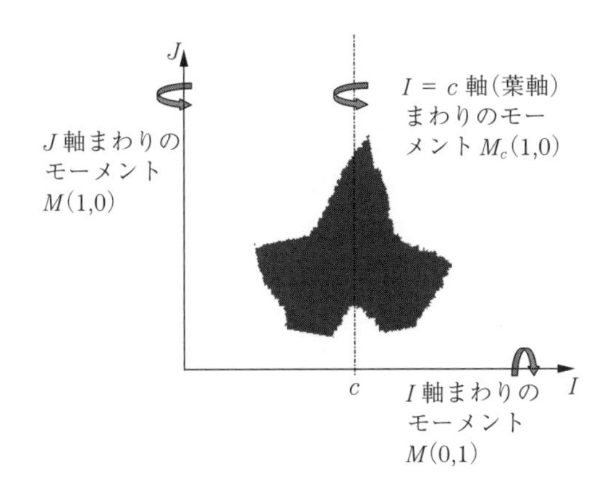

図4.30　モーメント

このほか，アイデア次第でいろいろな特徴量抽出あるいは形状評価の方法が考えられる。頭の体操として考えていただきたい。これらの形状特徴量を指標として生物材料を評価する場合，同じ品種，品目の対象物でも，一つの特徴量で評価することは難しいことが多い。人間は対象物の複数の特徴を瞬時に捉え判断することから，マシンビジョンによる評価においても同様に複数の評価指標を用いることが望まれる。

4.2.3 ステレオビジョン

（1） 特徴ベースマッチング

① ステレオ画像法　前述したように生物は色や形状がさまざまであり，それらの特徴に基づいて画像中で対象物を特定することが容易な場合がある。そのような場合には，二つの異なる地点で画像入力し，それぞれの画像で同一の対象物を特定し，正確に画素レベルで対応付けが可能な場合には，本方法は有効となる。

図4.31 のように，テレビカメラを用いて異なる2地点から対象物を画像入力することにより，三角測量の原理を用いて式(4.37)で距離 D_y を測ることができる[22]。このとき，P_1，P_2 は画像上において距離を計測しようとする対象物の同じ点の x 座標である。また，テレビカメラの中心線か

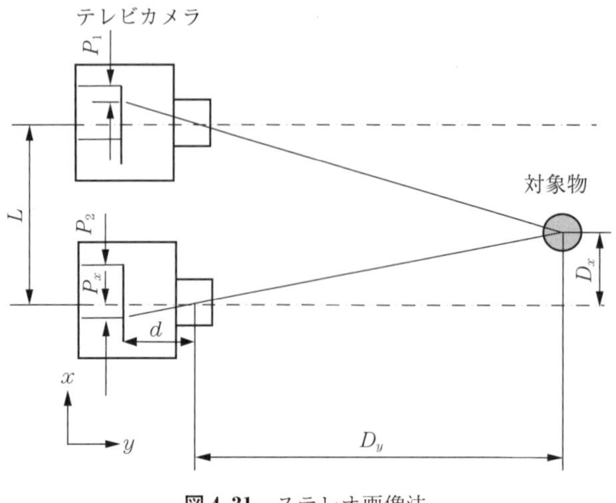

図 4.31　ステレオ画像法

ら x 方向への距離 D_x および z 方向への距離 D_z（紙面に対して垂直方向，画像上においては y 方向）は式(4.38)，(4.39)で求まることより，対象物の三次元座標が算出される。

$$D_y = \frac{dL}{P_2 - P_1} \tag{4.35}$$

$$D_x = \frac{P_x D_y}{d} \tag{4.36}$$

$$D_z = \frac{P_y D_y}{d} \tag{4.37}$$

ここで，d は像点距離，L はカメラ同士の距離，P_1，P_2 は対象物の画像上での x 座標，P_x，P_y は画像中心から対象物中心までの画像上での距離とする。

② **視点の対象物方向移動による方法**　　ステレオ画像法のように，テレビカメラを左右あるいは上下に配置できない場合，前後に移動させることによっても距離を測ることができる[22),23)]（**図 4.32**(a)）。例えば，テレビカメラを対象物方向へ移動させると，対象物はテレビカメラの視野の中で中心位置を変えるとともに，画像中の対象物の寸法は徐々に大きくなる。これを利用し，対象

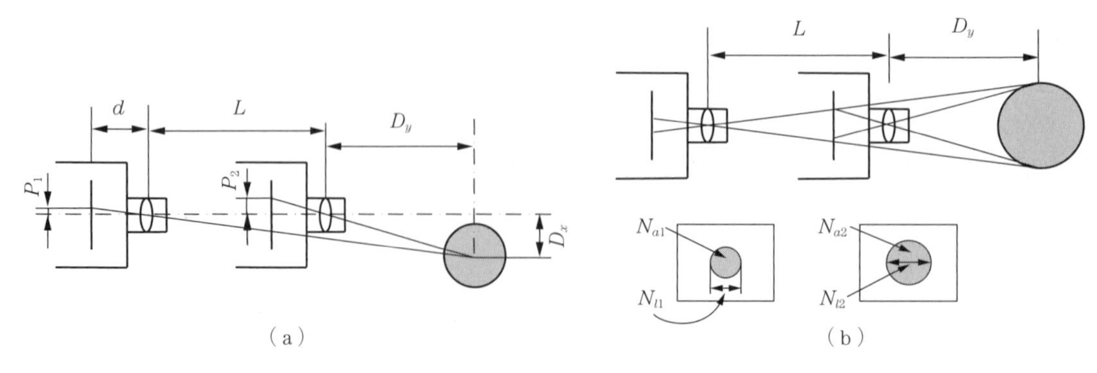

図 4.32　視点の対象物方向移動による方法

物の中心位置がカメラの移動前後で変化する場合には，式(4.38)により距離 D_y が求まる。X 座標は式(4.39)から，Z 座標も同様に求まる。

$$D_y = \frac{P_1 L}{P_2 - P_1} \tag{4.38}$$

$$D_x = \frac{P_2 D_y}{d} \tag{4.39}$$

ここで，P_1，P_2 は入力画像における移動前後の対象物中心の X 方向の座標，L はカメラの移動距離である。この方法では，対象物がテレビカメラの光軸近辺にあるときには誤差が大きくなるので注意しなくてはいけない。対象物がテレビカメラの光軸近辺にあるときには，対象物の画像上での寸法の差を利用して，以下の方法で距離 D_y を導くことができる（図 4.32(b)）。

$$D_y = \frac{L\sqrt{N_{a_1}}}{\sqrt{N_{a_2}} - \sqrt{N_{a_1}}} \tag{4.40}$$

ここで N_{a_1}，N_{a_2} はテレビカメラ移動前後の対象物の認識画素数である。このとき，距離を計測する対象物が画面からはみ出さないことが必要である。対象物の形状が細長く，カメラが対象物に接近すると画面に入りきらないような場合には，移動前後の画像中において対象物の同じ部位を認識し，その部位における水平列方向（あるいは垂直列方向）の認識した画素数 N_{l_1}，N_{l_2} を用いて式(4.41)のようにその距離を測ることもできる。

$$D_y = \frac{L N_{l_1}}{N_{l_2} - N_{l_1}} \tag{4.41}$$

ただし，式(4.40)および(4.41)は対象物が平面状にほぼ収まる場合の概算であり，対象物の厚みがある場合には**図 4.33** のように，少し大きく見える。そこで，距離が小さい場合にはその補正を式(4.42)および(4.43)で行うことが必要となる。

$$D_y = \frac{DN_{a_1} + \sqrt{r^2(N_{a_2} - N_{a_1})^2 + L^2 N_{a_1} N_{a_2}}}{N_{a_2} - N_{a_1}} \tag{4.42}$$

$$D_y = \frac{DN_{l_1}^2 + \sqrt{r^2(N_{l_2}^2 - N_{l_1}^2)^2 + L^2 N_{l_1}^2 N_{l_2}^2}}{N_{l_2}^2 - N_{l_1}^2} \tag{4.43}$$

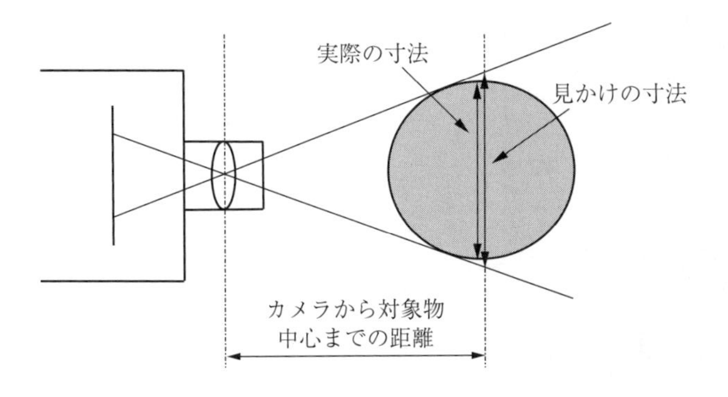

図 4.33　距離が小さいときの補正

（2） **領域ベースマッチング**　　**図4.34**に示すように二つの画像中に似通った特徴を有する対象物が多く，両画像での対応付けが抽出した特徴量から困難な場合には，ある限られた領域（例えば25画素×25画素）を水平方向上で比較し，両画像においてその領域の特徴が最も近い領域を，式(4.44)に基づき判断し，ディスパリティ画像を生成する[24]。

$$E(d') = \sum_{i=-m/2}^{i=m/2} \sum_{j=-m/2}^{j=m/2} |IL(x+i, y+j) - IR(x+i+d', y+j)| \qquad (4.44)$$

（a）　　　　（b）

図4.34　対応付けが困難な対象

この方法だと，特徴量に基づく対応付けが困難な場合も対象物を抽出することなく，3次元画像が容易に求まることより，一般的に用いることができる。図4.34の場合には，生成したディスパリティ画像に原画像の色情報を加えることにより，各果実までの距離が得られる。

4.2.4 テクスチャ計測

（1） **同時生起行列を用いたテクスチャ特徴量**　　**テクスチャ**（texture）とは，辞書[25]では織り方，織地，生地，また岩石，皮膚，木材などの肌理（きめ），手触り等と記載されている。これらは細かい肌理や組織から構成されているが，全体として一様なパターンとしてみられている。このような視覚パターンを画像においてはテクスチャと呼ぶ。ヒトは色，明るさなどが同じでも，そのテクスチャを利用して認識していることも多い。例えば，**図4.35**に示すように芝地の中に雑草がある場

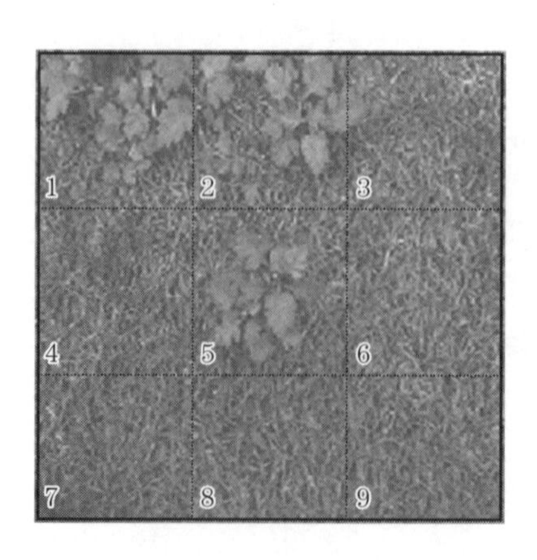

図4.35　芝地の中の雑草

合，雑草の形を丁寧に見ることなく簡単に雑草を検出できるのは，芝の模様のパターンと雑草のパターンとが異なることを利用しているからである。もちろん，芝の長さ，幅が異なればそのテクスチャも異なる。

画像でテクスチャを扱うには，まず同時生起行列[26]（濃度共起行列）を作ることがよくなされる。これは，濃度値画像において明るさ i の画素からある方向に一定距離離れたところに明るさ j の画素がある確率 $p(i, j)$ を，すべての明るさの組合せに対して行列で表したものである。例えば，**図 4.36**(a)のような 4 階調の濃度値画像に対して，角度 0°（注目画素に対して左右方向），距離 1 画素で同時生起行列を作成すると図(b)のようになる。

0	0	1	1
0	0	1	1
0	2	2	2
2	2	3	3

（a） 濃度値画像

	0	1	2	3
0	4	2	1	0
1	2	4	0	0
2	1	0	6	1
3	0	0	1	2

$d = 1,\ \theta = 0$

（b） 同時生起行列

図 4.36 濃度値画像から同時生起行列

ここでは，同時生起行列から計算される特徴量のうち，式(4.45)～(4.47)に一様性（ASM），コントラスト（CON），局所一様性（IDM）を示す。なお時間的な制約より，256 階調を 16 階調程度に落として同時生起行列を作成することが多い。

$$ASM = \sum_i \sum_j \{p(i, j)\}^2 \tag{4.45}$$

$$CON = \sum_i \sum_j (i - j)^2 p(i, j) \tag{4.46}$$

$$IDM = \sum_i \sum_j \frac{1}{1 + (i - j)^2} p(i, j) \tag{4.47}$$

ここで，$p(i, j)$ は同時生起行列中の (i, j) 番目の確率である。

図 4.35 のように画像を 9 つの領域に分割して，これらの特徴量を 0 から 1 で正規化すると**図 4.37** のようになる。これより，0.5 をしきい値として芝のみの領域（分割領域番号 3，4，6，7，8，9）および雑草を含む領域（分割領域番号 1，2，5）に区別できる。Haralick のテクスチャ特徴量には，このほか，相関，分散など合わせて 14 種類が提案されている[26]。

イヨカンの果皮などにもそのテクスチャの違いは見られる（**図 4.38**）。なめらかな果皮ほど糖度が高いと言われていることより，テクスチャは品質評価基準の一つの指標にもなる可能性がある。

（2） フーリエ変換　生物を対象とした場合，表面の特徴が周期性をもったものも多い。そのような場合，それらの特徴を抽出するにはフーリエ変換を用いることもできる。フーリエ変換と

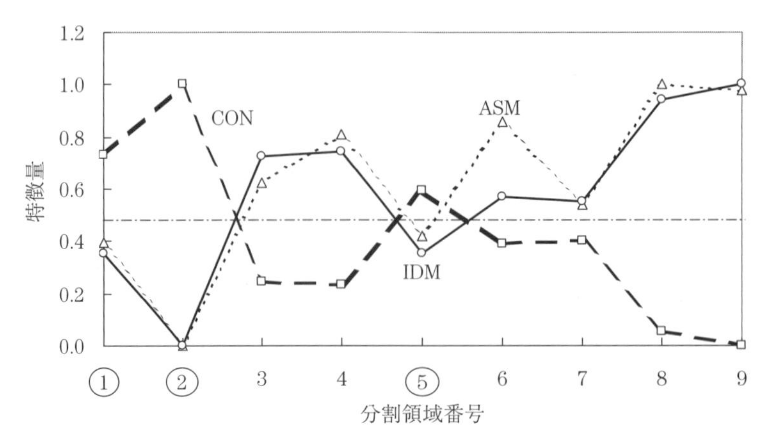

図 4.37　芝地のテクスチャ特徴量

図 4.38　イヨカン果皮のテクスチャ

は，濃度値画像を空間領域から周波数領域に変換する方法の一つで，任意の周波数を三角関数の和として表せるという原理に基づいている。この処理によって，変換後の周波数画像（複素数画像）にフィルタを設定することにより，低周波数部分（ゆるやかな画像の変換）や高周波数部分（ノイズなど）を取り除くことが可能である。

図 4.39(a)には図 4.23(a)のGの原画像をフーリエ変換した後の周波数画像を示す。この図は中心部分が低周波数部分で，中心より離れるに従い高周波になっている。図(b)には中間の周波数部分（12～31 %）のみを抽出した結果を示す。さらにこの抽出結果を逆フーリエ変換して濃度値画像に戻すと図(c)となり，それをあるしきい値で二値化したものが，図(d)である。この結果は，ちょうど図 4.23(a)のGの原画像のリンゴの果点が抽出されていることがわかる。

このほか，球形の果実にはよく生じる低周波数成分である照明ムラをフーリエ変換によって取り除くシェーディング補正も可能で，逆 FFT 変換を用い濃度値画像に戻すことで画像を改善することもできる。さらに，フーリエ係数を用いることで対象物の形状解析に用いることも可能である。

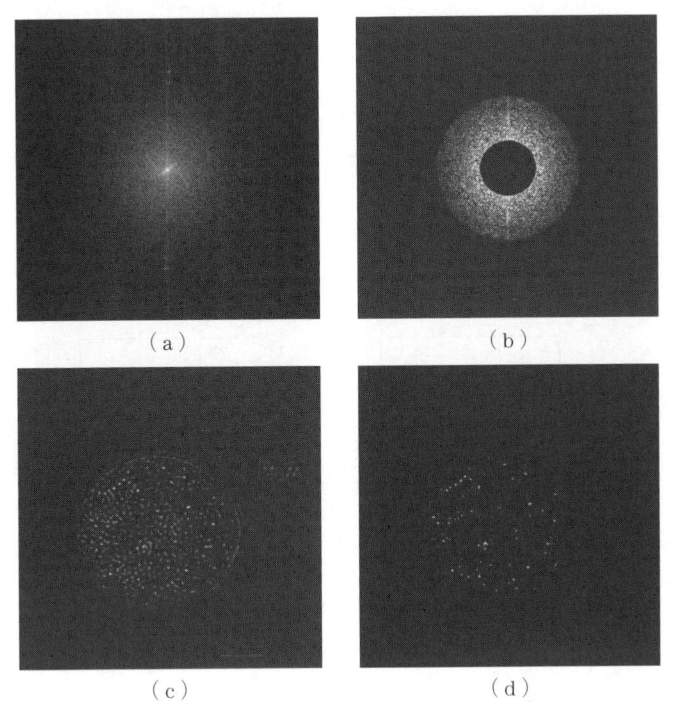

図4.39　FFT 処理

4.2.5 欠陥計測

生物材料を対象にした場合，部分的に損傷したり，病気の症状が現れたりしている場合も少なくない。そのような部位を正常部位と区別するには前述した色，形状，寸法，奥行き，テクスチャなどの特徴を組み合わせて検出することが多い。その特徴量中でも最も容易に欠陥部位を判断できるのは，色情報（色相，明度，彩度）であるが，対象物や撮像条件によってそのしきい値を決めるのは容易でない。そこで，特徴量の相対的な変化を抽出することもある。そのような場合に有効になるのが空間フィルタである。

（1） エッジ検出フィルタ　白黒画像およびカラー画像のR，G，B 個別の画像，あるいは前述したRGBの演算画像に対して種々の空間フィルタ処理を行うと，目的とする特徴量が抽出容易になることも多い。以下に代表的な差分処理（微分処理）および二次差分処理のフィルタの例を示す（**図4.40**）。これにより，対象物のエッジ検出が可能となったり，葉脈，果実中のヘタ，キズの認識などが容易となることもある。

① **グラディエント**（gradient）　縦・横・斜めなどのエッジの検出をする最も簡単なフィルタである。フィルタサイズは，細かい変化を抽出する場合は3×3，変化の大きさに合わせて5×5，7×7などにする。図4.40(a)には例として，フィルタサイズが3×3で，明るい部分が左側に，暗い部分が右側にある箇所の縦方向のエッジ検出フィルタを示す。後述するソベルのように，複数の方向の差分を足し合わせた結果を中心に出力する場合には，**プレビット**（prewitt）と呼ば

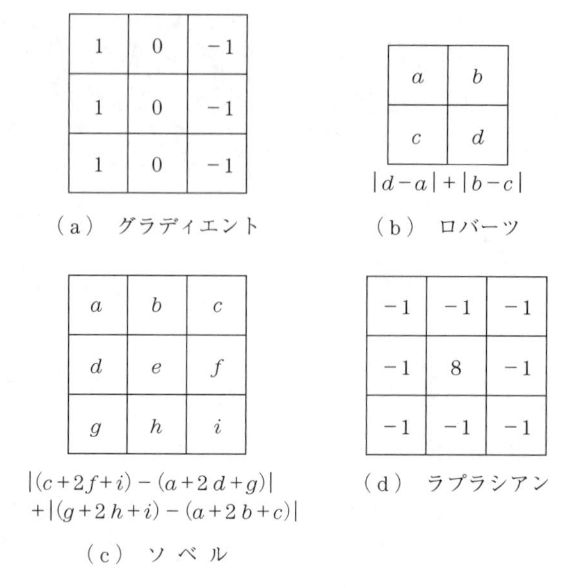

図 4.40　エッジ検出フィルタ

れる。

② **ロバーツ**（Roberts）　2 × 2 の領域で斜め方向の偏微分を用いてエッジを抽出するフィルタで，実際には，図 4.40（b）の $|d-a|+|b-c|$ を計算し，a にその値を出力する。これにより，画像の濃度が急激に変化する付近では大きな値となり，濃度がほぼ一定の位置では小さな値になる。ただし，たがいに直交する 2 方向とも隣接する 2 画素間の濃度のみを用いているので，雑音の影響を受けやすくなる。

③ **ソベル**（Sobel）　ロバーツの雑音を消すために，3 × 3 近傍の領域で式(4.48)および式(4.49)で d_i および d_j の計算を行い，図 4.40（c）の e の画素に，$|d_i|+|d_j|$ の値をエッジ強度として書き込む処理である。

$$d_i=(c+2f+i)-(a+2d+g) \tag{4.48}$$

$$d_j=(g+2h+i)-(a+2b+c) \tag{4.49}$$

④ **ラプラシアン**（Laplacian）　二次の濃度変換が存在するところを検出するフィルタで，3 × 3 のサイズの例を図 4.39（d）に示す。ラプラシアンを原画像に適用する場合，ノイズが強調されるためガウシアンフィルタなどで平滑化してからラプラシアンを実行する方が，より効果的なことが多い。

（2）　平滑化フィルタ

① **平均化フィルタ**　ノイズの多い画像を平滑化する処理として，**図 4.41**（a）の右のような平均化フィルタをかけることもある。この平均化処理は 3 × 3，5 × 5 などの近傍の平均をとり，その近傍中心の値とするものである。これらは 3 近傍の 9 画素全部および中心の 5 画素を平均するものであるが，8 画素，4 画素の平均をとることもある。この処理は画像をボケさせる効果がある

1	1	1
1	1	1
1	1	1

0	1	0
1	1	1
0	1	0

（a） 平均化(9 画素，5 画素)

0	1	0
1	2	1
0	1	0

（b） ガウシアン

図 4.41 平滑化フィルタ

ため，フィルタのサイズを 3 × 3，5 × 5，7 × 7 と大きくするほど，また回数を多くするほどボケる量は大きくなるので，適当なサイズと回数を設定する必要がある。

② **ガウシアンフィルタ**　ガウシアンフィルタとは，図 4.41(b)に例を示すように，近傍中心の画素に重みをおいたガウス型の値を演算して中心の値とするフィルタである。平均化フィルタと同様にノイズを平滑化するが，中心の画素に重きをおいているためボケる量は少ない。

③ **メディアンフィルタ**　メディアンフィルタは近傍内画素の濃度値のうち，中央の値で注目点を置き換えていくものである。このため，白や黒の斑点状のゴマのようなノイズを除去できる平滑化の機能，ある程度のエッジを保持する作用がある。平均化フィルタなどに比べ，ボケが少なくかつ簡単であるが，細い線などは消失してしまう可能性があるので注意が必要である。

このほか，濃度値画像に対して，よく用いられる空間フィルタや各種処理があるが，それらについては他書に詳細に記されているのでそれらを参照願いたい。

4.3 画像センシングの応用例

4.3.1 X 線画像による果実の内部品質検査

現在，手軽に食品や農産物を画像入力可能な電磁波のうち，最も波長の短いものが X 線であり，対象物の透過画像が得られることが特徴である。この画像を得るには，X 線発生器および X 線カメラあるいは蛍光板（シンチレータ）とモノクロカメラのセットが必要となる。

X 線が水に吸収される性質より，植物などを対象とした透過画像の質は，X 線発生器の電圧および電流によって大きく異なる。温州ミカンの浮皮などには 50〜60 keV の電圧で 1 mA 程度の電流が必要とされ，モモの核割れ，ナシ，リンゴなどの芯腐れ果実の内部品質を検査するには 70 keV，3 mA 程度の出力の発生器が適当である（**図 4.42**）。一般に 100 eV 以下の X 線を軟 X 線と呼び，それ以上の出力のもの（硬 X 線）と区別される。

このほかにも，ジャガイモをはじめ果実の空洞やモモの核割れなどが検出可能である。この高い透過性を利用して，輸入農産物の異物検査（石，金属）などにも利用されており，今後ともその検査対象は増えると予想される。

また，**X 線 CT**（computer tomographic image）を用いると，時間は要するものの断面画像が得られる。X 線は他の波長帯の光と異なり高い透過性を有するため，物体内での直進性が高い。こ

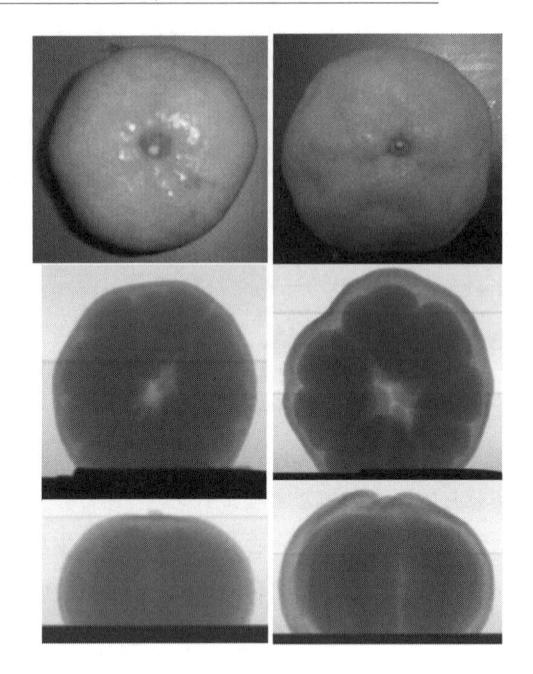

図 4.42　ミカンの X 線画像

の特性を利用したのが X 線 CT で，サンプルを回転させながら透過した X 線の量を測定し，内部画像を再構成する手法である。これらの果実では CT 値が異なることが予想され，水分の計測にも用いることが可能である。X 線は水分によって吸収されることより，水分の状態を可視化するのにも役立つ。

4.3.2　紫外画像による花弁のネクターガイド

手軽に入手可能な紫外領域の照明として，蛍光灯（ブラックライト），紫外 LED などがある。ブラックライトの放射エネルギーは 350〜360 nm にピーク波長をもち，300〜400 nm の間の光を発する[27]。LED では発光強度の半値幅が 10 nm と狭いのが特徴で，近年では各社から 365 nm くらいまでであれば比較的強度の強いものが手に入るが，それより短波長側では極端に強度が低下する。

一般に蛍光灯の方が LED よりも放射される帯域が広いが，紫外領域だけでなく可視領域の成分も有することがあるので，それらをカットするフィルムなどが必要となることもある。また，殺菌に用いる UV-B の領域を含むものは，人体に有害な光も含まれているので，取扱いには注意を要する。一般的に，蛍光灯を交流電源によって用いる場合には，電源の周波数（50 Hz あるいは 60 Hz）に起因した光の強弱の影響を受けるため，高周波帯域のものを利用することが多い。しかし，この領域では高い周波数の光源を手に入れることは容易ではないので，シャッタスピードを長く設定したり，何度も入力してその平均をとるなど，画像入力の方法を考える必要がある。

図 4.16 に示すように，通常のレンズでは 360 nm 以下の波長を透過しないので，紫外カメラを用いるときには紫外領域に透過率を有するレンズを用いる必要がある。可視から紫外領域までをカ

バーできる一般的なレンズはまだ数が少なく，マクロレンズに近いもので 310 nm 付近から立ち上がるものや 280～365 nm の範囲で，1/2 インチ 150 万画素（画素ピッチ 4～5 μm）用の新しいレンズ（焦点距離 25 mm，F 値 2）（PENTAX 製品カタログ，H2520-UVM）程度である。紫外のみの画像を得るには，それらに加えて可視領域をカットするバンドパスフィルタが必要となる。

植物体を対象として紫外画像を得る場合にも，対象物の表皮での鏡面反射（ハレーション）が起こることが多いため，十分な感度が確保できる場合には，光源とレンズ前面に偏光フィルタを用いることをお薦めする。紫外領域においては専用の偏光フィルタもあるが，360 nm 前後までであれば，可視領域用の偏光フィルタが利用できることが多い。

図 4.2 で示したように，ほとんどの植物の部位は紫外領域の反射率は低いが，花弁のみは高い反射率を示すことも多い。そのような花弁においては前述したカメラと照明で，紫外領域における昆虫の視覚を刺激する花のパターンおよびネクターガイドなどのアトラクタを観察することができる。**図 4.43** にはイヌノフグリの可視領域と紫外領域の画像[4]を示す。この研究は古くからなされている[28)～31)]ものの，その多様性からまだ不明な点も多い。花と虫の共進化に関わる興味深いものであるため，今後が期待される。また紫外領域においては，図 4.6，図 4.7 にも示したように肉類や魚においても反射率が高いことから，その特徴を利用することによって効率的な作業が可能なこともあると考えられる。

（a）　可視領域

（b）　紫外領域

図 4.43　イヌノフグリ

このほか，紫外は可視領域に比べて波長が短いことより容易に散乱する。そこで，微小な表面の凹凸などを検出するには可視領域のカメラよりも有利である。

4.3.3　カラー画像，透過画像を用いたコメのモニタリング

収穫直後の穀粒のモニタリングをするために，**図 4.44** の装置により，フロントライトならびにバックライトの照明による 2 種類の画像を得ることも研究されている[32)]。

図 4.45 にフロントライト画像，バックライト画像および処理画像の例を示す。フロントライト画像からはカラー情報が，バックライト画像からは透過情報が得られることから，緑色をした茎葉，青米の検出は主としてフロントライト画像で，長い果柄，玄米，割れ米，モミガラなどの検出

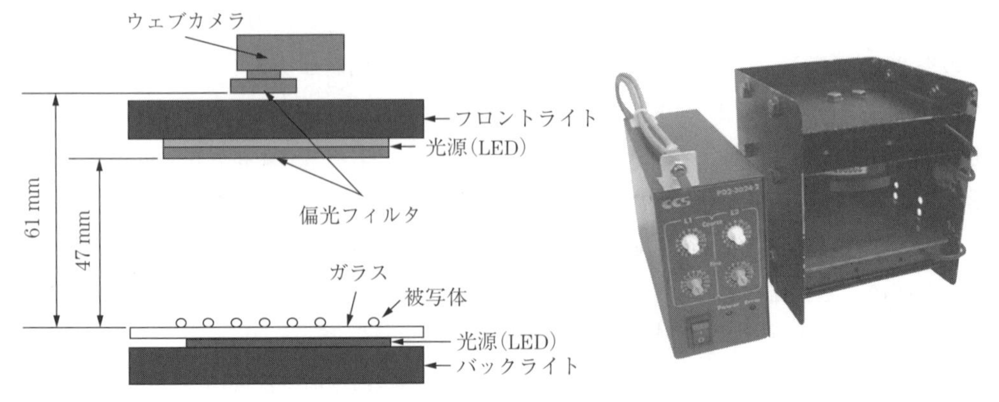

図 4.44　コメのモニタリングシステム

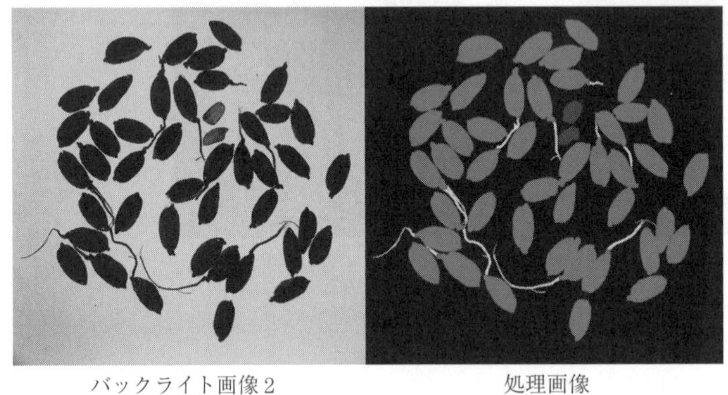

図 4.45　コメのフロントライトおよびバックライト画像

はバックライト画像で検出される。本装置をコンバインの穀粒タンクに設置し，これらの検出情報より，コンバインの移動速度，刈り高さ，こぎ深さ，こぎ胴スピード，送風速度などを適切に制御する検討がなされている。

4.3.4　透過画像によるカンキツ果実の腐敗検出

可視領域あるいは近赤外領域の光を腐敗果実に透過させると，そのテクスチャの違いより，**図 4.46** のように腐敗部位や損傷部位が検出可能なこともある。反射画像を得るときは照明とカメラ

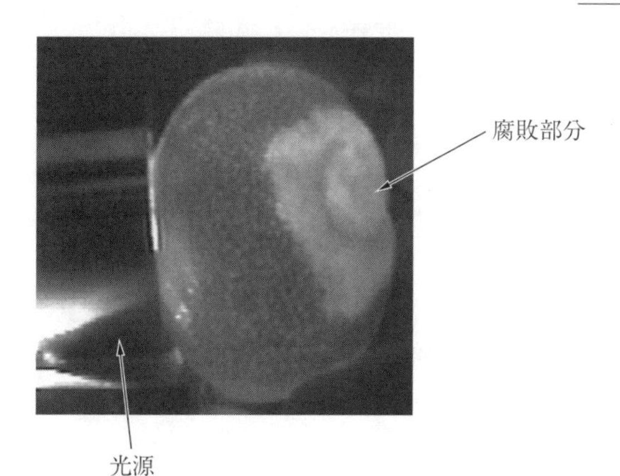

図 4.46　腐敗果実の透過画像

はほぼ同じ側に配置することが多いが，透過画像であるため，比較的強い光源と近赤外白黒カメラを異なる側に配置する。果実の腐敗した箇所においては，油胞がつぶれ，光が一様に透過容易になったことを利用したものである。同様に，果皮の裂けた部分などの異常部位も光がよく透過するため，検出可能である。

この透過画像を得るシステムを構築するには，顕微鏡画像や他のバックライト画像のように，光源とカメラは同一光軸上に配置することも多いが，強い照明からの直達光を避けるため，このようにカメラと照明の光軸を直角に交わらせることもある。この場合でも光源から漏れ出る光と対象物を透過した光の強度の差が大きくなることがよくあるため，注意を要する。また，果実の寸法によって濃度値が変わることより，寸法による補正も考慮すべきである。

4.3.5　カンキツ果実の蛍光画像

ほとんどの生物材料は蛍光物質を含んでいるため，正常な果皮の色と同様の色を呈する欠陥部位，微小な損傷部位，健全部位と同様の色を呈する腐敗部位は紫外線などを照射すると蛍光する。例えば，**図 4.47** に示すようなカンキツ果実のキズを検出するには，360 nm 付近の紫外光を照射す

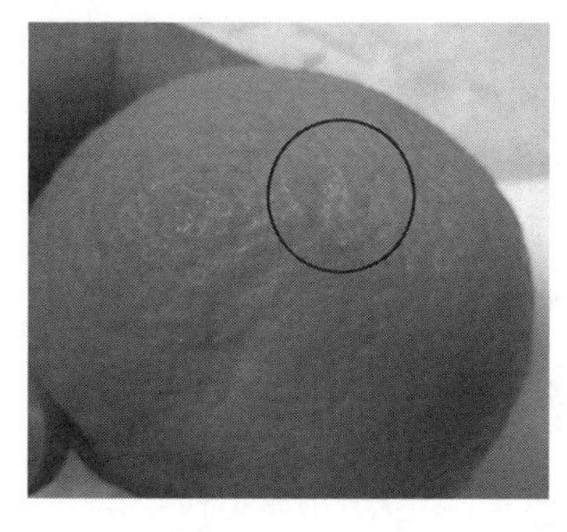

（a）　カラー画像

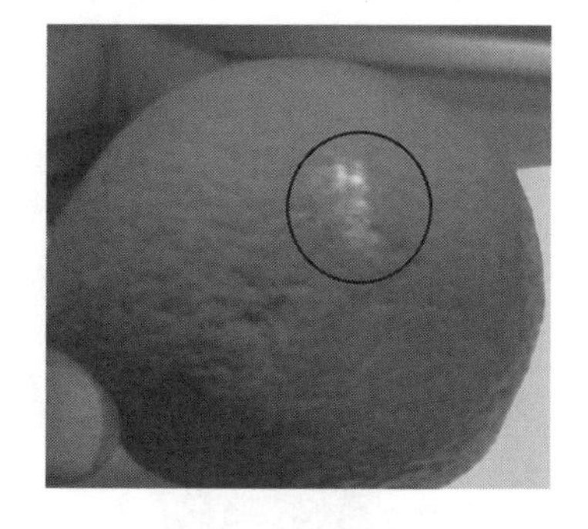

（b）　蛍光画像

図 4.47　微　小　キ　ズ

るとフラボノイド系の蛍光物質が540 nmの光を発し，緑色に見えることが多い。その特性を利用して，**図4.48**に示すような装置が共同選果施設で実用化されている。

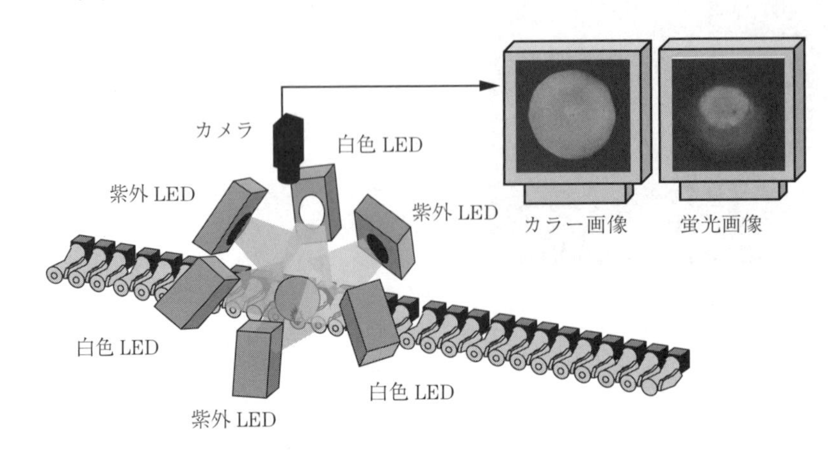

図4.48　カラー画像・蛍光画像入力システム

本装置は白色LEDと紫外LEDの光源と1台のカラーカメラからなり[33]，実際には1ライン当たり6画像（上下および横4方向）を入力するのであるが，ここでは模式的に上カメラからの装置のみを示している。果実は毎秒60 mの速度でコンベア上を流れ，まず白色LEDでカラー画像を入力し，数ms後に紫外LEDの照射とともに蛍光画像を取得する。

4.3.6　グリーンハウス内での偏光フィルタリング画像

4.1.2項において，偏光フィルタを用いた対象物表面のハレーションを除去する方法を説明したが，グリーンハウス内での光源は太陽からの直達光のみではない。グリーンハウス側面の壁からの照射も無視できず，異なる方角からの光源が対象物を照射している。このような場合，ブリュースター角に合わせてカメラレンズ前の偏光フィルタを調節しても，すべての方角からの光のハレーションを抑えることはできない。

図4.49には，複数の方角からの光照射に対応するため，偏光フィルタを回転させることにより

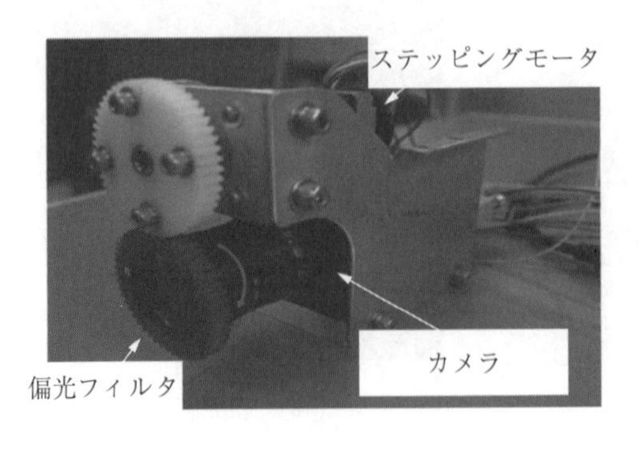

図4.49　偏光フィルタ回転装置付きカメラ

それぞれのハレーションを除去する装置を付けたカメラ[34]を示す。この装置により，偏光フィルタを5°回転させるごとに画像入力を行い，0°から180°まで36画像を入力した。**図4.50**にはそのうちの3枚の入力画像（75°，130°，160°）を左から順に示す。このように，いずれの角度においてもすべてのハレーションを除去することはできないが，角度に応じて異なるハレーションが除去可能である。このことから36画像中で各画素の最も低い濃度値を集めて画像を再構築したものを図4.50の右端に示す。

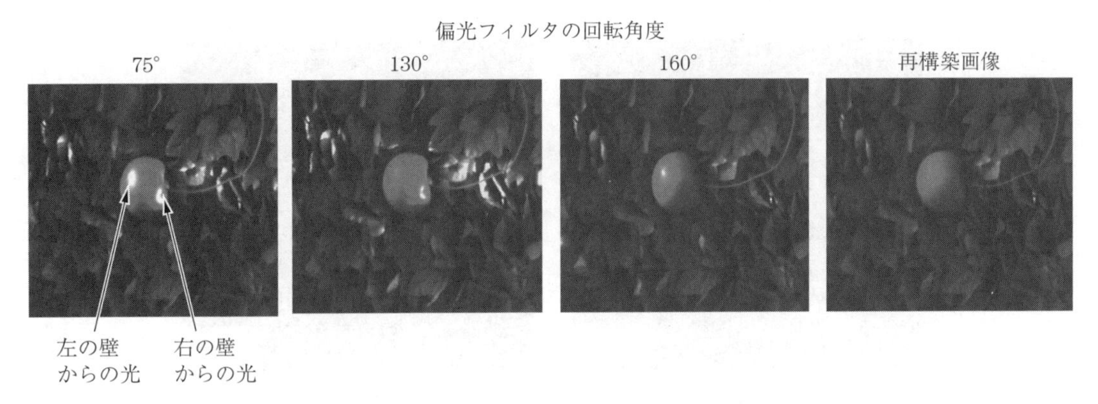

図4.50 偏光フィルタを回転させて入力した画像および再構築画像

実際には偏光フィルタの回転速度を1回転/分で回転させたが，その計測地点の緯度，時刻，カメラの方向，ならびにグリーンハウスの壁などの配置がわかっていれば，太陽高度，方位は求まるため，偏光フィルタの回転角度もブリュースター角に基づき計算可能となることより，迅速に複数枚の画像を入力することも可能である。

4.3.7 ステレオ画像による3次元計測

（1） 特徴ベースマッチング 高設栽培用イチゴ収穫ロボット[35]のステレオビジョンシステムで入力されたイチゴ果房の画像を**図4.51**に示す。左右の画像で対応容易となるよう，画像中の収

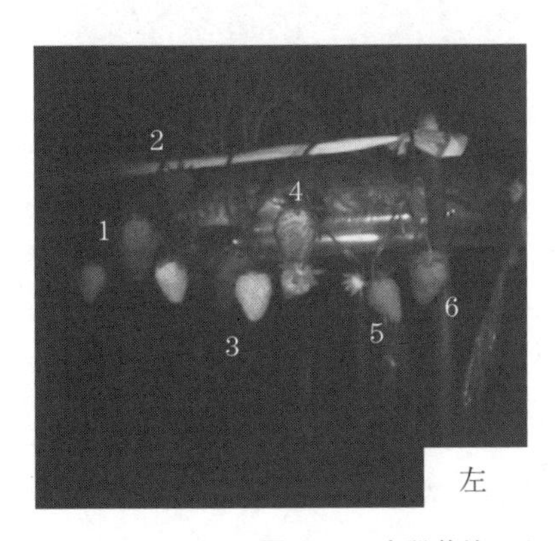

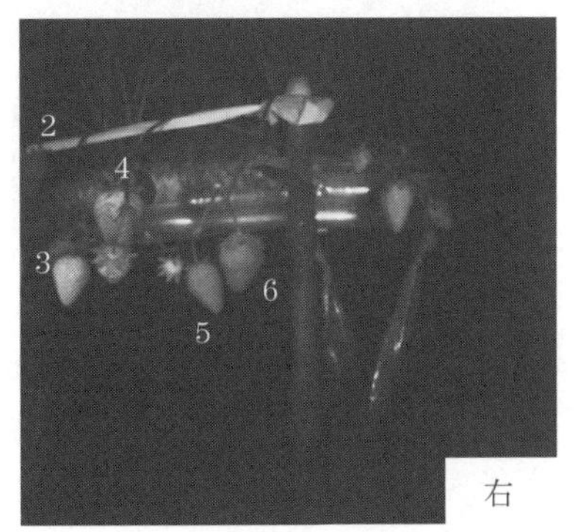

図4.51 高設栽培によるイチゴのステレオ画像

穫対象果実に番号を付してある。このときの2台のカメラは10 cmの距離で配置され，通路側より夜間にLED照明により照射した。

図4.52にはこの画像を基にして赤色を抽出し，2値化した画像を示す。これより，果実1は右画像では領域外，果実3は右画像において未熟な果実で隠され，果実4も果柄で隠され熟した部分が左右の画像で異なることより，対応付けが正確に行われなかった。したがってこの場合には，式(4.35)により果実2, 5, および6のみの距離計算ができた。

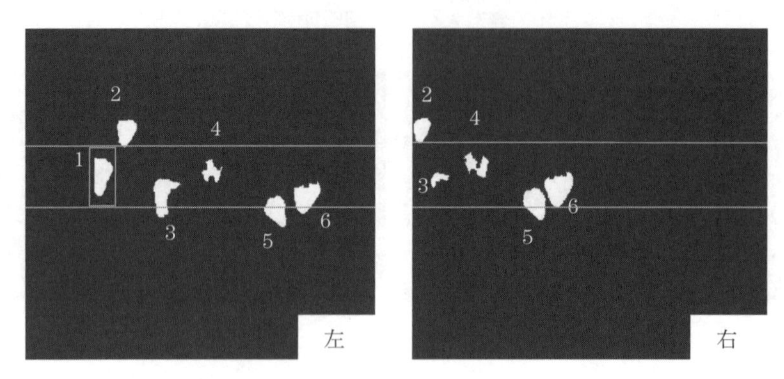

図4.52　高設栽培によるイチゴの2値画像

図4.53にカメラを対象物方向に移動させる前後の画像を示す。これらの画像より式(4.40)あるいは式(4.41)を用いて，果実を認識した画像の差より距離を計測することが可能である。式(4.40)のように果実を認識した面積を用いた方が正確に距離計測可能である。目的果実が他の果実などと重なったり画面からはみ出した場合には，果実の一部が認識でき，移動前後で対応付けが可能であれば，式(4.41)で距離検出ができる。

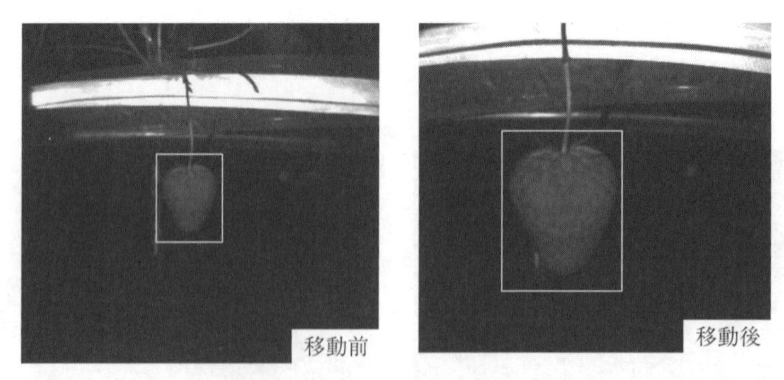

図4.53　視点の対象物方向移動前後の画像

（2）　領域ベースマッチング　　**図4.54**にステレオカメラを装着したトラクタ[24]を，**図4.55**(a)(b)上にはそのカメラで入力した大豆畑のステレオ画像を示す。これらは320 × 240画素の画

（a）　トラクタ

（b）　ステレオカメラ

図 4.54　ステレオカメラを装着したトラクタ[34]

（a）　ステレオ画像(左)

（b）　ステレオ画像(右)

イメージサイズ：320×240
マスクサイズ m：25×25
$d'=0\sim 32$(設定値)

（c）　ディスパリティ画像
(遠くほど暗い)

図 4.55　大豆畑のステレオ画像と 3 次元画像[34]

像であるが，25×25 画素の領域を対象に左右画像で領域の特徴が最も近い領域を式(4.44)に基づいて対応付けを行い，構築したディスパリティ画像を図(c)に示す。

演　習　問　題

4.1　偏光フィルタをカメラレンズに装着し，ツバキの葉に生じる太陽光によるハレーションを小さくするための入射角を求めよ。ただし，ツバキの葉のクチクラ層の屈折率を 1.4 とする。

4.2　1/2 インチの固体撮像素子（受光サイズ：6.4 mm（W）× 4.8 mm（H））を用いて，20 cm の距離で水平方向 20 cm の視野を得るには，何ミリの焦点距離のレンズを用いればよいか，計算して求めよ。

4.3　イヨカン，温州ミカン等のカンキツ類は，① 赤味を帯びた色，② 扁平な形状，③ 中程度の寸法，④ 果皮が滑らかであることが，果肉の糖度が高いと経験的に言われている。このことについてマシンビジョンを用い，どのように数値化するのが適当か，それぞれの項目ごとに解答せよ。

4.4　テレビカメラからの RGB 信号の値が 256 階調で $R = 188$，$G = 129$，$B = 19$ のとき，色度変換，L*a*b* 変換，および HSI 変換したとき，各表色系におけるそれぞれの値を計算せよ。

4.5　図 4.31 のステレオ画像法の図より，式(4.38)を導け。

4.6　図 4.32(b)の視点の対象物方向移動による方法の図より，式(4.41)を導け。

4.7　ステレオ画像法を用いて以下の距離を計算せよ。果実の中心が左のカメラでは（250，200），右のカメラでは（225，200）の座標にあった。左のカメラと右のカメラの光軸中心間の距離は 200 mm であるとき，カメラから果実中心までの距離を求めよ。なお，像点距離 d は 50 mm とする。

生物を対象とした音のセンシング

5.1　音のセンシングの基礎

5.1.1　生物材料の音響特性

超音波エコーの診断装置を用いる際には，体表面にゼリーを塗布してからプローブを密着させる。この意味は何であろうか？

（1）　生物材料の固有音響インピーダンス　　金属線に電圧を与えると電荷の「移動」が生じ，電流（電荷量の移動「速度」）が生ずる。振動や音も，入力した力あるいは圧力の摂動に対して媒質中の特定領域がある「速度」をもって「移動」する現象である。これらは**図5.1**に示すように，正弦波状の時間的変動の入力に対する応答も，「速度」の正弦波状の時間的変動となる。このとき，一般的には応答位相は入力位相よりも遅れる。この入力に対する応答を遅らせる一種の「抵抗」は，系のもつ特性で決まる。例えば電気であれば，電圧 ÷ 電流で求まる比である「抵抗」に相当する。振動的入力量と出力量の比をインピーダンスという。

音は圧力変動が空間的に伝播していく振動である。媒質中のある点を観測すると，この点は音の進行方向に振動する（**図5.2**）。音圧を $\dot{P}$（$= i\omega\rho\dot{\phi}$，ω は角速度，ρ は密度，$\dot{\phi}$ は速度ポテンシャルの複素実効値，ドットは複素数を表す），体積速度を $\dot{V}$（$= ik\dot{\phi}$，複素量で k は波数）としたとき，その比 $\dot{Z} = \dot{P}/\dot{V}$ を音響インピーダンスという。$\dot{P}$ と $\dot{V}$ が同位相であれば，つぎのように展

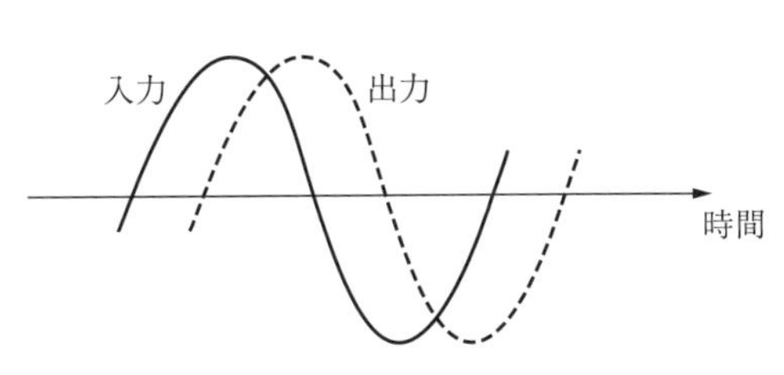

図5.1　入力と出力の時間的変動

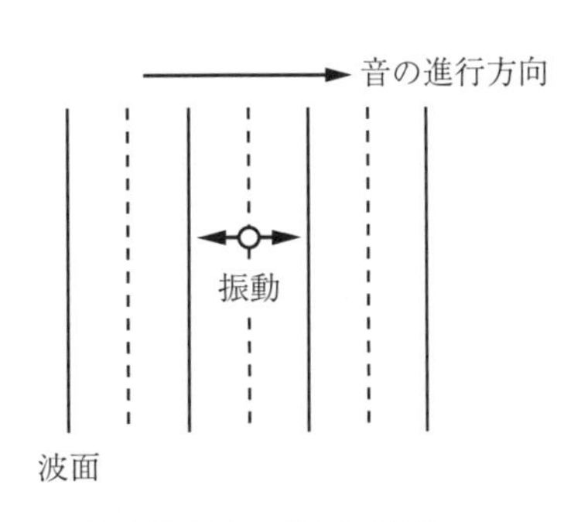

図5.2　媒質中を進行する音の波面と粒子振動

開できる[1)]。

$$Z=\frac{\dot{P}}{\dot{V}}=\frac{i\omega\rho\dot{\phi}}{ik\dot{\phi}}=\frac{\omega\rho}{k}=\frac{2\pi f\rho}{\frac{2\pi}{\lambda}}=\rho c \tag{5.1}$$

ただし，f は周波数，λ は波長，c は音速である。式(5.1)の Z を媒質の固有音響インピーダンスという。

各種物質の固有音響インピーダンスをまとめたものを**表 5.1** に示す。生物材料は主成分が水であることから水の値に近いことがわかる。

表 5.1　各種物質の音響パラメーター[1)]

	密度 ρ〔kg/m^3〕	音速 c〔m/s〕	固有音響インピーダンス Z〔N·S/m^3〕
空気（1 気圧，20℃）	1.22	3.40×10^2	4.15×10^2
水（1 気圧，0℃）	1.00×10^3	1.41×10^3	1.41×10^6
鋼	7.9×10^3	5.8×10^3	4.6×10^7

（2）　インピーダンスマッチング　　二つの異なる媒質が接している境界面に，平面音波が境界面に垂直に入射することを考えてみる。**図 5.3** に示すように，媒質 1 から媒質に 2 に向かって音波が入射すると，そのまま媒質 2 に透過する波と境界面で反射する波が出てくる。媒質 1 と 2 における音圧 $\dot{P}_1$，$\dot{P}_2$ は次式で表される。

$$\dot{P}_1=\dot{P}_i+\dot{P}_r \tag{5.2}$$

$$\dot{P}_2=\dot{P}_t \tag{5.3}$$

境界面（$x=0$）で音圧は連続しているため，つぎの境界条件が成立する。

$$x=0 \text{ のとき } \dot{P}_1=\dot{P}_2 \tag{5.4}$$

体積速度 $\dot{V}_1$，$\dot{V}_2$ についても次式が成立する。

$$\dot{V}_1=\dot{V}_i+\dot{V}_r \tag{5.5}$$

$$\dot{V}_2=\dot{V}_t \tag{5.6}$$

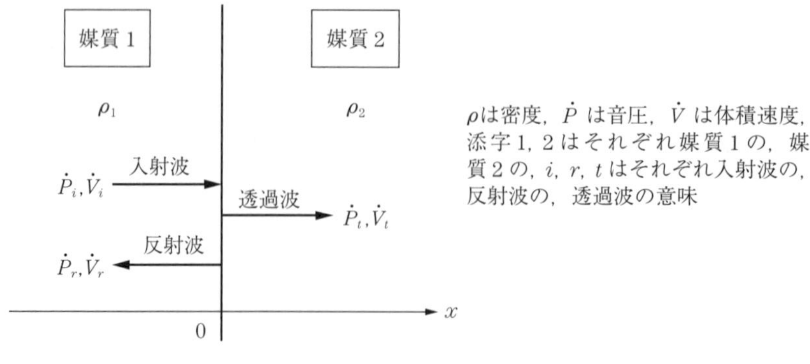

図 5.3　異なる媒質の境界面への平面波の垂直入射，透過，反射

（速度の連続性による境界条件）$x=0$ のとき $\dot{V}_1=\dot{V}_2$ (5.7)

式(5.2)～式(5.7)より，音圧および強さのそれぞれの反射率と透過率は**表 5.2** に示すように求められる（導出は演習問題で解いてほしい）。

表 5.2　媒質 1 と媒質 2 の境界面における反射率と透過率

	音圧の	強さの
反射率	$\dfrac{Z_2-Z_1}{Z_1+Z_2}$	$\left(\dfrac{Z_1-Z_2}{Z_1+Z_2}\right)^2$
透過率	$\dfrac{2Z_2}{Z_1+Z_2}$	$\dfrac{4Z_1Z_2}{(Z_1+Z_2)^2}$

Z_1，Z_2 はそれぞれ媒質 1，2 の固有音響インピーダンス

さて，超音波プローブを試料に接触させて試料に超音波を入力することを考えよう。超音波プローブの表面はセラミックスもしくは筐（きょう）体の金属であり，試料は生物材料であるとすると，**図 5.4** (a)に示すように，境界面で超音波エネルギーの透過と反射が起こる。表 5.2 の反射率の式から，二つの媒質（プローブと試料）の固有音響インピーダンス間の差が小さいほど，反射が抑えられることがわかる。表 5.1 に示したように生物材料の主成分である水に比較して，金属のインピーダンスの方が約 30 倍大きく，強さの反射率は約 88 %，透過率は約 12 % になる。実際には図(b)に示すように，プローブと試料表面には凹凸による空間があり，空気との反射も生じる。空気の固有音響インピーダンスは水の約 3 万分の 1 であり，プローブと試料間の反射率は大きくなり，試料に超音波エネルギーが入りにくくなる。

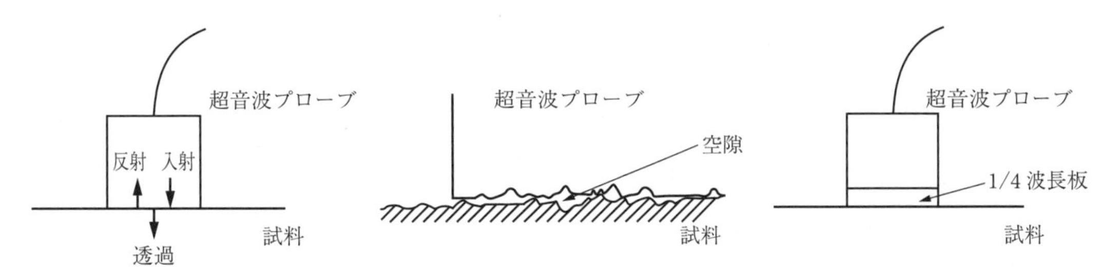

（a）　超音波プローブと試料界面での入射，反射，透過　（b）　プローブと試料表面の凹凸　（c）　1/4 波長板をはさんだ場合

図 5.4　超音波プローブと試料

本項冒頭で述べたゼリー塗布は，この空隙をゼリーで埋めてしまい，空気層での反射を減じる効果がある。こうしたインピーダンス差を縮めることを，インピーダンスマッチング（インピーダンス整合）という。

生物材料への入力エネルギー効率を高めるためには，プローブの音響インピーダンスを下げるのがよいが，振動子の種類が限られており効果は限定的である。医療診断用のプローブでは，音響インピーダンスが生物材料に近い板を振動体と試験体の間にはさむ方法がとられる（**図 5.5**）。**図 5.6**

に媒質1と媒質3の間に厚みlの媒質2を入れた系を示す。導出は省略するが，媒質2における波長をλ_2とすると，媒質2の固有音響インピーダンスが$Z_2 = \sqrt{Z_1 Z_3}$で，その厚みが$l = \lambda_2/4$の場合，無損失で超音波が透過する。もう一つは音響整合層をプローブと試料の間にはさむことである。図5.5のプローブはこれをうまく活かして超音波の入力効率を高めている。

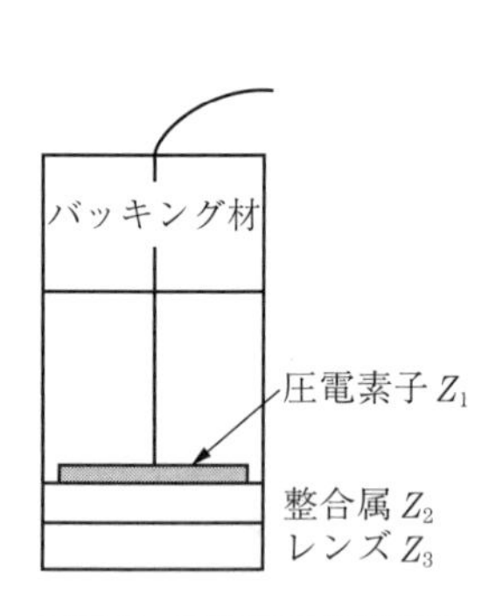

図5.5　医療診断用超音波プローブの構造

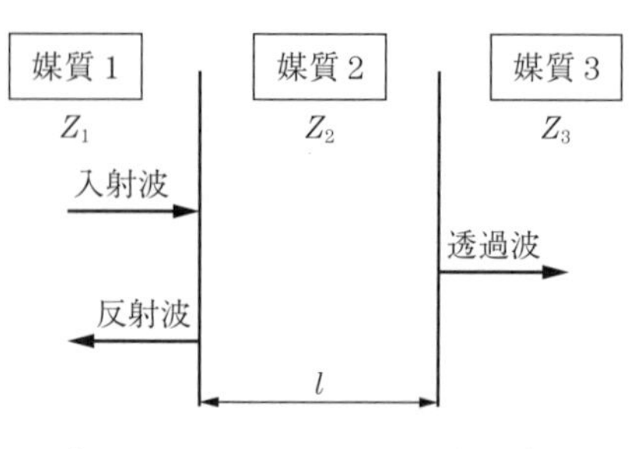

（Z_1，Z_2，Z_3はそれぞれ媒質1, 2, 3の固有音響インピーダンス）

図5.6　異質壁への平面音波の垂直入射，透過，反射

音響レンズは，光学レンズと同様に超音波ビームを集束させるためのものである。このレンズは生体に近い固有音響インピーダンス（図5.5中のZ_3）をもつ材料でつくられており，端面での反射が少なく入力効率がよい。ただし，振動体に直接貼り合わせてもインピーダンス差が大きく，音響レンズへの入力効率は低いままである。振動体と音響レンズの間にはさまれる音響整合層は，$Z_2 = \sqrt{Z_1 Z_3}$（振動体の音響インピーダンスがZ_1に相当）の関係をなるべく満たす固有音響インピーダンスZ_2をもつ材料からつくられ，その厚みを$\lambda_2/4$とすることで生体への入力効率の向上が図られている。

5.1.2　パッシブ測定とアクティブ測定

潜水艦のソナーには，対象の艦艇が発する音を検出して音紋により艦種を同定するパッシブソナーと，音波を積極的に放射し，その反射波を検出して目標までの距離を推定するアクティブソナーの2種類がある。生物を対象とした音響測定にもパッシブ測定とアクティブ測定がある。

（1）　パッシブ測定　　これは対象の発する音響信号を待ち受けて測定することである。対象に対してなんらかの働きかけをしたとしても，発する信号が働きかけ方の違いに依存するものでなければ，パッシブ測定の範疇（はんちゅう）に入る。

生物材料の音響計測では，**アコースティックエミッション**（acoustic emission, AE）が代表的なものである。これは物質が変形または破壊される際に音（超音波も含む）が発生する現象のことで，リンゴを食べるときに発生する音はまさにAE現象の一つである。

図5.7(a)に示すように，ある物体を圧縮して変形していくと，その物質のみかけの弾性によりプランジャに対する抵抗力が大きくなる。この変形によって，図(b)中の応力-ひずみ線図中のア

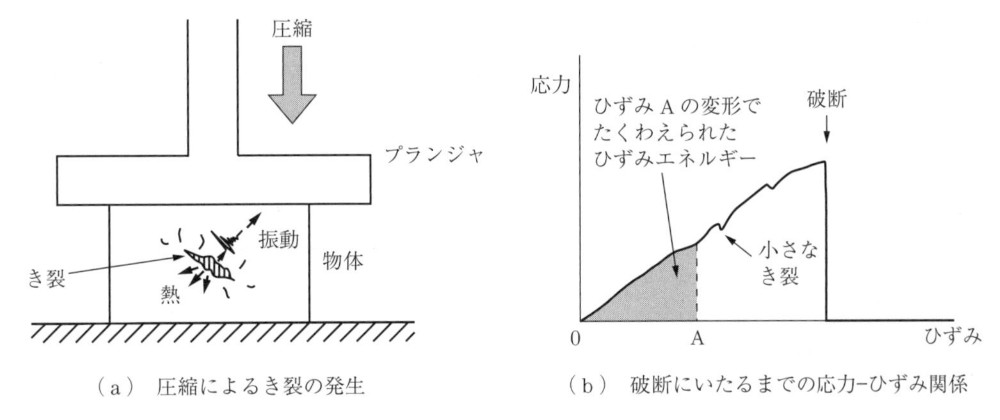

（a）　圧縮によるき裂の発生　　　（b）　破断にいたるまでの応力–ひずみ関係

図 5.7　物体を圧縮したときの変形・破断

ミかけ部の面積に相当するひずみエネルギーを蓄える。そしてついに大きな変形に耐えきれなくなり，破断までに蓄えられていたひずみエネルギーの一部または全部が，き裂により新たな表面を生じさせるエネルギー，付随して発生する振動エネルギー，摩擦による損失（熱）エネルギーなどに変換される。このとき発生する振動を特に AE 波という。

AE 波を測定することで，固体材料の破壊につながる微細な変形や亀裂の発生などの検出に利用されることが多い。またリンゴなどの農産物やクッキーのような食品を咀嚼（そしゃく）する際に発生する AE 波には，食感に関わるテクスチャ情報を有する[2]。

図 5.8 に示すように，発生源から四方八方へ伝播する振動を AE センサにより検出することで AE 測定を行う。金属の AE 測定に用いられるセンサには，圧電素子が用いられており，超音波プローブと同じ構造になっている（このため AE センサを超音波プローブとして用いることもできる）。AE 測定の目的は，① AE 発生源の特定，② AE の発生頻度・強度による材料の状態判断の二つである。

① の発生源の特定には，間隔をとって配置された複数の AE センサが用いられる。例えば図 5.8 中の AE センサ 1 と 2 で検出される信号の時間差 Δt と固体材料中の音速 V，そしてセンサの位置座標から発生源の位置を計算で求めることができる[3]。

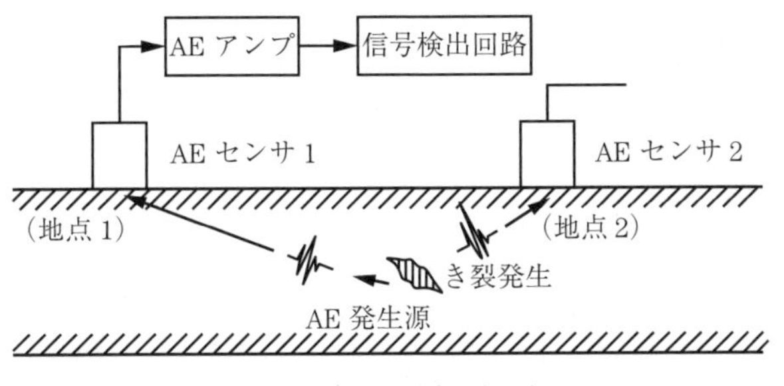

図 5.8　AE 測定の概要

② の状態判断では波形情報から計算で求める AE パラメータを用いる。**図 5.9** に AE センサによる受波信号の概要を示す。AE 現象はある程度の持続性をもった振動が散発する。その一つひとつの振動波形について半波整流による包絡検波した図形から，最大振幅値，持続時間，AE エネルギーが計算できる。また単位時間当たりの AE の発生数も重要なパラメータである。

解放エネルギー，そして振動エネルギーの割合は，食品の物性や構造的特性によって異なる。また破断面積当たりの振動エネルギーが大きいほど，音や振動として知覚される際の刺激強度は大きくなると考えられる。

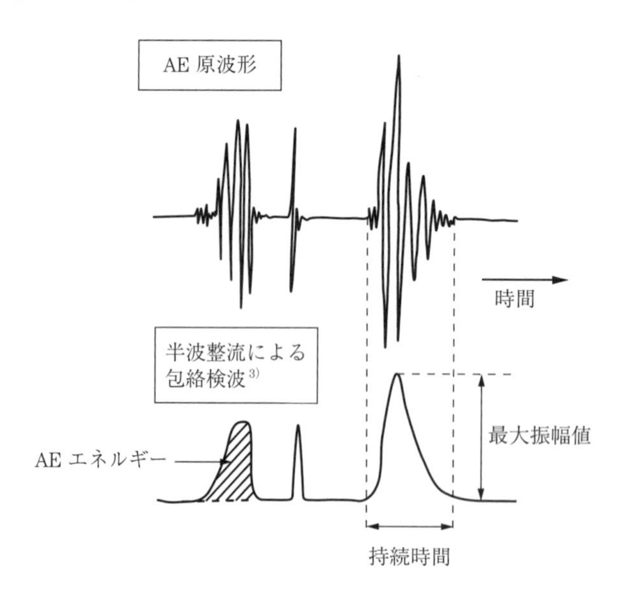

図 5.9　AE 波形の概要

AE 測定を応用した天ぷら衣のサクミ評価の事例を紹介する。**図 5.10** に測定装置の概要を示す。切断時に刃に伝わる微小振動をコンタクトマイクにより検出する。この振動は天ぷら衣の微細構造が破壊されるときに発生するため，一種の AE 波といえる。天ぷらは油調後，そのサクミは時間とともに低下することが知られている。

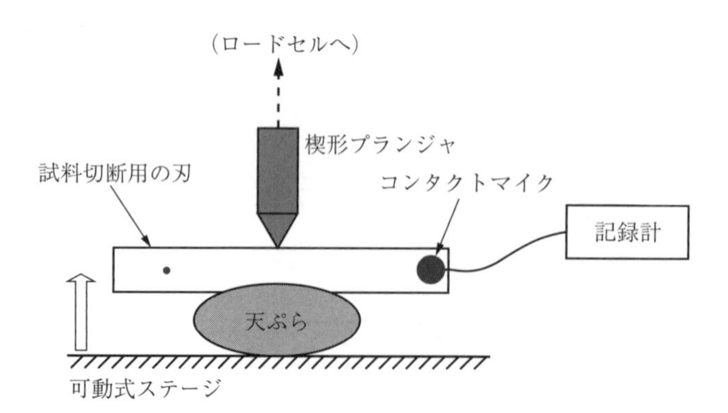

図 5.10　天ぷら衣の切断時振動測定における試作測定装置[4]

図 5.11 は微小振動の振幅の時間変化をプロットしたものである。時間とともに微小振動のカウント数が減少しており，これはサクミの官能評価と高相関にある[4]。

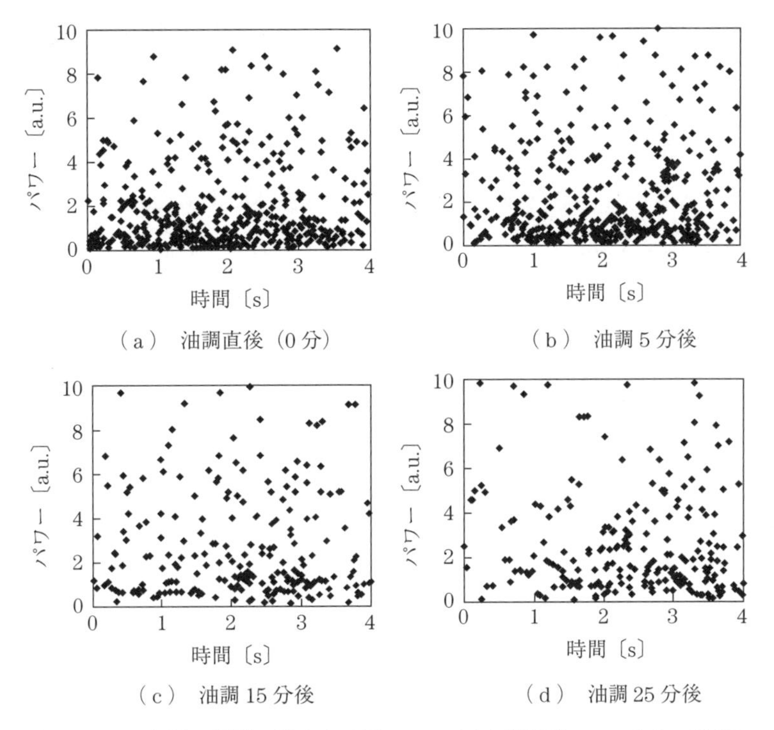

図5.11 刃の押込み過程で発生する個々のスパイク状振動のスペクトル解析により得られた最大パワーを発生時刻の順にプロット[4)]

（**2**） **アクティブ測定**　**図5.12** に示すように，アクティブ測定は摂動を系に入力したときの出力を検出し，その系の伝達関数を同定するための測定ということができる。5.3節で述べる超音波による弾性率や密度の測定では，圧力変動の入出力により同定される伝達関数のパラメータが「弾性率」や「密度」ということである。ヘルムホルツ共鳴を利用した体積測定では，圧力変動による入出力による伝達関数のパラメータが共鳴周波数になる。

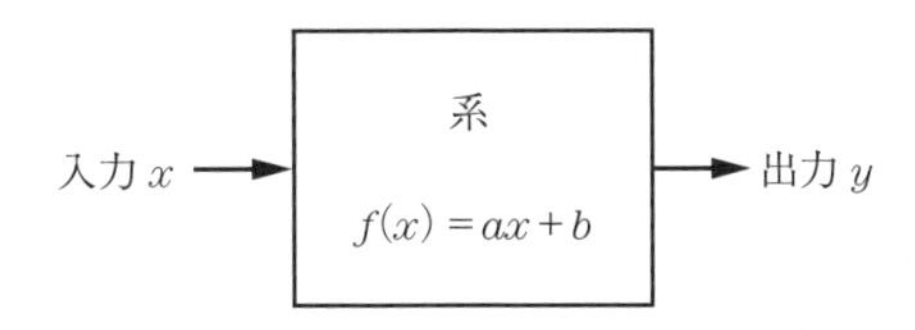

図5.12 アクティブ測定による系の記述

これらのパラメータは，ある理論的な関係，例えば図5.12では $f(x) = ax + b$ なる関係がその系に成立するものと仮定して，その関係に実測したデータを当てはめることで決定される。したがってこの仮定が成立していなければ，出てきたパラメータは何の意味もなさないものになる。金属などの工業材料を対象として成立した理論式を生物材料に適用する際には，この点に十分に注意を払う必要がある。

農産物の音速から弾性率を推定することを考えてみる。一般に等方弾性体の音速 c_l は，弾性力学の理論から次式のように表される。

$$c_l = \sqrt{\frac{1}{\rho}\left(K + \frac{4}{3}G\right)} \tag{5.8}$$

農産物の音速を考える場合，完全弾性体ではなく粘弾性体であるため，つぎに示す複素音速 c^* と複素弾性率 L^* の関係になる。

$$c^* = \sqrt{\frac{L^*}{\rho}} \tag{5.9}$$

$$L^* = L' + iL''$$

$$L' = K' + \frac{4}{3}G' = \rho c_l^2 \frac{1 - \left(\frac{\alpha_l c_l}{\omega}\right)^2}{\left\{1 + \left(\frac{\alpha_l c_l}{\omega}\right)^2\right\}^2}$$

$$L'' = K'' + \frac{4}{3}G'' = \rho c_l^2 \frac{2\left(\frac{\alpha_l c_l}{\omega}\right)}{\left\{1 + \left(\frac{\alpha_l c_l}{\omega}\right)^2\right\}^2}$$

ただし，ρ：密度，L'：複素弾性率の実部，L''：複素弾性率の虚部，K'：複素体積弾性率の実部，K''：複素体積弾性率の虚部，G'：複素剛性率の実部，G''：複素剛性率の虚部，ω：角周波数，c_l：縦波音速，α_l：縦波吸収係数。

ここで，$\frac{\alpha_l c_l}{\omega} \ll 1$（あるいは $k_l \ll \alpha_l$）の場合，式(5.9)

$$L' = \rho c_l^2$$

$$L'' = \frac{2\alpha_l \rho c_l^3}{\omega} \tag{5.10}$$

となる。この式より縦波音速 c_l は

$$c_l = \sqrt{\frac{L'}{\rho}} = \sqrt{\frac{1}{\rho}\left(K' + \frac{4}{3}G'\right)} \tag{5.11}$$

となり，式(5.8)と一致する。

平井[5)]によって計測されたダイコン，サツマイモ，リンゴ，カブの縦波音速，吸収係数，波動の中心周波数を用いて $\alpha c/\omega$ の条件についてまとめた結果を**表5.3**示す。$\alpha c/\omega$ 項は0.04～0.24の値をとり，1よりも小さくゼロに近い値となった。また計測データを基に，式(5.9)より算出した弾性率を用いて式(5.11)から計算した音速と実際の音速との比を計算すると，その比は0.97～0.998となり，式(5.11)で近似してもそれほど大きな影響はないことがわかる。つまりこの検証を行って，初めて式(5.8)または式(5.11)を用いることができるのである。測定に際しては，対象となる系が理論的仮定を満たしているかどうかを確認することが重要である。

表 5.3　果菜・根菜類柔組織の $\alpha c/\omega$ について[5)]

	縦波音速〔m/s〕	吸収係数〔neper/mm〕	中心周波数〔kHz〕	$\alpha c/\omega$	複素弾性率の実部より算出される音速に対する比
ダイコン	351.6	0.3013	110	0.153	0.988
サツマイモ	213.9	0.2032	110	0.063	0.998
リンゴ	131.6	0.2295	110	0.044	0.999
カブ	116.5	1.447	110	0.244	0.970
〃	137.5	1.0702	110	0.213	0.977
〃	153.2	0.5033	110	0.112	0.994

平井ら（第49回農業機会学会年次大会講演要旨，pp.179～180（1990））の計測データをもとに計算。

5.1.3　波長と計測法の選定

音は，周期的な圧力変動あるいは体積変動が空間的に伝播していく現象の総称である。空間の定点で変動振幅を観測すると時間軸に対して周期的な振動であり，ある時刻を切り取って観測すると空間軸上に拡がる振動である。時間軸に対する振動の「周期」は，発振器（2.2.2項）の出力周期（逆数が「周波数」）のことであり，任意に変えることが可能である。

一方，空間軸上に拡がる振動の大きさ，つまり「波長」は，発振「周期」（または「周波数」）と空間上に伝播する際の音速の二つで決まる。前者は発振器の出力「周期」を調整することで変えることができるが，後者は2.2.3項で述べたように，媒質の弾性率により決まった値をとる。このため「波長」は任意に変えることができないパラメータといえる。

生物材料の音響測定では，「周波数」と「波長」の選定が適正でないと，振動が伝わらなかったり，不適切な理論式を用いたりすることになるため注意が必要である。

（1）　無限媒体と有限媒体　　無限媒体とは，文字どおり空間的に無限の広がりを有する仮想上の媒質のことを表す。音響のような振動伝播現象を扱う場合，無限媒体で近似できるか否かについては，振動波の波長と媒体の大きさの関係を考慮すればよい。

図 5.13 に示すように，一般には，「波長 $\lambda \ll$ 代表長さ」のとき，その媒質は無限媒体で近似できる。

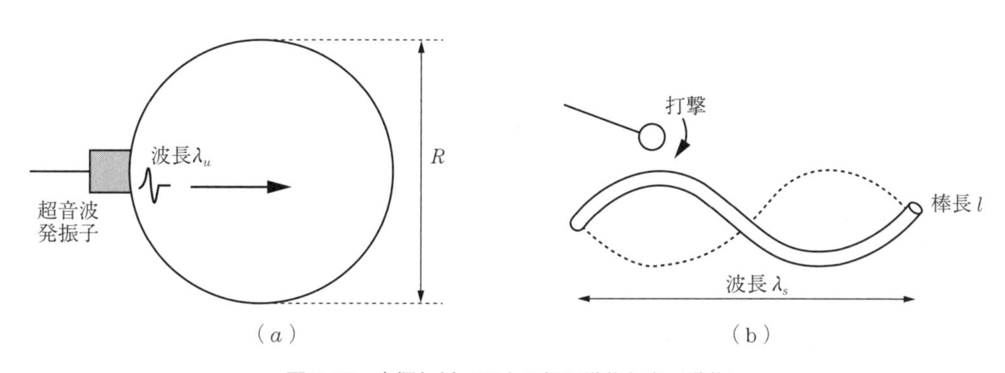

図 5.13　音響伝播に関する無限媒体と有限媒体

例えば果実の音響測定の場合，振動の周波数が高いほど波長が小さくなり無限媒体に近づいていく。果実組織が等方弾性体であるとすると，音速と弾性率の関係は式(5.12)で表される。

逆に試料片サイズに比して音波波長が無視できないほど大きくなると，無限媒体近似では無理が生じる。例えば，図5.13に示すように，金属の十分に細い棒（断面半径 a）を叩いて生じる湾曲振動は，Schaeferによればこの振動の伝播速度 c_f は次式で表される[6]。

$$c_f = \frac{\pi a}{\lambda}\sqrt{\frac{E}{\rho}} \tag{5.12}$$

ただし，ρ：密度，λ：波長，I：$(=\pi a^4/4)$ 棒横断面の断面二次モーメント，E：ヤング率。

無限媒体の音速は式(5.12)から，有限媒体の振動伝播速度は一つの弾性率の関数であるのに対して，無限媒体では二つの弾性率の関数となる。そのため無限媒体か有限媒体かで音速から得られる弾性情報は異なる。

（2）　波長と計測法の選定　音響測定の対象系が，音響的に無限媒体なのか有限媒体なのかを知るためには，まず波長を見積もる必要がある。つぎに測定結果から算出した位相速度（5.2.3節参照）と周波数から，想定される振動モードの理論式から波長を計算する。この波長が試料の大きさより十分に小さければ，無限媒体とみなしてよい。

水分が主成分である生物材料の場合，式(5.12)に示すように，体積弾性率 K と剛性率 G を比較すると，主成分である水の K が G よりもきわめて大きく，音速は G の情報をあまりもたらさない。K は超音波を用いて伝播速度を測定し，そのときの音速を計算する。

超音波無限媒体の音速は式(5.12)から，有限媒体の振動伝播速度は一つの弾性率の関数であるのに対して，無限媒体では二つの弾性率の関数となる。そのため，無限媒体か有限媒体かで音速から得られる弾性情報は異なる。音速を測定する際には，その波長が試料サイズに比して十分に小さく，無限媒体とみなせるかどうかを確認しておく必要がある。

5.2節で後述するように，特に生物材料の音響特性測定では超音波法と打撃法がよく用いられる。超音波法は周波数が高いため波長が短く，試料を無限媒体近似として測定することが多い。しかし，その測定結果から計算した波長が試料サイズと同程度かそれ以上である場合，もはや無限媒体とみなせないため，試料サイズを大きくするか，試料の体積弾性率（または圧縮率）が振動現象に本質的に関わらない低周波振動を発生することができる，打撃法や加振法などに切り替えるべきである。

5.2　音 響 計 測 法

5.2.1　音 響 共 鳴 法

（1）　共鳴現象を利用した測定　ぴんと張った弦をつま弾くと振れ動く。弦の運動を含め，ある事象が繰り返し発生する現象のことを振動という。このとき弦は一定周期で振動しており，弦の

長さ l，張力 S と線密度 ρ により定まる振動数 $\left(\frac{n}{2\,l}\sqrt{\frac{S}{\rho}}\right)$ をもつ。これを固有振動数という。弦の振動は，**図 5.14** 中の矢印方向の振動が横軸方向に $\sqrt{S/\rho}$ の速さで進行していく横波である。

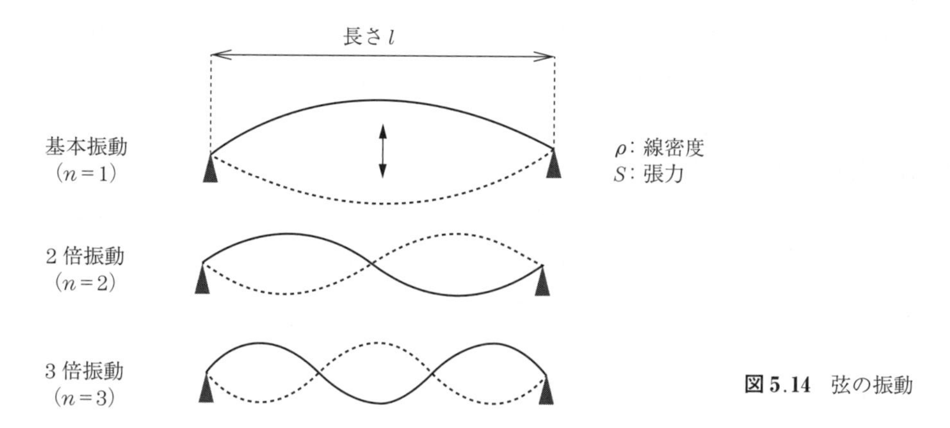

図 5.14　弦の振動

弦はつまんで離すことで振動を始める。つまり変位エネルギーを投入することにより，弦がもつ固有振動数で特に強く振動することになる。この現象を共振，もしくは共鳴という。弦楽器はこの振動が空気に伝わるときの音を利用した楽器である。

弦の長さと線密度があらかじめわかっていれば，固有振動数から張力，つまり弦の強さを推定することができる。昔から果実を叩いたときの音で熟れ頃を推定することが世界各地で行われてきたが，これは硬さや内部空洞により音の高さが異なることを利用したものである。打撃エネルギーが固有振動数を中心に果実を振動させ，音として空気を振動させる。その科学的な裏付けを基に果実の硬さ測定に打音を利用する試みが，1960 年代から研究されてきた[7)~14)]。

弦楽器では，弦は孔（サウンドホール）のあいた箱（ボディ）の上に必ず張られる（**図 5.15**）。この箱は弦から発生した音を増幅する役割をするが，ここでも共鳴現象が利用されている。この箱の空洞部や孔のサイズによって固有振動数をもつことが知られている。この共鳴現象をヘルムホルツ共鳴という。この共鳴箱の中に物を入れると，共鳴周波数が高周波側にシフトするが，このシフト量は入れた物の体積に依存することが知られており，この共鳴現象は農産物の体積測定に利用される。

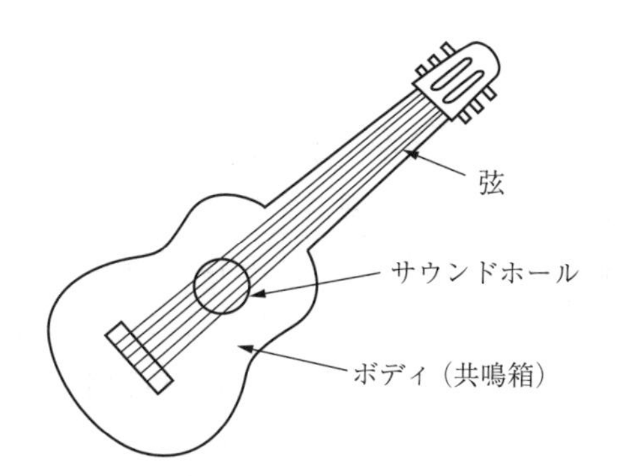

図 5.15　弦楽器の構造例

（2） 打音法による果菜類の硬さ測定法　　果菜類の硬さの近似値として，その弾性率がよく用いられる[15]。果菜類を打撃したときに組織に生じる振動は，一般に（打撃による変形に関係する弾性率/密度)$^{1/2}$ の速度で伝播する。弦の振動と同様に，変形の伝播速度を試料のサイズで除したものが固有振動数と一致すると考えると，固有振動数から弾性率，つまり硬さ情報を推定することができる。しかし，実際には試料形状や大きさにも影響されるため，これら形態的な特性を正確に把握しないかぎり，弾性率を決定することはできない。そのため実用的には球体果実（スイカ，メロン，リンゴなど）への適用が検討されてきた。

測定は，**図 5.16** に示すように加振器により正弦波振動を試料に与え，加速度計などの検出器で振動的な応答を計測する。駆動周波数を掃引しながら計測することで，機械的振動のスペクトルを得ることができる。不規則波を入力してその出力をフーリエ変換することで，スペクトルを得ることもある。

Cooke らは地震動による地球の自由振動問題で適用される弾性球の振動についての考え方を援用し，球体果実の振動は spheroidal モード（伸び縮み振動）と torsional モード（ねじれ振動）に分類できるとした[9),10)]。Yong，Abbott らは**図 5.17** に示す ${}_0S_2$ モード由来の共振周波数 f と果実の質量 m から，$(f^2 \cdot m^{\frac{2}{3}})$ が硬さを表す指標として適当であるとした[11),12)]。

重さは比較的容易に計測できることから，以上の指標は大きさによらない点で実用的であるが，対象は同一種・球形のものに限られる。

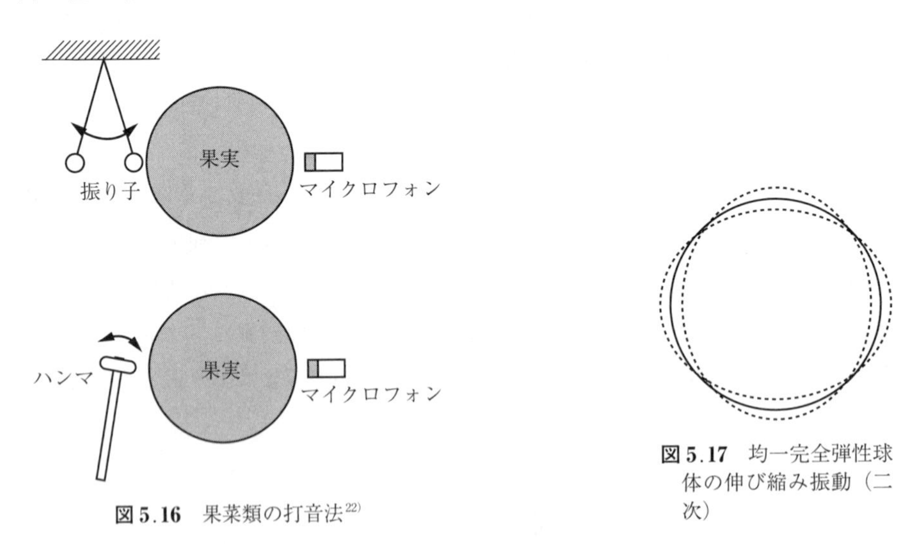

図 5.16　果菜類の打音法[22)]

図 5.17　均一完全弾性球体の伸び縮み振動（二次）

図 5.18 に示すように，衝撃を印加すると振動が表面を進行していく。この進行速度を直接測定すれば，前述した振動伝播速度式より，形状を考慮せずに硬さを推定できることがわかる。杉山は試料表面付近に二つのマイクロフォンを配置し，それぞれの検出波形の相互相関から計算したラグタイムとマイクロフォン間隔から，伝播速度を決定している[15)~18)]。このため，周波数領域での解析のように大きさ（重さ）を別途計測することなく，物性定数としての弾性率が支配的なパラメータを得ることができる。

この方法は，生育中の樹上果実にも適用可能であることから，生長計測データに基づいた潅水の制御や収穫適期の判断にも利用できる[16),17)]。しかし，形状や構造により観測される振動のモードが異なるため，硬さの比較を行う場合には，同一種，同一形状の食品・農産物での計測をすることが望ましい。

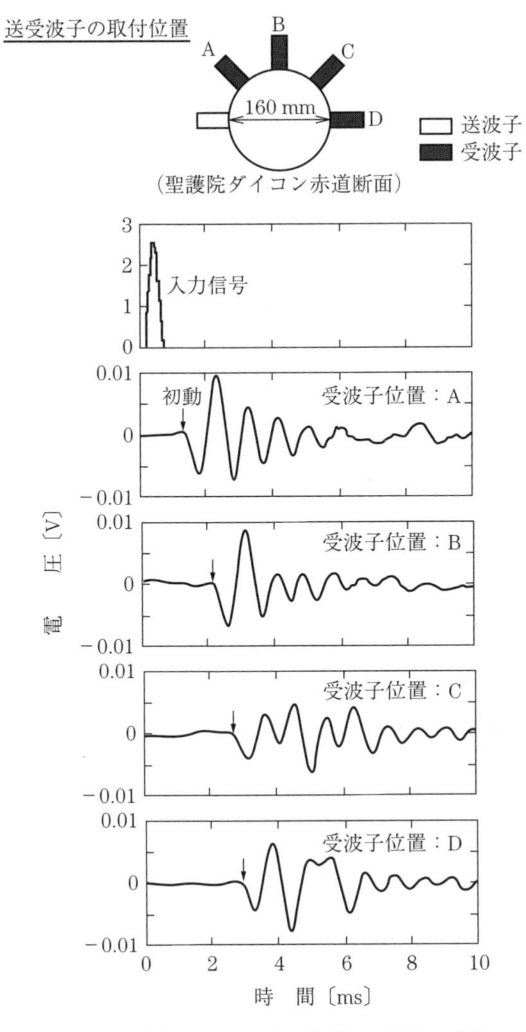

図 5.18　球状ダイコン（聖護院）の振動波形[19)]

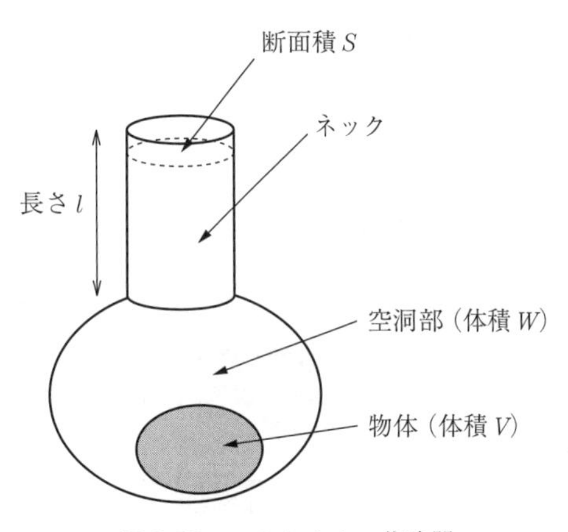

図 5.19　ヘルムホルツ共鳴器

（3）　ヘルムホルツ共鳴による農産物の体積測定法　　ビールやジュースのビンの口を吹くとボーという音が鳴る。これは，ヘルムホルツ共鳴と呼ばれる古くから知られる音響共鳴現象である。**図 5.19** に示すようなネックと空洞部をもつ壺形の容器をヘルムホルツ共鳴器という。ネックの口を吹くとネック部の空気の塊が空洞部の空気ばねを圧縮したり膨張したりすることで，いわゆるばね-質量系の振動系となる。その空洞部での振動エネルギーの一部がネック開口部から再放射されたものが，共鳴音となって耳に聴こえる。

図 5.19 に示す共鳴器の共鳴周波数は次式で表される。

$$f = \frac{c}{2\pi}\sqrt{\frac{1}{W-V}\cdot\frac{S}{l+l_c}} \tag{5.13}$$

ここで，c は空気中の音速（5.2.2 項の c_a または c_w に相当），W は共鳴器空洞部容積，V は物体体積，S はネック部の断面積，l はネックの長さ，l_c は開口端補正量。

空気中の音速は温度が一定であれば約 340 m/s で一定，同じ共鳴器であれば W，S，l，l_c も一定値をとるため，式(5.13)は，共鳴周波数 f は共鳴器内の物体体積 V のみの関数であることを示している。共鳴器に何も入っていない状態での共鳴周波数 f_0 とすると，次式が成り立つ。

$$f_0 = \frac{c}{2\pi}\sqrt{\frac{1}{W}\cdot\frac{S}{l+l_c}} \tag{5.14}$$

式(5.13)と式(5.14)の辺々を割って整理すると，次式が得られる。

$$V = W\cdot\left(1-\frac{{f_0}^2}{f^2}\right) \tag{5.15}$$

物体を共鳴器に入れる直前，あるいは直後の f_0 を計測することで，気温の変動による音速の変化（約 0.6 m/s/℃）によらず，式(5.15)から正確に物体体積を求めることができる。

共鳴周波数は，音波を共鳴器に入力したときの応答波形を周波数解析することで決定する。具体的には，共鳴器ネックの開口部をはさんでスピーカとマイクロフォンを対向配置し，スピーカから共鳴周波数前後の周波数成分をもつスウィープ音波（周波数が時間とともに増加あるいは減少する音波）を送り，同時にマイクロフォンでその音をとらえ，フーリエ変換を用いてその検出音のパワースペクトルを求める。スペクトル中のピーク周波数が共鳴周波数に相当する（**図 5.20**）。

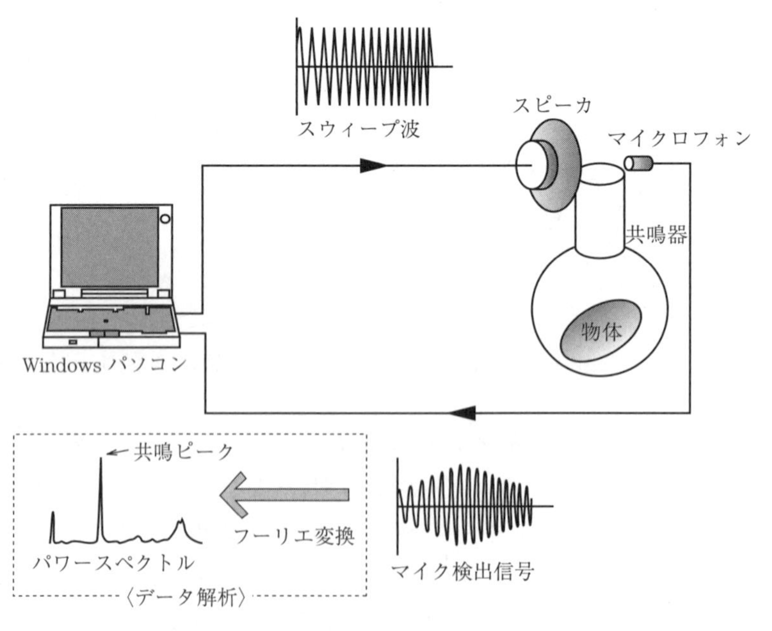

図 5.20　ヘルムホルツ共鳴による体積測定系の概略

5.2.2 スペクトル拡散法

音波の伝播時間を計測することで，マイクとスピーカの間の距離，音波の反射を利用した対象物までの距離の計測ができる。また，マイクとスピーカの間の距離が既知である場合には，音波の伝播時間から平均音速を求めることで音波が伝播する空間の平均温度や湿度，物体の弾性的特性を推定することができる。また，音速は光や電波の速度と比べ非常に遅いため，低サンプリングで高精度な計測ができるという特徴がある。

しかし，音波は雑音などの干渉に弱い。この問題を解決する手段として，電波による通信や測位に利用されてきたスペクトル拡散技術を音波に応用したスペクトル拡散音波を用いることは有効である。以下に**スペクトル拡散法**（spread spectrum technique）について述べる。

（1） スペクトル拡散音波[20),21)]　スペクトル拡散音波（以下SS音波）は，自己相関特性のよいM系列符号などを変調することで作成できる。例えば，M系列符号 m_c をデータとしてBPSKにより変調を行うことでSS音波信号 s_s を作成できる。

$$s_s(t) = Am_c(t)\cos\omega_0 t \tag{5.16}$$

ただし，A は振幅，ω_0 は角速度とする。このSS音波を送信し，受信信号でSS音波の参照信号を用いて相関処理を行うことで，受信時刻に相関ピークが現れる。この相関ピークを検出することで正確なSS音波の受信時刻を計測できる。M系列符号の特徴から雑音耐性や信号識別性に優れた計測が可能になる。SS音波を作成するときのM系列符号のシンボル長をチップ長 TL_c といい，チップ長の逆数をチップレート f_c という。チップ長と信号の周波数特性との関係は，図2.47で示したシンボル長と信号の周波数特性と同じである。

また，M系列符号をBPSKにより変調した信号の自己相関関数を**図5.21**に示す。相関ピークの山と谷の片側時間幅はチップ長 T_c になり，山の数は $(2 \times f_0/f_c - 1)$ となる。チップ長が短いほど相関ピークの幅は狭くなり，計測精度は向上するが信号の周波数帯域幅は広くなる。また，チップ長が長いほど信号の周波数帯域幅は狭くなるが，相関ピークの幅は広くなり，また相関ピークの山の数は増加する。

相関ピークの山が多いと位相がゼロでない誤ったピークを検出してしまう可能性が高くなり，計測誤差が大きくなりやすい。その場合，位相が等しく周波数が $f_0 - f_c$ の正弦波を掛け合わせた受

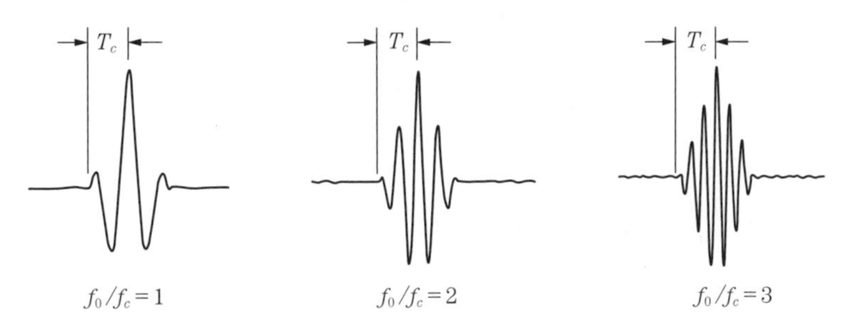

図5.21　搬送波周波数，チップレート，相関ピークの関係

信信号と，搬送波周波数を f_c とした場合のスペクトル拡散音波を参照信号として相関処理を行うと，$f_0/f_c=1$ の場合の相関ピークが得られるため，ピーク検出が比較的簡単になる。

チップ長と周波数特性および測定精度の関係を考慮してチップ長を選択することが重要である。また，周期が長いM系列符号を用いると，その分高い拡散利得が得られるため，雑音耐性や信号識別性能が向上する。一方，相関処理に必要な計算量が増加する。使用目的や雑音環境などに合わせてM系列符号の周期を選択することが大切である。

（2） SS音波を用いた音波伝播時間の計測　**図5.22**にSS音波を用いた音波伝播時間の計測装置の例を示す。システムは，パソコン，オーディオインタフェース，マイク，スピーカ，スピーカアンプから構成される（図(a)）。パソコンでは，信号の作成，受信信号の処理，データの保存，オーディオインタフェースの制御を行う。パソコンで作られた信号はオーディオインタフェースでD-A変換され，スピーカアンプで信号の増幅が行われ，スピーカにより電気信号を音波にして出力される。音波は，マイクにより電気信号に変換され，オーディオインタフェースでA-D変換され，パソコンにそのデータを送る。マイクで受信した信号 r に対して出力したSS音波を参照信号 s_{rep} として相関計算を行う。

$$R_c(t)=\frac{1}{TL_{ss}}\sum_{n=0}^{TL_{ss}}s_{rep}(n)r(t+n) \tag{5.17}$$

ここで，TL_{ss} はSS音波長，t は時刻を示す。相関計算を行うことでSS音波の受信時刻に相関ピークが現れる。この相関ピークを検出することで，SS音波の受信時刻が計測できる。マイクとスピーカの間のSS音波の伝播時間を求めるには，SS音波の出力時刻が必要となる。出力時刻を通知する信号をトリガ信号という。図5.22に示したシステムでは，トリガ信号はSS音波と同時に出力され，オーディオインタフェースの出力チャネルから入力チャネルに電線を通して送信される。

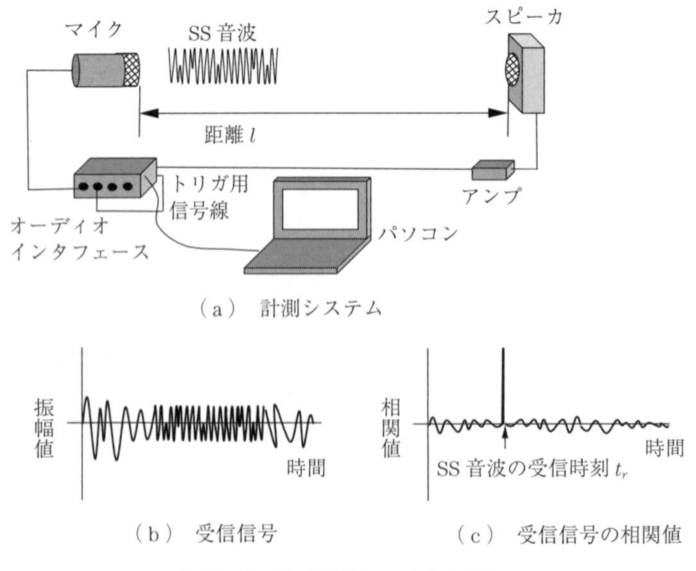

図5.22　SS音波を用いた距離計測

電気信号の速さは音速と比較して非常に速いため，以下の式でマイクとスピーカ間のSS音波の伝播時間 $\varDelta t$ を求めることができる。

$$\varDelta t = t_s - t_t \tag{5.18}$$

ただし，t_s はSS音波の受信時刻，t_t はトリガ信号の受信時刻とする。

例えば，マイクとスピーカ間の距離 l を求めるときには

$$l = c\varDelta t \tag{5.19}$$

とすればよい。ただし，c は音速とする。そのため，距離の計測誤差は音波の伝播時間の計測誤差と音速の誤差に依存する。音波の伝播時間の計測分解能は，サンプリング周波数に依存する。例えば，音速が340 m/sでサンプリング周波数が96 kHzのとき，距離計測の分解能は約3.54 mmとなる。また，（1）で述べたように，チップ長によって相関ピークの検出精度が変る。必要な精度に応じて，サンプリング周波数やチップ長を選択する必要がある。

また，音波の伝播速度は伝播する空間の状態に影響を受ける。特に温度，湿度，風の影響は大きい。風がなく乾燥空気とみなす場合の音速 c_d〔m/s〕は

$$c_d = 331.5 + 0.61 \times T_c \tag{5.20}$$

がよく使用される。ただし，T_c〔℃〕は温度である。また，湿り空気の場合の音速 c_w〔m/s〕は

$$\begin{aligned} c_w &= c_0\sqrt{\left(\frac{T_K(t)}{T_0}\right)}\sqrt{1 - h(t)\left(\frac{\gamma_w}{\gamma_a} - \varepsilon\right)} \\ c_0 &= \sqrt{\frac{\gamma_a R T_0}{\mu}} \\ h(t) &= H_R(t)\left(\frac{P_{sat}}{P_a}\right) \\ P_{sat} &= p_r \times 10^{\left\{-6.8346\left(\frac{T_{01}}{T_K(t)}\right)^{1.261} + 4.6151\right\}} \end{aligned} \tag{5.21}$$

ここで c_0〔m/s〕は基準温度 T_0〔K〕の音速，$\gamma_a = 1.403$ は比熱比，$R = 8.314$〔J/mol/kg〕は気体定数，$\mu = 2.896 \times 10^{-2}$〔kg/mol〕はモル質量，$T_K(t)$〔K〕は温度，$H_R(t)$ は相対湿度，P_{sat}〔hPa〕は飽和水蒸気圧，P_a〔hPa〕は大気圧，$p_r = 1\,013.25$〔hPa〕は基準気圧，$T_{01} = 273.16$〔K〕は水の三重点温度，$\gamma_w = 1.330$ は水の比熱比，$\varepsilon = 0.622$ は空気中における水分子の分子量比である。このとき，温度 $T_K(t)$，湿度 $H_R(t)$，大気圧 P_a を計測することで，音速 v_w を求めることができる。また，理想気体とみなすとき圧力と温度は比例関係にあるため

$$P_a = 1\,013.15\left(1 + \frac{T_K(t) - 288.16}{288.16}\right)$$

と大気圧 P_a を温度 $T_K(t)$ から求めることができる。また，風速 $w(t)$〔m/s〕があるときの音速は，そのマイクとスピーカ方向成分 $w_\theta(t)$〔m/s〕を上述した音速に足し合わせることで表現できる。このように，音速はさまざまな要因によって変化するため，音速を正確に推定することは誤差を低減するために重要である。

5.2.3 超 音 波 法

超音波は可聴域上限である 20 kHz よりも高い周波数をもつ振動のことであるが，農産物を対象とした超音波計測では減衰が大きいことから，数 MHz 以下の周波数が用いられることが多い。対象試料の大きさに比して波長が小さいため，試料の大きさや形状の影響を考慮する必要がない。波長が短いため可聴域よりも高精度に音速測定が可能で，微小な弾性定数の違いを検出することができる[22]。

（1） 測定系の分類と構成　　超音波は，2.2.2 項で説明した圧電振動子もしくは磁歪振動子を用いて発振と受振が行われる。この振動子に，電極コネクタやダンパ材を取り付けたものをプローブ（探触子）という[23]。医療用超音波プローブの中には，一つのプローブの中に多数のセグメントに分割されてアレイ状に並べられた振動子が内蔵されているものもある。

超音波測定をプローブの使用個数によって分類したものを**表 5.4** に示す。プローブが 1 個の場合，振動子から発振された超音波が試料中を伝播し，試料端面もしくは内部構造の境界で反射され，発振に使用された振動子で反射波を検出する反射法が用いられる。多重反射による音速と吸収係数測定のほか，超音波が反射して戻ってくるまでの時間から試料中の構造や欠陥の検出や映像化に用いられる。プローブが 2 個の場合，反射法と透過法の二通りの方法がある。2 プローブの反射法では，戻ってくる反射波を受振用の振動子で検出することができるため，1 プローブ反射法では検出困難であったプローブ近接領域の情報を取得することができる。

透過法は試料中の伝播振動を受振用の振動子で検出する方法で，減衰が比較的大きく反射波の検出が困難な試料にも適用することができる。

表 5.4　超音波測定系の分類

プローブ個数	測定法	試料とプローブの関係
1 プローブ	反射法	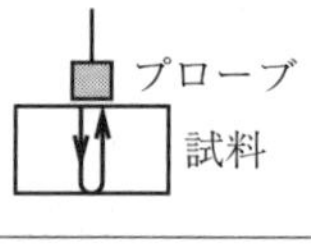 プローブ 試料
2 プローブ	反射法	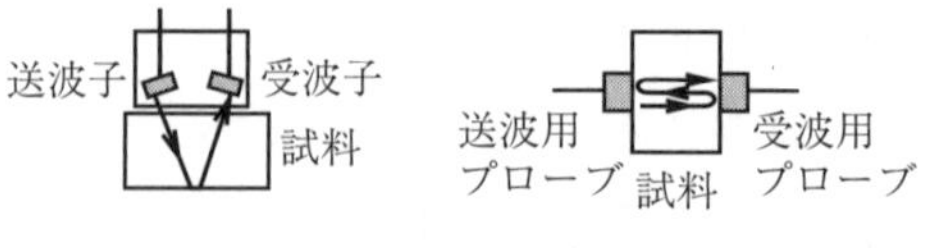 送波子　受波子 試料 送波用プローブ　試料　受波用プローブ
	透過法	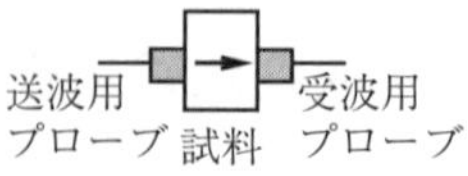 送波用プローブ　試料　受波用プローブ

超音波測定の基本的な装置構成の例を**図 5.23** に示す。超音波プローブ，そしてプローブを駆動するパルサーと受振信号を受け取るレシーバが必須の装置構成となる。パルサーは，単発のスパイク波や矩形波などのパルス信号を一定周期で繰り返し超音波プローブに入力する装置である。連続波信号ではプローブ間に定在波が立ってしまい，送受信信号の分離が困難になるため，パルス信号

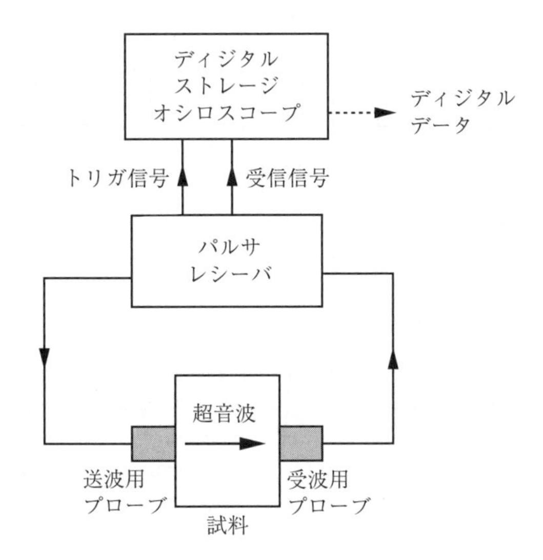

図 5.23　超音波測定の装置構成の例

が用いられる。そのため，試料のサイズや音速を考慮して適切なパルス幅，繰り返し周期を選択しないと送信波と受信波が経路上で出会って干渉が発生し，正確な測定ができなくなるので注意が必要である[24)]。

入力パルス信号とレシーバで受信した信号をディジタルオシロスコープで測定すると，ディジタルデータを保存することができる。プローブと試料を直接接触させる場合には，ゲル状のカップリング材をプローブに塗り付けておくことで，感度が著しく向上する。専用のカップリング材がない場合は，水やグリースで代用できる。

（2）　透過法による音速と吸収係数の測定　　2 プローブ透過法ではパルスエコーオーバラップ法[25)]とシングアラウンド法[25)]が代表的な測定法である。パルスエコーオーバラップ法は，送受波子間で超音波パルスが繰り返し反射を起こす場合に有効な方法である。測定は図 5.23 の系に連続矩形波発生装置を追加し，この信号にオシロスコープを外部同期させるだけでよい。パルサーにもこの信号を同期信号として送るが，反射波が十分減衰するまでの期間は発振しないように分周回路を連続矩形発生装置とパルサーの間に設置する。

図 5.24 に装置間の信号の時間的関係を示す。オシロスコープ上の残像にすべてのエコーが同じ位置で重なって見えるように連続矩形波の周波数を調整したとき，この周波数の逆数が超音波伝播時間 T の 2 倍に相当する。試料厚みをこの T で除することで音速を求める。この方法は残像表示の可能なオシロスコープであれば，測定現場で高精度に音速を決定することができる。シングアラウンド法は受波パルスをパルサーに戻して，それをトリガとして再び発振させる方式である。これは自動的に受発信を繰り返し，この繰り返し周期 T を周波数カウンタで測定し，音速を求める。この方法はパルスエコーのレベルが大きい場合には適用できない。また電気回路内の遅れが入ってくるため，試料の厚みが小さくなるほど音速測定精度は低下するので注意を要する。

吸収係数は，超音波パルスが距離 l に対して $\exp(-\alpha l)$ で減衰するとしたときの係数 α で定義される[25)]。図 5.24 の受信波形のピーク値の変化から簡易的に吸収係数を求めることができるが，

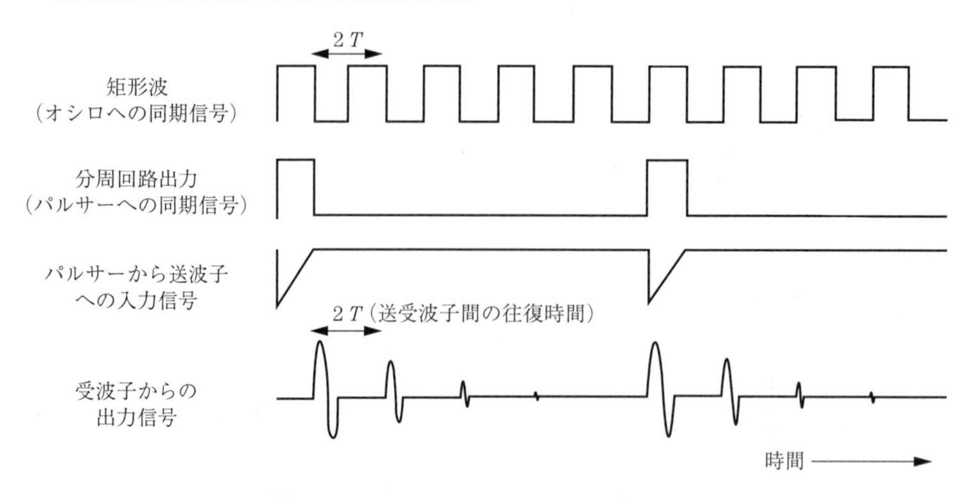

図 5.24　パルスエコーオーバラップ法の信号

送受波子間の平行からのズレや回折による損失の影響が無視できない。そのため，送受波子間の距離を変えながら受波信号の振幅の変化を測定されることが多い。

（3）　ディジタルデータからの音速算出　　前述の音速測定法は，ブラウン管式のオシロスコープとアナログ回路を用いて測定することを前提に開発された方法である。最近ではブラウン管式のオシロスコープに代わりディジタルストレージオシロスコープが利用されることが多い。ここではディジタルデータから音速を算出する方法について述べる。

図 5.23 の測定系を用いて送受波子間に試料を置いた場合と，音速既知の参照物質（水など）を置いた場合の受波信号データを取得する（送受波子間隔は固定)。ディジタルオシロスコープのトリガーディレイの機能を用いて，キャプチャ範囲にトリガー信号を含めずに受波パルス波形のみが入るようにする（**図 5.25**(a))。このデータを FFT により周波数別に位相とパワーを算出する（図(b))。

図 5.25(b)に示す周波数 f における試料の音速 c_s は次式で表される。

$$c_s = \frac{c_R}{1 - \dfrac{\phi_R - \phi_S}{2\pi}} \tag{5.22}$$

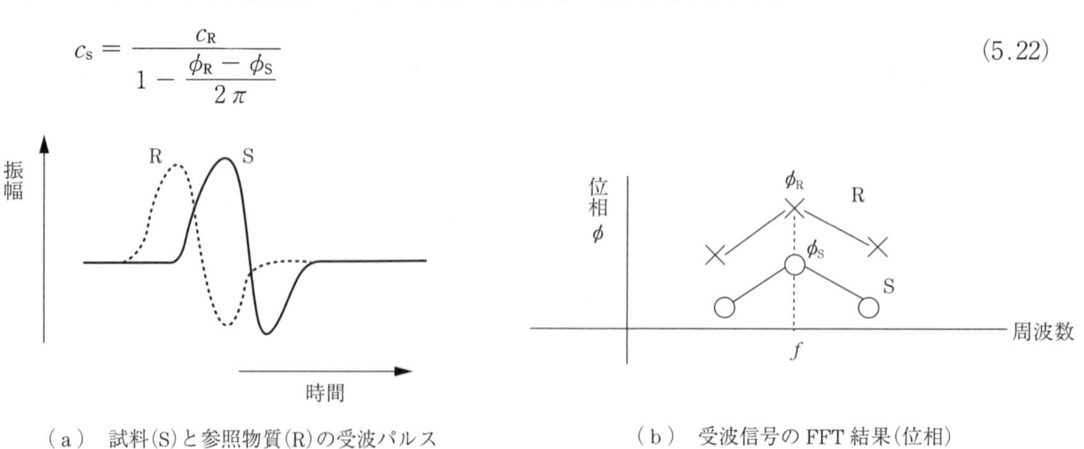

（a）　試料(S)と参照物質(R)の受波パルス　　　（b）　受波信号の FFT 結果(位相)

図 5.25　ディジタルストレージオシロスコープで取得した超音波受波信号と FFT 結果

ここで，c は周波数 f における音速〔m/s〕，ϕ は周波数 f における位相〔rad〕，添え字 R，S はそれぞれ「参照物質の」「試料の」の意味を表す。この方法で算出される音速は位相速度と呼ばれ，音速の周波数依存性を得ることができる。

5.3 音のセンシングの応用例

5.3.1 音響共鳴法による果菜類品質（密度・糖度）の連続測定

（1） 原　　理　杉浦らによると，比重（密度）は農産物の品質の非破壊推定に活用されており，ブドウの糖度，クリの澱粉（でんぷん）含有量，キウイフルーツの糖度推定，空洞果実の検出などの研究が昔から行われており，密度が品質評価に有効な指標であることはすでによく知られていた[26)]。しかし，そのほとんどの研究において，密度は液体置換法で測定されおり，液体の濡れを嫌う農産物の選別には利用されてこなかった。しかし，1990 年代半ばに加藤によって考案された静電容量式の体積測定法により，液浸することなく果実体積を測定できるようになり，メロンの糖度推定[27)]やスイカの空洞果検出[28)]については，現在複数の選果場で実用に供されている。

5.2.1 項で述べたヘルムホルツ共鳴による農産物の体積測定の際に，質量もあわせて測定できれば，液浸することなく農産物の密度を求めることができる。静電容量式では得られる測定値が対象の形状に依存することから同一形状（多くは球体）であることが必要であるが，ヘルムホルツ共鳴法では試料形状によらないため，より多くの農産物に対応することができる。

前述の静電容量式の体積測定装置が選果場に導入されたのは，コンベアで運ばれるスイカやメロンの測定が可能であったことが大きい。ヘルムホルツ共鳴式でも同様の測定は可能である。**図 5.26**（a）の共鳴器ネックを図（b）のように 3 本に分割し，そのうちの 2 本のネックを図（c）のよう

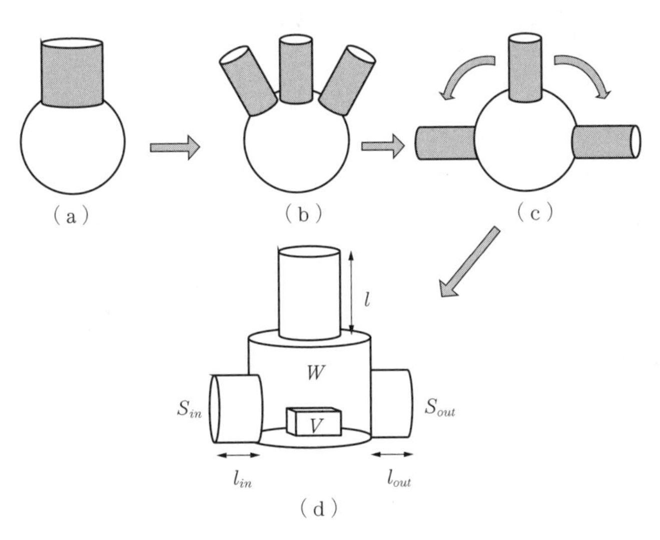

図 5.26　開放型ヘルムホルツ共鳴器

に対向させたものを開放型ヘルムホルツ共鳴器という[29]。図(d)のように空洞部に物体（体積：V）を入れたときの共鳴周波数 f は次式で表される。

$$f=\frac{c}{2\pi}\sqrt{\frac{1}{W-V}\left(\frac{S}{l+l_c}+\frac{S_{in}}{l_{in}+l_{c\_in}}+\frac{S_{out}}{l_{out}+l_{c\_out}}\right)} \tag{5.23}$$

ここで，c は空気中の音速〔m/s〕，W は共鳴器空洞部容積〔m^3〕，V は物体体積〔m^3〕，S はネック部の断面積〔m^2〕，l はネックの長さ〔m〕，l_c は開口端補正量〔m〕。添え字 in，out はそれぞれ「入口の」「出口の」の意味を表す。

これらの対向する 2 本のネックをそれぞれ入口と出口にすることで，コンベア式にも対応可能となる。

（2）　キウイフルーツ密度測定[30),31)]　市販の背面懸架式電子天秤にヘルムホルツ共鳴器を組み込んだ体積・密度同時測定装置を**図 5.27** に示す。共鳴器はキウイフルーツの測定用に設計したもので，共鳴器上部を外して試料台にフルーツをセットする。試料台は天秤に連動しており質量が測定される。スピーカにはスウィープ信号を入力しながら，スピーカのコイルインピーダンスを測定して共鳴周波数を決定する。質量を 5.2.1 項の式(5.15)から推定した体積で除すことで密度を求める。

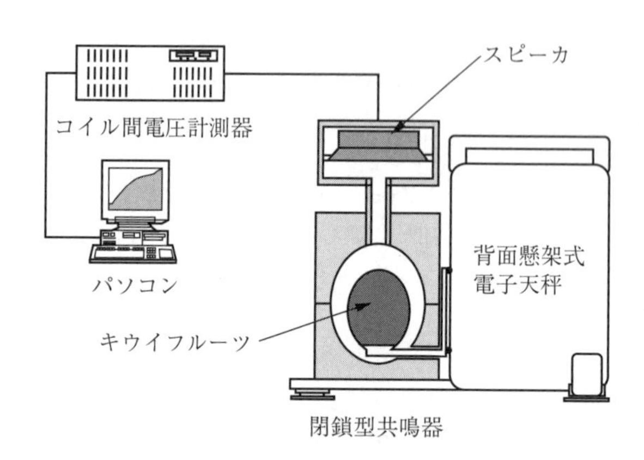

図 5.27　ヘルムホルツ式密度測定装置（キウイフルーツ用）概略

2007 年と 2008 年に静岡県掛川市のキウイフルーツ園に，そして 2008 年に岐阜県洞戸地区（現在の関市）のキウイフルーツ園に本装置を持ち込んで測定した収穫直後のキウイフルーツ（ヘイワード種）の密度と，後日追熟後に測定した Brix 糖度との関係を**図 5.28** に示す。

収穫時密度と糖度には高い相関がみられた。収穫直後は糖質のほとんどは澱粉として果肉に貯蔵されており，Brix 糖度は 5 程度とそれほど高くない。追熟過程で澱粉が糖化することで糖度が増加する。糖の原料である澱粉が多いほど追熟後の糖度は高いはずである。澱粉自身の密度は水の 1.6 倍程度であることから，追熟前でも密度の高いキウイフルーツは追熟後の糖度も高くなる。図 5.28 の結果はこのことをよく示している。また収穫場所も年度も異なるキウイフルーツでも同じ直線に乗ってくることから，密度と糖度のキャリブレーション曲線は全国どこでも適用可能であるものと考えられる。このことは本方式がそれだけ汎用性があることを示している。

図 5.29 は，掛川市のキウイフルーツ園で 2005 年と 2007 年に，収穫直後のキウイフルーツ（2 000 個程度）を無作為に選んで本装置で密度を測定したものである。2005 年に比較して 2007 年の密度分布が低下，つまり例年よりフルーツの糖度が低めになったことがわかる。2007 年は夏が例年よりも高温で年間降水量も年間よりも少なく，低品質化をまねいたものと考えられる。

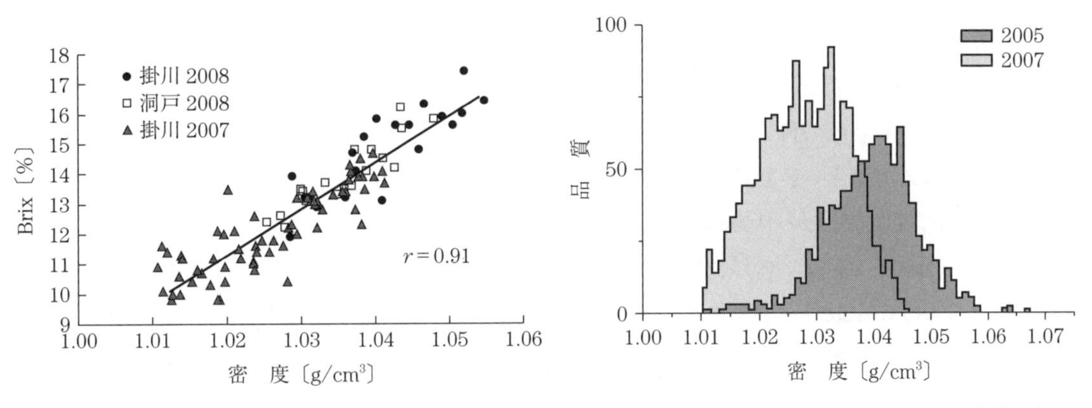

図 5.28　収穫直後のキウイフルーツ密度と追熟後の糖度

図 5.29　収穫直年度別のキウイフルーツ密度分布

（3）　**コンベア式連続測定**　図 5.26(d)の対向する 2 本のネックを貫いてコンベアベルトを設置し，コンベア上を流れる対象物の体積を連続的に測定できるようにした装置を**図 5.30** に示す。物体が空洞部にあるときの周波数を式(5.23)に代入して，物体体積 V を推定することができる。コンベアで移動する木片の体積を開放型ヘルムホルツ共鳴方式で測定した結果，コンベアスピードが 30 mm/s 以下では物体体積と推定値の間の決定係数 r_2 が 0.99，45 mm/s では 0.97 であった[29]。質量測定用のデバイスを組み込むことで，糖度や澱粉価による選果に供することが可能である。

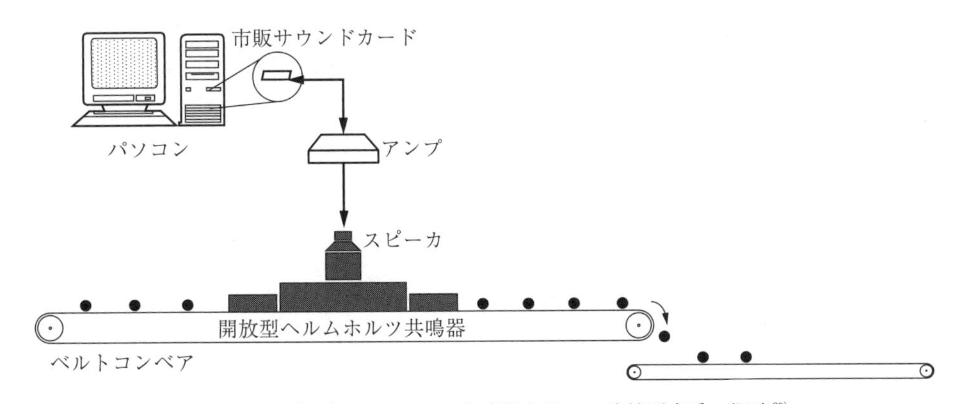

図 5.30　開放型ヘルムホルツ共鳴器を用いた連続測定系の概略[29]

5.3.2　音響共鳴法による遊泳魚の体積測定

（1）原　　理　前述のヘルムホルツ共鳴による体積測定法は空気中での測定であった。同様の方法で水中にある物体の体積は測定できないだろうか。ヘルムホルツ共鳴では物体のまわりにある媒質，通常は空気の p と V（圧力と体積）の関係から物体の体積を求める。水中の場合はその媒質が水に置き換わるが，水も空気と同様に流体であり，水中でも音は伝播するため特に問題はなさそうである。

しかし，空気が水に置き換わるだけで，① 主成分が水である物体が認識できない，② 共鳴を生じさせるのに十分な音圧の確保が容易ではない，という二つの問題が生じ，水中での物体体積測定はそう簡単なことではない。魚の体積をヘルムホルツ共鳴法で測定することを前提として，ここであげた二つの問題点の克服の仕方について以下に述べる。

まず物体の認識ができないのは，空気中では音響の音圧程度では物体の体積は変動しないのに対して，魚肉のように主成分が水である物体は水の圧縮率（またはその逆数の体積弾性率）がほぼ同じであり，音圧に対して周囲の水と同じように体積変動するためである。ただ，一部の魚種を除いて魚には鰾（うきぶくろ）と呼ばれる空気の入った袋をもっている。気体は水よりも大きな圧縮率をもつため，音圧に対する体積変動は周囲の水よりも大きくなる。**図 5.31** に示すように，魚種が同じであれば鰾の大きさは魚体の大きさとほぼ比例するため，鰾の大きさを反映する共鳴周波数から魚体の大きさを推定する方法をとることができる。

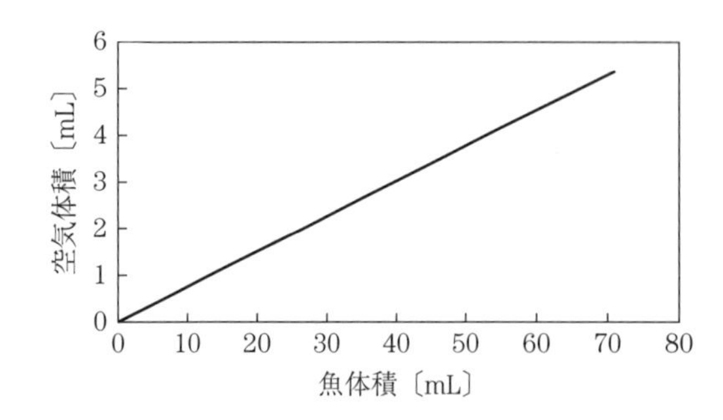

図 5.31　魚体積と鰾内空気体積の関係

水中でのヘルムホルツ共鳴周波数 f は次式で表される[32),33)]。

$$f = \frac{1}{2\pi}\sqrt{\frac{K}{\rho_w}\cdot\frac{1}{W}\cdot\frac{S}{l + l_s}} \tag{5.24}$$

$$K = \frac{W}{\dfrac{V_o}{K_o} + \dfrac{W - V_o}{K_w}}$$

ここで，V_o は試料の体積〔$\mathrm{m^3}$〕，K_o は試料の体積弾性率〔Pa〕，K_w は水の体積弾性率〔Pa〕，ρ_w は水の密度〔$\mathrm{kg/m^3}$〕，l はネック長さ〔m〕，S はネック孔断面積〔$\mathrm{m^2}$〕，W は空洞部体積〔$\mathrm{m^3}$〕，l_s は開口端補正量〔m〕である。

式(5.24)を用いて試料の体積弾性率の違いが共鳴周波数に及ぼす影響を計算した結果を**図 5.32**に示す。魚肉の体積弾性率はほぼ水と等しいが，鰾があるため魚体全体のみかけの体積弾性率は水よりも小さくなる。そのため魚体を測定した場合には図中の右下がりの曲線のパターンをとる。

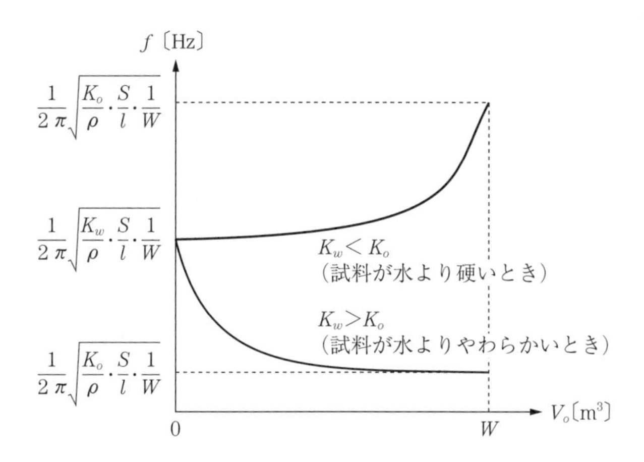

図 5.32 試料体積弾性率が共鳴周波数に及ぼす影響

もう一つの問題点は，共鳴をどのように生じさせるかということである。音圧変化に対する体積変動の指標である体積弾性率は，水の場合 2.22 GPa と空気の 1 万 5 千倍ほど大きい。つまり体積変動が小さいため，市販の水中スピーカを用いても水中での共鳴はなかなか生じない。十分な音圧を確保するためにはウォータリード法が有効である[32),33)]。これはフルートやリコーダのエアリードのように，孔に水流をぶつけてエッジで発生する渦の振動で音を発生させる方法で十分な音圧を確保できる。

（2） 測 定 装 置　**図 5.33** にウォータリード式の水中体積測定装置の構成を示す。ポンプから一定流量の水をエッジに向けて流して共鳴音を発生させ，その音を水中マイクロフォン，もしくは水槽外でノーマルのマイクロフォンを用いて検出し，その音声信号をサウンド機能のあるコンピュータにて記録，解析を行う。流量により音のピッチが変動するため，流量を保つことが重要である。共鳴周波数の同定については 5.3.3 項を参照されたい。

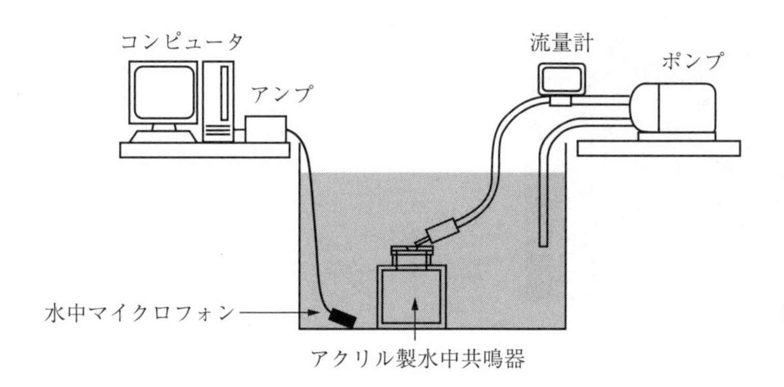

図 5.33 ウォータリード式水中体積測定装置概略[33)]

（3） 測　定　例　**図5.34**に前述の装置で魚を測定したときの共鳴周波数と魚体積の関係を模式的に示す。図中の曲線は式(5.24)に従い，魚体積が増すにつれて共鳴周波数が減少する。これは図5.32に示すように，鰾の中の気体の存在により魚体のみかけの体積弾性率が水よりも小さいためである。あらかじめ大きさの異なる魚を用いて共鳴周波数と魚体積を測定し，同式(5.24)をモデル式とする非線形最小二乗法によりフィッティング式を得ておくことで，これを較正式として魚体積を推定することができる。5.3.1項で述べた開放型共鳴器を用いることにより，遊泳魚の体積による成育モニタリングに応用できるものと考えられる。

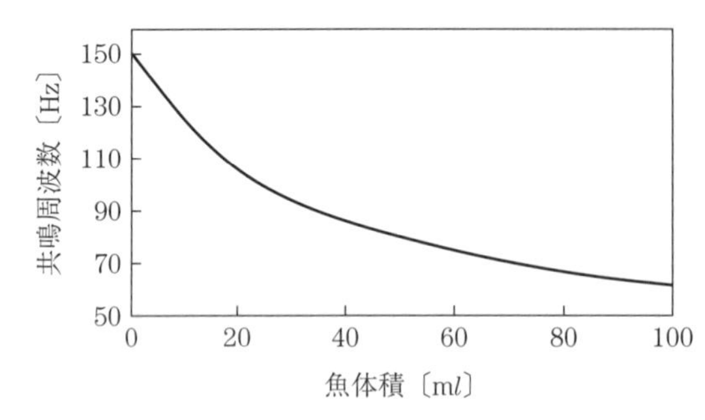

図5.34　魚体積と共鳴周波数

5.3.3　音響共鳴計測システムの自作指南

5.2.1項と5.3.1項で述べたヘルムホルツ共鳴法による体積測定用の装置を，身近にあるものを用いて作ってみよう。

① **用意するもの**：サウンド機能を内蔵したWindowsパソコン，スピーカ，マイクロフォン，三角フラスコ（首をもった壺（つぼ）形の容器であれば何でもよい），計測・解析用ソフトウェア（volume.exe，コロナ社ホームページ，本書の書籍ページ「関連資料」からダウンロードできる），はかり（質量を計る）。

② **組　立　て**：5.2.1項で述べたように，三角フラスコの開口部を挟んでスピーカとマイクロフォンを対向させるように配置する。スピーカとマイクロフォンをパソコンの端子に接続する（**図5.35**参照）。

図5.35　ヘルムホルツ共鳴測定システム

計測・解析用ソフトウェア（volume.exe）

http://www.coronasha.co.jp/np/isbn/9784339067521/本書の書籍ページからダウンロードできる。コロナ社のtopページから書名検索でもアクセスできる。ダウンロードに必要なパスワードは「067521」。

③ **測定してみよう**：

1) 計測・解析用ソフトウェア volume.exe をパソコンに保存する（利用方法は④で解説）。

2) スピーカとマイクロフォンのパソコンへの接続を確認した後，計測ソフトウェアを用いて，録音・再生機能の動作確認を行う。

3) 三角フラスコに何も入れない状態で，ソフトウェアを用いてスウィープ波の発振，応答音の録音を行う。

4) 水を三角フラスコに入れて，3)と同様の計測を行う。三角フラスコの水量は，はかりを用いて正確に計量する。水量を増しながらこの音響計測を繰り返し行う。

5) 三角フラスコの水量が八分目程度になった時点で測定を終了し，共鳴器の中の水を捨て，内部の水気を完全に取り除く。

6) 測定したい物体を三角フラスコに入れて，スウィープ波の発振，応答音の録音。

7) ソフトウェアを用いて録音したデータを読み込み，高速フーリエ変換（FFT）によるパワースペクトルを求める。ピーク周波数をカーソルの示す値から読み取る。

8) 水の体積と式(5.15)中の $(1-f_0^2/f^2)$ の関係をグラフに表す。そして最小二乗法を用いて一次式をモデル式とする較正式を求める。

9) 8)の共鳴周波数を較正式に代入して物体の体積を決定する。

④ **volume の使い方**：

1) volume.exe のアイコンをダブルクリック。

2) セッティング用のダイアログが起動初回のみ出るので，何も入力せず OK ボタンを押す（これにより data というフォルダができる）。

3) メニューバーの「サウンド」→「スウィープ」を選択（**図 5.36** 参照）。

4) 設定ダイアログが出るので，周波数範囲と発信時間を入力し OK ボタンを押す（1 Hz～1 000 Hz で 3 秒くらいが適当）。

5) 3 秒間音が出る。計測終了後，波形が表示される。

6) 「ファイル」→「名前をつけて保存」→ wav 形式で保存。

7) つぎに FFT 解析を行う。メニューバーの「スペクトル」→「FFT」を選択し，何も入力せず OK ボタンを押す。

8) パワースペクトル画面が出る。

9) 拡大したいときには shift キーを押しながらドラッグすると反転表示される。マウスのボタンを押えるのをやめた後，反転部分をダブルクリックすると拡大される†。

10) Ctrl キーを押しながら左クリックするとラインカーソルが表示される。カーソル部分の周波数値がウィンドウ上部に表示されるので，ピークのあたりにカーソルをもっていくと共鳴周波数を知ることができる。ラインカーソルを消す場合にはダブルクリック。

† スペクトルは 20 kHz まで表示されるので，拡大表示するときには，ウィンドウの左部分をねらう。

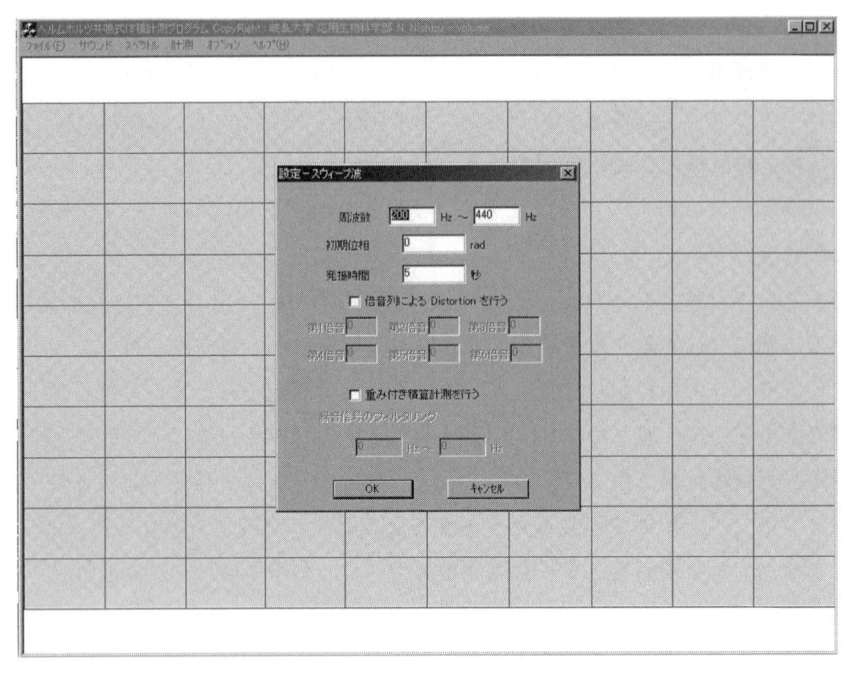

図 5.36　計測・解析用ソフトウェア volume.exe のインタフェース

11)　元の時間領域のデータ表示にするためには，Shift キーを押しながら右クリック†。

5.3.4　スペクトル拡散音波による位置計測

スピーカやマイクを複数個用いることで対象の位置を計測することができる。位置を計測するためのシステムコンフィギュレーションには，複数のマイクを計測範囲に配置しスピーカの位置を計測する **IGPS**（inverse global positioning system）**方式**と，複数のスピーカを計測範囲に配置しマイクの位置を計測する **GPS 方式**の二つがある（**図 5.37**）。

IGPS 方式は一つの計測対象に対して一つの SS 音波（spreed spectrum acoustic wave：スペクトル拡散音波）が必要である。計測対象が少ない場合は計算量が少なくて済み，電力消費量も小さく

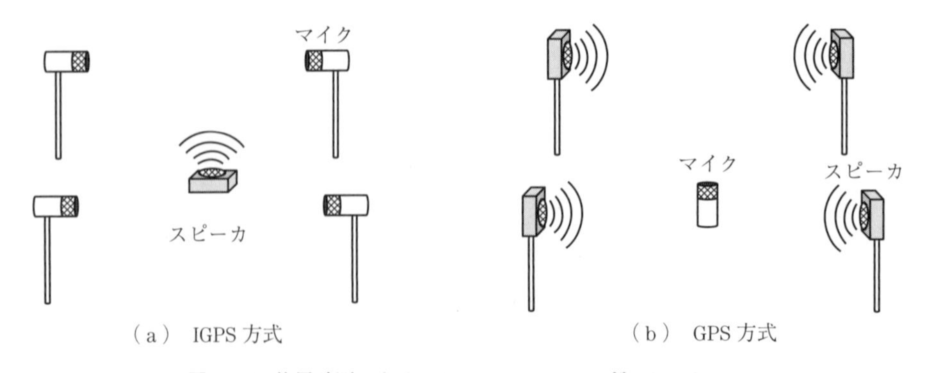

（a） IGPS 方式　　（b） GPS 方式

図 5.37　位置計測のためのシステムコンフィギュレーション

† 表示が消えたりおかしくなったりした場合も，Shift ＋ 右クリックをすることで再描画される。

できる。しかし，ロボットなどの移動体を自律走行させる場合には，マイク側で計測した距離や位置をスピーカ側（ロボット）に通知する必要があり，その分遅延が生じる。また，計測対象が増すごとに計算量が増える。

一方，GPS方式で3次元位置を計測するには三つ以上のスピーカから異なるSS音波を出力し，マイク側でスピーカの数だけSS音波の相関処理を行う必要がある。そのため，遠近問題（あるスピーカから近い位置にマイクがあるとき，そのスピーカの受信信号が大きく，遠くのスピーカからの信号が受信できなくなる問題）を考慮する必要がある。

しかし，移動体に取り付けたマイク側で位置計測を行うため，計測結果の通知遅延が小さくなる。さらに，複数の対象を計測する場合，マイク側の装置を複数用いるだけでよいため，多数の位置を計測するものに向いている。

位置計算方法には，おもに**到来時刻**（time of arrival, TOA）に基づく方法と，**到来時刻差**（time difference of arrival, TDOA）に基づく方法がある。TOAでは，送信側と受信側の同期をとり，各距離 l_i を計測して位置を計算する。

$$l_i = c\,(t_{si} - t_t) = \sqrt{(x_s - x_i)^2 + (y_s - y_i)^2 + (z_s - z_i)^2} \tag{5.25}$$

ここで，t_{si} は各受信時刻，(x_s, y_s, z_s) は計測対象位置，(x_i, y_i, z_i) は計測範囲に設置されたノード（配置されたマイクまたはスピーカ）の位置とする。いま，各ノードの位置が既知であるとすると，未知数は (x_s, y_s, z_s) の三つであるため，三つ以上の距離計測値が得られれば計算が可能となる。

一方，TDOAでは受信時刻差を用いると以下の式が成り立つ。

$$\begin{aligned} l_i - l_j &= c\,(t_{si} - t_{sj}) \\ &= \sqrt{(x_s - x_i)^2 + (y_s - y_i)^2 + (z_s - z_i)^2} - \sqrt{(x_s - x_j)^2 + (y_s - y_j)^2 + (z_s - z_j)^2} \end{aligned} \tag{5.26}$$

そのため送信機側と受信機側の同期は必要ない。ただし，GPS方式の場合は各スピーカから出力タイミングを一致させること，IGPSでは各マイク側の同期が必要であり，また計測する次元数＋1の距離計測が必要となる。

上述の式は，非線形方程式であるため，初期値のまわりに線形化を行い，逐次近似法により解を得ることが一般的である[34)]。

① まず初期値を設定する $(x_s{}^0, y_s{}^0, z_s{}^0)$

② 初期値を用いて距離を計算する

$$l_{si}{}^0 = \sqrt{(x_s{}^0 - x_i)^2 + (y_s{}^0 - y_i)^2 + (z_s{}^0 - z_i)^2} \tag{5.27}$$

③ 計測した距離との差を計算する

$$\Delta l_{si} = l_i - l_{si}{}^0 \tag{5.28}$$

④ この差に相当する分を修正するために，以下の式を計算する

$$\Delta l_{si} = \frac{\partial l_i}{\partial x}\Delta x + \frac{\partial l_i}{\partial y}\Delta y + \frac{\partial l_i}{\partial z}\Delta z \tag{5.29}$$

ただし

$$\frac{\partial l_i}{\partial x}=\frac{-(x_s{}^0-x_i)}{l_i}$$
$$\frac{\partial l_i}{\partial y}=\frac{-(y_s{}^0-y_i)}{l_i} \tag{5.30}$$
$$\frac{\partial l_i}{\partial z}=\frac{-(z_s{}^0-z_i)}{l_i}$$

である。$\Delta\boldsymbol{l}_s=[\Delta l_{s1}\,\Delta l_{s2}\cdots\Delta l_{sN}]^{\mathrm{T}}$，$\Delta\boldsymbol{x}=[\Delta x\,\Delta y\,\Delta z]^{\mathrm{T}}$ とおくと，式(5.29)は

$$\Delta\boldsymbol{l}_s=D\Delta\boldsymbol{x} \tag{5.31}$$

となる。ただし，D は**計画行列**（design matrix）または**観測行列**（observation matrix）と言い

$$D=\begin{bmatrix}\dfrac{\partial l_1}{\partial x} & \dfrac{\partial l_1}{\partial y} & \dfrac{\partial l_1}{\partial z}\\ \dfrac{\partial l_2}{\partial x} & \dfrac{\partial l_2}{\partial y} & \dfrac{\partial l_2}{\partial z}\\ \vdots & \vdots & \vdots\\ \dfrac{\partial l_N}{\partial x} & \dfrac{\partial l_N}{\partial y} & \dfrac{\partial l_N}{\partial z}\end{bmatrix} \tag{5.32}$$

である。この連立方程式を，Δx，Δy，Δz について解く。つまり

$$\Delta\boldsymbol{x}=(D^{\mathrm{T}}D)^{-1}D^{\mathrm{T}}\Delta\boldsymbol{l}_s \tag{5.33}$$

を解けばよい。$(D^{\mathrm{T}}D)^{-1}D^{\mathrm{T}}$ は D の一般逆行列であり，式(5.33)は最小二乗解を求めている。

⑤　初期値を更新する

$$x_s{}^1=x_s{}^0+\Delta x$$
$$y_s{}^1=y_s{}^0+\Delta y \tag{5.34}$$
$$z_s{}^1=z_s{}^0+\Delta z$$

⑥　②に戻り $\Delta\boldsymbol{x}$ が十分に小さい値になるまで計算を繰り返す

各ノードの位置が既知であり，ノードまでの距離を計測し，上述の計算を行うことで位置を計測することができる。ただし，ノードが測定対象に対して同一方向にある場合など，観測行列 G のランクが未知数よりも小さくなると解が求まらない。また計測誤差は，「ノードまでの距離計測の誤差」と「各ノードと測定対象の幾何学的位置関係」の二つに依存する。そのため，各ノードをどのように配置するかを検討することは重要である。この幾何学的位置関係を評価する指標に**精度劣化指数**（dilution of precision, DOP）がある[35]。$\Delta\boldsymbol{x}$ と $\Delta\boldsymbol{l}_s$ の共分散行列をそれぞれ $\mathrm{cov}\,(\Delta\boldsymbol{x})$ および $\mathrm{cov}\,(\Delta\boldsymbol{l}_s)$ とすると，誤差伝播の法則から

$$\mathrm{cov}\,(\Delta\boldsymbol{x})=[(D^{\mathrm{T}}D)^{-1}D^{\mathrm{T}}]\cdot\mathrm{cov}\,(\Delta\boldsymbol{l}_s)\cdot[(D^{\mathrm{T}}D)^{-1}D^{\mathrm{T}}]^{\mathrm{T}} \tag{5.35}$$

となる。各ノードまでの距離計測の精度が等しく，標準偏差で σ とすると，$\mathrm{cov}(\Delta\boldsymbol{l}_s)=\sigma^2\boldsymbol{I}$ となるため

$$\mathrm{cov}\,(\Delta\vec{x})=[(D^{\mathrm{T}}D)^{-1}D^{\mathrm{T}}]\cdot\sigma^2\boldsymbol{I}\cdot[(D^{\mathrm{T}}D)^{-1}D^{\mathrm{T}}]^{\mathrm{T}}=\sigma^2\cdot(D^{\mathrm{T}}D)^{-1} \tag{5.36}$$

となる。ここで，$C=(D^{\mathrm{T}}D)^{-1}$ と書くと，対角成分の平方根は

$$\sigma_x=\sigma\sqrt{C_{11}},\quad \sigma_y=\sigma\sqrt{C_{22}},\quad \sigma_z=\sigma\sqrt{C_{33}} \tag{5.37}$$

となる。行列 C は幾何学的位置関係によって定まる値であり，位置計測の精度が距離計測の誤差と幾何学的位置関係の二つに依存することがわかる。そして DOP は以下の式で定義される。

$$\begin{aligned} PDOP &= \sqrt{C_{11} + C_{22} + C_{33}} \\ HDOP &= \sqrt{C_{11} + C_{22}} \\ VDOP &= \sqrt{C_{33}} \end{aligned} \tag{5.38}$$

$PDOP$（position DOP）は位置の決定精度，$HDOP$（horizontal DOP）は水平方向の位置の決定精度，$VDOP$（vertical DOP）は垂直方向の位置の決定精度を示す。また，距離精度に各 DOP を掛け合わせることで測位精度が求まる。この DOP を用いることで，各ノードの最適な配置を検討することができる。

いままでに筆者は，IGPS 方式のコンフィギュレーションによる SS 音波測位システムを構築し，屋外の 30 m × 30 m の範囲を計測した。詳細については文献 36)に譲るが，風速が 2〜3 m/s の条件で平均 2 次元誤差は 70 mm 程度であった。さらに，基地局法で風速の補償を行うと平均 2 次元誤差は 20 mm 程度に改善された。SS 音波を用いることで高い精度で位置計測が可能である。

5.3.5 超音波法による果菜類の内部品質（密度，硬さ）測定

（1） 原　　理　硬い果実は未熟でおいしくないということは誰もが経験的に知っており，ゆえに硬さは果実にとって重要な品質指標であるといえる。硬さは対象物を変形させるときに必要な力であるが，これはいわゆる応力-ひずみ線の傾きである弾性率と同じ定義である。テクスチャアナライザやレオメータと呼ばれる圧縮試験機を用いることで，この定義に沿った弾性率測定を実現することができる。ただし，この方法では測定中の組織構造の小さな破壊が物性値に影響を及ぼす可能性がないとはいえない。

工業材料では，超音波の音速測定により弾性率を決定することが公定法（例えば JIS Z 2280）として定められている。測定原理は，5.2.1 項で述べた音速と弾性率の関係を利用したものである。超音波を用いるため試料を破壊することがなく，果実の硬さ測定にはうってつけである。しかし，果実のみならず農産物一般に，組織中には細胞間隙と呼ばれる空隙が体積分率にして数 % から 40 % の範囲で存在しており，これが超音波による弾性率評価に少なからず影響を及ぼすことに留意する必要がある。

果菜類組織が，等方均質な連続相に小さな気泡が分散している気泡分散系で表されるものとする。この気泡分散系のみかけの剛性率[38]，みかけの体積弾性率[37)〜39)]，みかけのポアソン比，みかけのヤング率を気泡含有率の関数として表した理論式を用いて，超音波縦波音速と気泡含有率との関係は次式のように表される[40]。

$$c_L = \sqrt{\frac{K_1}{\rho_1}\left[\frac{2(1-2\sigma_1)}{2(1-2\sigma_1)+(1+\sigma_1)\phi} + \frac{2(7-5\sigma_1)(1-2\sigma_1)}{\{(7-5\sigma_1)+2(4-5\sigma_1)\phi\}(1+\sigma_1)}\right]} \tag{5.39}$$

ただし，K：体積弾性率，σ：ポアソン比，ϕ：分散粒子（気泡）体積分率，c_L：超音波縦波音速。添字 1：連続相，添字 2：気泡分散相。

式(5.39)は気泡の存在が無視しえないことを示している。

(2) 測 定 装 置　**図5.38**に，超音波縦波音速の測定と組織内ガス体積分率測定装置の概略[40]を示す。5.2.3項で述べた2プローブの透過法によって音速を測定する。ロードセルのついたプランジャを内蔵しており，これでみかけのヤング率を測定することができる。試料室に高圧窒素ガスを導入することで雰囲気圧を増加させて，組織内ガスの体積分率を減少することができる。ガ

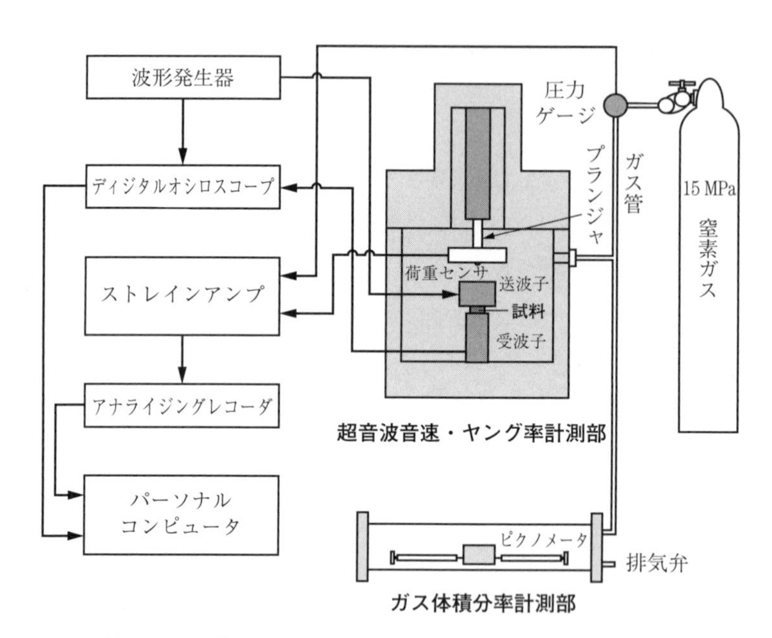

図5.38　果菜類の超音波縦波音速とガス体積分率測定装置[40]

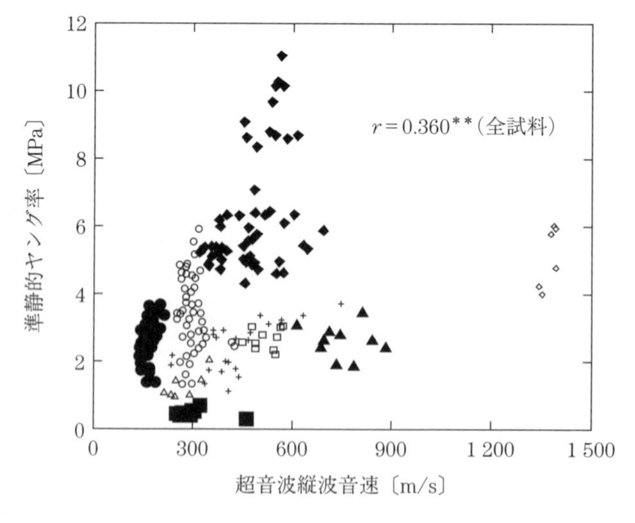

図5.39　果菜・根菜類試料の準静的ヤング率と超音波縦波音速[41]

ス体積分率計測部ではピクノメータに試料と等張液を入れて，加圧したときの体積減少量からガス体積分率を推定した[40]。

（3）測 定 例　**図 5.39** に果菜類・根菜類試料の超音波縦波音速と準静的ヤング率の関係を示す。両者には弱い相関はあるものの，ばらつきが非常に大きい。**図 5.40** に組織内ガス体積分率と超音波縦波音速の関係を示す。図中の実線は式(5.39)をモデル式として，非線形フィッティングして求めたものである。測定値がモデル曲線に沿って変化している。

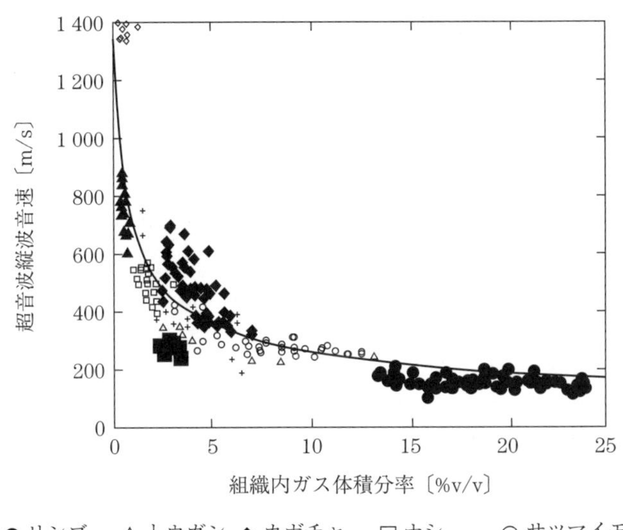

図 5.40　果菜・根菜類試料の超音波縦波音速と組織内ガス体積分率[41]

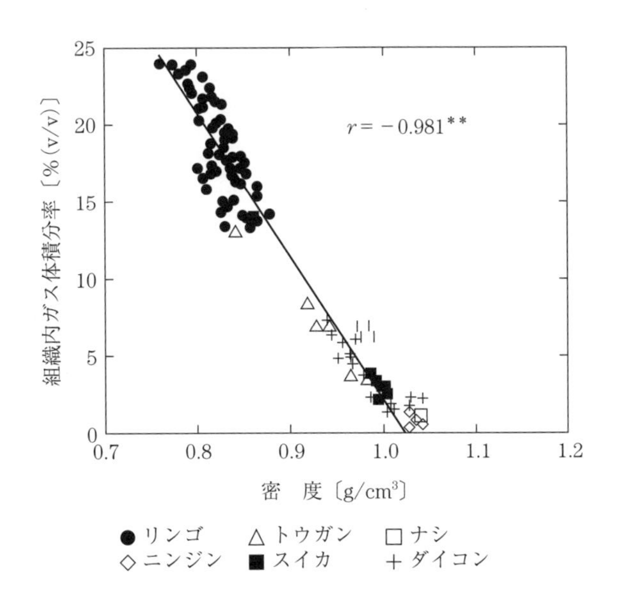

図 5.41　果菜・根菜類の組織内ガス体積分率と密度[41]

これら二つの結果から，超音波縦波音速の支配的因子は，みかけの弾性率ではなく，組織内ガス体積分率であるものと考えられる。果菜類，根菜類の組織細胞の密度は種類によらず水の密度程度の大きさであることから，空隙を含む組織体の密度はガス体積分率と負の相関をもつ（**図5.41**）。

このことから，果菜類・根菜類の超音波縦波音速測定からは，硬さ情報ではなく密度情報が得られることがわかる。硬さ情報を得るためには，5.2.1項で述べた打音法を用いるべきである[19]。

演　習　問　題

5.1　5.1.1節の図5.3のように媒質1から媒質2に向かって音波が入射するときの音圧の反射率が，表5.2中の式となることを確認せよ。

5.2　打音法による果実の硬さ推定では，$f^2 \cdot m^{\frac{2}{3}}$（$f$は共振周波数，$m$は質量）を指標として用いられる。この式は同一種で球形のもので有効とされるが，同一種である必要があるのはなぜか。

5.3　搬送波周波数24 kHz，チップレート12 kcps，M系列符号をデータとしたBPSKによる変調によりSS音波を作成した。このSS音波のメインローブの周波数帯域はいくらになるか。また，このSS音波により直接自己相関を計算すると，相関ピークの山の数はいくらになるか。

5.4　システムコンフィグレーション（GPS方式とIGPS方式）の違いとそれぞれの利点を述べよ。

5.5　5.3.3項で述べたヘルムホルツ共鳴法による体積測定では，共鳴周波数fと試料体積のデータから較正式をつくらず，空共鳴器の周波数f_0も用いて$1-\dfrac{{f_0}^2}{f^2}$を計算し，これと試料体積のデータから較正式を求める。この理由について述べよ。

引用・参考文献

1 章

1）世界の人口：http://arkot.com/jinkou/（2016）

2）United Nations Population Division : World Population Prospects（2000）

3）FAO : Hunger Map, Prevalence of Undernourishment in the Population（percent）in 2014-2016, http://www.fao.org/3/a-i4674e.pdf（2015）

4）環境省：環境白書（平成 9 年），https://www.env.go.jp/policy/hakusyo/honbun.php3?kid=209&bflg=1&serial=10282

5）近藤　直ほか：生物生産工学概論―これからの農業を支える工学技術，朝倉書店（2012）

6）エネルギーと食糧および水危機，http://www7b.biglobe.ne.jp/~sumida/Food.html（2016）

7）M. Kurita, et al. : A Double Image Acquisition System with Visible and UV LEDs for Citrus Fruit, Journal of Robotics and Mechatronics, **21**（4）: pp. 533～540（2009）

8）N. Kondo, : Precision Agriculture Based Food Production for Global Population 9 Billion Time, Proceedings of World Engineering Conference and Convention 2015, Kyoto, Nov. 29-Dec. 2（CD-ROM）.

9）近藤　直ほか：農産物性科学（2）―音・電気・光特性と生化学特性―，コロナ社（2010）

10）白神慧一郎：京都大学博士論文「広帯域テラヘルツ誘電分光に基づく生体分子水溶液および接着性細胞中の水和状態・水素結合ネットワーク評価」（2016）

11）T. Nishizu, et al. : Automatic, Continuous Food Volume Measurement with a Helmholtz Resonator, the CIGR Journal of Scientific Research and Development, 3, FP 01 004（2001）

12）篠原義明：京都大学修士論文「ウォーターリード法による水中ヘルムホルツ共鳴を用いた体積測定法に関する研究」（2014）

13）椎木友朗ほか：農作業機械の測位システムのためのスペクトル拡散（SS）音波による距離計測の計測周期高速化手法，農業食料工学会誌，**76**, 5, pp. 395～404（2014）

2 章

1）M. Tonouchi : Cutting-edge Terahertz Technology, Nature Photonics 1, pp. 97～105（2007）

2）近藤　直ほか：農産物性科学 2 ―音・電気・光特性と生化学特性―，コロナ社，pp. 125～136（2010）

3）E. Hecht 著，尾崎義治，朝倉利光訳，ヘクト 光学 II ―波動光学―，丸善，3 訂版，pp. 67～74（2003）

4）日本分光学会編：光学実験の基礎と改良のヒント，分光測定入門シリーズ 2，講談社サイエンティフィク，pp. 134～138（2009）

5）浜松ホトニクス（株）ホームページ，製品情報（http://www.hamamatsu.com/resources/pdf/etd/Xe-HgXe_TLSX1044J.pdf）p. 2, 4（2016）

6）日本分光学会 編：光学実験の基礎と改良のヒント，分光測定入門シリーズ 2，講談社サイエンティフィク，pp. 70～100（2009）

7）柴田和雄：スペクトル測定と分光光度計，講談社サイエンティフィク（1974）

8）浜松ホトニクス（株）ホームページ，製品情報（http://www.hamamatsu.com/jp/ja/product/category/3100/4001/4103/S12698-01/index.html），技術資料（http://www.hamamatsu.com/resources/pdf/ssd/02_handbook.pdf）p. 25（2016）

9）浜松ホトニクス（株）ホームページ，製品カタログ（http://www.hamamatsu.com/resources/pdf/etd/PMT_TPMZ0002J.pdf）p. 4（2016）

10）浜松ホトニクス(株)ホームページ，技術資料（http://www.hamamatsu.com/resources/pdf/ssd/infrared_kird9001j.pdf）p. 8（2016）
11）実吉純一，菊池喜充，能本乙彦：超音波技術便覧，日刊工業新聞社，pp. 9～21（1991）
12）鈴木浩平，西田公至，丸山晃市，渡辺　武：機械工学のための振動・音響学，第5刷，サイエンス社，pp. 152～159（1996）
13）根岸勝雄，高木堅志郎：超音波技術，物理工学実験14，東京大学出版会，pp. 166～168（1984）
14）野村浩康，川泉文男，香田　忍：液体および溶液の音波物性，名古屋大学出版会，pp. 29～30（1994）
15）特許庁：平成18年度特許出願技術動向調査報告書「最新スピーカ技術—小型スピーカを中心に—」，特許庁，pp. 1～38（2007）
16）根岸勝雄，高木堅志郎：超音波技術，東京大学出版会，pp. 158～160（1984）
17）野村浩康，川泉文男，香田　忍：液体および溶液の音波物性，名古屋大学出版会，pp. 23～30（1994）
18）和田八三久，生嶋　明：超音波スペクトロスコピー［基礎編］，培風館，pp. 5～8（1990）
19）実吉純一，菊池喜充，能本乙彦：超音波技術便覧（新訂），日刊工業新聞社，p. 1 324（1978）
20）実吉純一，菊池喜充，能本乙彦：超音波技術便覧（新訂），日刊工業新聞社，p. 167（1978）
21）実吉純一，菊池喜充，能本乙彦：超音波技術便覧（新訂），日刊工業新聞社，pp. 963～965（1978）
22）古幡　博，菅野亮一，古平国泰，青柳　徹，松本博治，林　純，吉村正蔵：血流速度の絶対値計測をめざした超音波ドプラ法，医用電子と生体工学，**16**，4，pp. 30～34（1978）
23）中山泰喜：レーザドップラ流速計，ターボ機械，**2**，5，pp. 29～36（1974）
24）桜井直樹：レーザードップラー装置による果実の非破壊的粘弾性測定，日本バイオレオロジー学会誌（B&R），**17**，3，pp. 11～16（2003）
25）https://www.hamamatsu.com/resources/pdf/ssd/02_handbook.pdf（2016）
26）的場　修編著：光エレクトロニクス，OHM大学テキスト，オーム社，p. 154（2013）
27）南　茂夫，河田　聡：科学計測のためのデータ処理入門，I・Fエッセンスシリーズ，CQ出版社（2001）
28）小畑秀文，浜田　望，田村安孝：信号処理入門，計測・制御テクノロジーシリーズ，コロナ社，pp. 102～121（2007）
29）遠坂俊昭：計測のためのフィルタ回路設計，C & E tutorial，CQ出版社（1998）
30）(株)エヌエフ回路設計ブロック，ホームページ，技術情報（http://www.nfcorp.co.jp/techinfo/keisoku/noise/li_genri1.html）（2016）
31）R. L. Peterson, R. E. Ziemer and D.E. Borth 著，丸林　元，黒木聖司ほか訳：スペクトル拡散通信入門，ディジタル移動通信シリーズ，科学技術出版，pp. 144～146（2002）
32）松尾憲一：スペクトラム拡散技術のすべて，東京電機大学出版局，pp. 29～32（2002）
33）小畑秀文，浜田　望，田村安孝：信号処理入門，計測・制御テクノロジーシリーズ，コロナ社，pp. 162～163（2007）

3　章

1）S. Yoshioka and S. Kinoshita：Wavelength-selective and Anisotropic Light-diffusing Scale on the Wing of the Morpho Butterfly, Proc. R. Soc. Lond. B, 271, pp. 581～587（2004）
2）田村　守：光を用いた生体機能計測，電子科学研究，2, pp. 16～22（1995）
3）田隅三生 編著，日本分光学会 著：赤外分光測定法—基礎と最新手法—，エス・ティ・ジャパン（2012）
4）ジーエルサイエンス(株)ホームページ，製品情報（https://www.gls.co.jp/product/cells/00003.html），（https://www.gls.co.jp/product/cells/00085.html）（2016）
5）E.D. Palik edt., M. R. Querry et al.：Handbook of Optical Constants of Solids Ⅱ, Academic press, pp.

1059～1077（1998）
6）近藤幸夫：固体の吸収スペクトル測定法（第1講概説），分光研究，**25**．1，pp. 47～55（1976）
7）井上頼直 編，柴田和雄ほか 著：微少スペクトル変化の測定―生体試料を中心にして―，日本分光学会測定シリーズ4，学会出版センター，p. 22（1983）
8）濵口宏夫，平川暁子 編：ラマン分光法，日本分光学会測定法シリーズ17，第5版，学会出版センター（2002）
9）井上頼直 編，柴田和雄ほか 著：微小スペクトル変化の測定―生体試料を中心にして―，日本分光学会測定シリーズ4，学会出版センター，p. 19（1983）
10）長谷川健：スペクトル定量分析，講談社サイエンティフィック（2005）
11）V. Lucarini, et al. : Kramers-Kronig Relations in Optical Materials Research, Springer series in optical sciences（2010）
12）岩田哲郎，小勝負純：反射スペクトルからのK-K変換による光学定数の算出誤差，分光研究，**45**（3），pp. 138～144（1996）
13）N.J. Harrick : Internal Reflection Spectroscopy, John Wiley, New York（1967）
14）尾崎幸洋 編著，日本分光学会 著：近赤外分光法，分光法シリーズ2，講談社，p. 57（2015）
15）宮本久美：近赤外分光法 Ⅲ．近赤外スペクトルの定量法，分光研究，**53**，3, pp. 192～203（2004）
16）岩元睦夫，河野澄夫，魚住　純：近赤外分光法入門，幸書房（1995）
17）I. Noda and Y. Ozaki : Two-Dimensional Correlation Spectroscopy, John Wiley & Sons, Chichester, West Sussex（2004）
18）野田勇夫：二次元赤外分光法，高分子，**39**，3, pp. 214～217（1990）
19）野田勇夫，尾崎幸洋：二次元近赤外相関分光法の可能性，分光研究，**44**，5, pp. 236～246（1995）
20）森田茂昭，新澤英之，尾崎幸洋：二次元相関分光法，分光研究，**60**，6, pp. 243～250（2011）
21）南　茂夫：科学計測のための波形データ処理―計測システムにおけるマイコン・パソコン活用技術，CQ出版（1986）
22）河田　聡，南　茂夫：科学計測のための画像データ処理―パソコンEWS活用による画像計測＆処理技術，CQ出版（1994）
23）S. Kawata, K. Sasaki and S. Minami : Component Analysis of Spatial and Spectral Patterns in Multispectral Images. I. Basis. J. Opt. Soc. Am. A, **4**, 11, pp. 2101～2106（1987）
24）K. Sasaki, S. Kawata, and S. Minami : Component Analysis of Spatial and Spectral Patterns in Multispectral Images. II. Entropy Minimization, J. Opt. Soc. Am. A, **6**, pp. 73～79（1989）
25）K. Sasaki and S. Kawata : Component Pattern Separation of Unknown-mixture Images by Double Eigenvector Analysis, J. Opt. Soc. Am. A, **7**, 3, pp. 513～516（1990）
26）南　茂夫，河田　聡：科学計測のためのデータ処理入門，I・Fエッセンス・シリーズ，CQ出版（2001）
27）廣本宣久ほか：テラヘルツ技術総覧，エヌジーティー（2007）
28）M. Hangyo, T. Nagashima and S. Nashima : Spectroscopy by Pulsed Terahertz Radiation, Meas. Sci. Technol. 13, pp. 1727～1738（2002）
29）D.W. Johnson, J.B. Callis and G.D. Christian : Rapid Scanning Fluorescence Spectroscopy, Anal. Chem. 49, pp. 747A-757A（1997）
30）杉山純一：光の指紋による食品の鑑別・定量，食品と容器，**54**，5，pp. 308～315（2013）
31）杉山純一，蔦　瑞樹：蛍光指紋による食品の判別・定量技術，日本食品科学工学会誌，**60**，9，pp. 457～465（2013）
32）B. M. Nicolaï et al. : Nondestructive Measurement of Fruit and Vegetable Quality by Means of NIR Spectroscopy : A review, Postharvest Biology and Technology, 46, pp. 99～118（2007）
33）S. Kawano, T. Fujiwara and M. Iwamoto : Nondestructive Determination of Sugar Content in Satsuma Mandarin using Near Infrared（NIR）Transmittance, J. Japan. Soc. Hort. Sci. **62**, 2, pp. 465～470

(1993)
34) 白神慧一郎，足立　絢，小川雄一：糖―水相互作用による耐凍結乾燥特性の究明，冷凍，**90**，1051，pp. 362〜367 (2015)
35) K. Shiraga, T. Suzuki, N. Kondo, T. Tajima, M. Nakamura, H. Togo, A. Hiarata, K. Ajito and Y. Ogawa : Broadband Dielectric Spectroscopy of Glucose Aqueous Solution : Analysis of The Hydration State and The Hydrogen Bond Network", The Journal of Chemical Physics, **142**, 23, pp. 234〜504 (2015)
36) 川瀬晃道，渡部裕輝，小川雄一，伊藤弘昌：テラヘルツ分光イメージングによる試薬の成分解析，電気学会論文誌 C, **124**, 7, pp. 1339〜1344 (2004)
37) K. Kawase, Y. Ogawa, Y. Watanabe and H. Inoue : Non-Destructive Terahertz Imaging of Illicit Drugs Using Spectral Fingerprints, Optics Express, **11**, 20, pp. 2549〜2554 (2003)
38) J. Homola and M. Piliarik : Surface Plasmon Resonance Based Sensors, Springer Berlin Heidelberg (2006)
39) T. Suzuki, Y. Ogawa, N. Kondo, T. Kondo and S. Kamba : Bacterial Detection for Food Inspection by Using Metallic Mesh Sensor, 4th IFAC Conference on Modeling and Control in Agriculture, Horticulture and Post Harvest Industry, **4**, 1, pp. 327〜330 (2013)
40) H. Seto, et al. : Metal Mesh Device Sensor Immobilized with a Trimethoxysilane-Containing Glycopolymer for Label-Free Detection of Proteins and Bacteria, ACS Applied Materials & Interfaces, **6**, 15, pp. 13234〜13241 (2014)
41) T. Suzuki, et al. : Detection of SiO_2 Thin Layer by Using a Metallic Mesh Sensor, IEEE Sensors Journal, **13**, 12, pp. 4972〜4976 (2013)
42) H. Yoshida, et al. : Terahertz Sensing Method for Protein Detection Using a Thin Metallic Mesh, Applied Physics Letters, **91**, 25, pp. 253〜901 (2007)

4 章

1) 近藤　直：分光反射特性を利用した植物体各部の識別のための波長帯域の選定，生物環境調節，**26**，4, pp. 175〜183 (1988)
2) 近藤　直，遠藤俊三：果実認識用視覚センサの研究（第2報）―最適波長帯域の選定と識別実験―，農業機械学会誌，**49**，6，pp. 563〜570 (1987)
3) 近藤　直ほか：農業ロボット（Ⅰ）―基礎と理論―，コロナ社，pp. 15〜18 (2004)
4) 有馬誠一ほか：紫外・可視領域における虫媒花の分光反射特性，園芸学会雑誌，71，別冊 2, p. 412 (2002)
5) 江村　薫：光による昆虫管理（誘引と行動制御），農業電化，**56**，6，pp. 2〜7 (2003)
6) 矢澤　進 編著：図説 野菜新書，朝倉書店，pp. 83〜84 (2003)
7) 久保田節ほか：紫外光感度を有する昆虫色覚類似のカラーテレビカメラ，NHK 技研 R&D，pp. 15〜18 (1994)
8) Hu, B.B., et al. : Imaging with Terahertz Waves, Opt. Lett. **20**, 16, pp. 1716〜1719 (1995)
9) S. Shibusawa, et al : Soil Mapping Using the Real-Time Soil Spectrophotometer. Precision Agriculture ' 01, Proc. (on CD-ROM) 3rd Euro. Conf. Precision Agriculture, Eds. S. Blackmore and G. Grenier, agro Montpellier, pp. 485〜490 (2001)
10) S. Shibusawa, et al. : Soil Mapping Strategy Using Real-Time Soil Spectrophotometer, Proc. (on CD-ROM) 6th International Conference on Precision Agriculture, Minnesota, USA. (2002)
11) 川瀬晃道ほか：パラメトリック発振による波長可変テラヘルツ電磁波の発生と応用，レーザ研究，**26**, 7, pp. 522〜526 (1998)
12) 野口　伸 編：リモートセンシングによる農地環境の認識と理解，農業機械学会誌，**65**，4，pp. 3〜21 (2003)
13) M.A. MOMIN, et al. : Investigation of Excitation Wavelength for Fluorescence Emission of Citrus

Peels based on UV-VIS Spectra, EAEF **5**, 4 : pp. 126～132（2012）
14）M. A. MOMIN, et al. : Identification of UV-Fluorescence Components for Detecting Peel Defects of Lemon and Yuzu Using Machine Vision, EAEF, **6**, 4 : pp. 165～171（2013）
15）石井　徹ほか：落葉系果実選別ロボット（第 2 報）―画像処理システムの開発―，農業機械学会誌，**65**，6，pp. 173～183（2003）
16）(株)島津製作所ホームページ，カルニュー精密屈折計（http://www.shimadzu.co.jp/opt/products/ref/ref-app01.html）（2016）
17）大島光雄：イメージセンサの選び方・使い方，日刊工業新聞社，pp. 1～29（1985）
18）安藤幸司：第 24 回 光と光の記録，映像情報 Industrial，1 月号，pp. 44～50（2004）
19）日本色彩学会：新編 色彩科学ハンドブック第 2 版，pp. 89～129（1998）
20）山下律也ほか：第 1 章 基礎的物理特性，農産物性研究（第 1 集）農産物の物性および測定法に関する総合的研究，pp. 1～9（1979）
21）長谷川純一ほか：画像処理の基本技法，技法入門編，技術評論社，pp. 61～62（1986）
22）岡本嗣男ほか：生物にやさしい知能ロボット工学，pp. 41～46，実教出版（1992）
23）近藤　直，芝野保徳：視覚センサによる農作物の検出方法，日本ロボット学会第 7 回学術講演会予稿集，pp. 277～280（1989）
24）M. Kise, et al. : A Stereovision-based Crop Row Detection Method for Tractor-automated Guidance, Biosystems Engineering, **90**, 5, pp. 357～367（2005）
25）岩崎民平ほか：新英和中辞典，p. 1597，研究社（1972）
26）R.M. Haralick, et al. : Textural Features for Image Classification, IEEE Transactions on Systems, Man, and Cybernetics. SMC-3（6）, pp. 610～621（1973）
27）2015-2016 東芝ランプ総合カタログ p. 90，http://page.cextension.jp/c3905/pageview/pageview.html?page_num=90#_ga=1.95673692.1333894466.1451542797
28）K. Daumer : Reizmetrische Untersuchungen des Farbensehen der Bienen. Z. vergl. Physiol. 38, pp. 413～478（1956）
29）D.K. Blumenfarben : Wie Sie Bienen Sehen. Z. vergl. Physiol. **41**, pp. 49～110（1958）
30）H. Kugler : UV-Male auf Bluten. Ber. Dtsch. Bot. Ges. **79**, 2, pp. 57～70（1966）
31）F.G. バルト 著，渋谷達明 監訳：昆虫と花，八坂書房，pp. 105～138（1997）
32）J. Mahirah, et al. : Double Lighting Machine Vision System to Monitor Harvested Paddy Grain Quality during Head-Feeding Combine Harvester Operation, Machines in press.
33）M. Kurita, et al. : A Double Image Acquisition System with Visible and UV LEDs for Citrus Fruit, Journal of Robotics and Mechatronics, **21**, 4, pp. 533～540（2009）
34）Xiao Cheng et al. : A Halation Reduction Method for High Quality Images of Tomato Fruits in Greenhouse, EAEF in press.
35）P. Rajendra, et al. : Machine Vision Algorithm for Robots to Harvest Strawberries in Tabletop Culture Greenhouses, EAEF **2**, 1, pp. 24～30（2009）

5 章

1）実吉純一，菊池喜充，能本乙彦：超音波技術便覧（新訂），日刊工業新聞社，pp. 9～21（1978）
2）西津貴久，倉澤郁文，高橋浩二：食品・医薬品のおいしさと安全・安心の確保技術，シーエムシー出版，pp. 95～102（2012）
3）長谷亜蘭：アコースティックエミッション計測の基礎，精密工学会誌，**78**，10，pp. 856～861（2012）
4）西津貴久：小麦粉製品の内部構造と食感の評価，化学と生物，**52**，10（2014）
5）平井宏昭，穂波信雄：超音波による植物生体内部情報計測―果菜類の伝播速度と減衰特性―，第 49 回農業機会学会年次大会講演要旨，pp. 179～180（1990）

6) 能本乙彦：固体中の超音波（Ⅰ）超音波の振動数における固体の固有振動，日本音響学会誌，**9**，1，pp. 3〜32（1953）
7) J.A. Abbott, et al. : Acoustic Vibration for Detecting Textural Quality of Apples, Proceedings of the American Society for Horticultural Science, **93**, pp. 725〜737（1968）
8) E.E. Finney : Random Vibration Techniques for Non-Destructive Evaluation of Peach Firmness, Journal of Agricultural Engineering Research, **16**, pp. 81〜87（1971）
9) J.R. Cooke : An Interpretation of the Resonant Behavior of Intact Fruits and Vegetables, Transactions of the ASAE, 15, pp. 1075〜1080（1972）
10) J.R. Cooke et al. : A Mathematical Study of Resonance in Intact Fruits and Vegetables using a 3-Media Elastic Sphere Model, Journal of Agricultural Engineering Research, 18, pp. 141〜157（1973）
11) Y.C. Yong : Modes of Vibration of Spheroids at the First and Second Resonant Frequencies, Transactions of the ASAE, 22, pp. 1463〜1466（1979）
12) J.A. Abbott, et al. : Nondestructive Sonic Firmness Measurement of Apples, Transactions of the ASAE, 38, pp. 1461〜1466（1995）
13) H. Yamamoto, et al. : Estimation of the Dynamic Young's Modulus of Apple Flesh from the Natural Frequency of an Intact Apple, Report of National Food Research Institute, 44, pp. 20〜25（1984）
14) H. Yamamoto : Acoustic Impulse Response Method for Nondestructive Internal Quality Measurement of Fruits and Vegetables，京都大学学位論文（1985）
15) 杉山純一：メロンの携帯型非破壊果肉硬度計の開発と生長計測，フレッシュフードシステム，**26**, 9, pp. 22〜27（1997）
16) J. Sugiyama, et al. : Melon Ripness Monitoring by a Portable Firmness Tester, Transaction of the ASAE, 41, pp. 121〜127（1998）
17) 杉山純一：打音によるメロンの非破壊計測—その原理から携帯用果肉硬度計の開発まで—，農業および園芸，**73**, pp. 238〜246（1998）
18) J. Sugiyama : Application of Non-Destructive Portable Firmness Tester to Pears, Food Science and Technology Research, **7**, pp. 161〜163（2001）
19) 西津貴久，池田善郎：音波による果菜類の品質評価に関する基礎的研究（第3報）—バイモルフ型振動子を用いた果菜類柔組織の振動伝播速度の計測—．農機誌，**63**，5，pp. 53〜61（2001）
20) L. Girod : Development and Characterization of an Acoustic Rangefinder. Technical Report, 00-728, University of Southern California, Department of Computer Science（2000）
21) 山根章生，伊与田健敏，崔龍雲，久保田譲，渡辺一弘：疑似乱数M系列によるスペクトル拡散音波の距離計測への応用．計測自動制御学会論文集，**39**，10，pp. 879〜886（2003）
22) 河野澄夫 編：食品の非破壊計測ハンドブック（第7章 力学的特性の利用）．サイエンスフォーラム，pp. 69〜81（2003）
23) 根岸勝雄，高木堅志郎：超音波技術，物理工学実験14，東京大学出版会，pp. 30〜31（1987）
24) 藤森聡雄：やさしい超音波の応用，エレクトロニクス選書，秋葉出版，pp. 106〜110（1988）
25) 根岸勝雄，高木堅志郎：超音波技術，物理工学実験14，東京大学出版会，pp. 109〜123（1987）
26) 杉浦俊彦，黒田治之，伊藤大雄，本條　均：ブドウ果実における比重と糖度の相関関係，園芸学会雑誌，**70**，3, pp. 380〜384（2001）
27) 加藤宏郎：密度によるメロンの品質判定—重回帰分析によるメロン糖度の推定，第54回農業機械学会年次大会講演要旨，pp. 157〜158（1995）
28) 加藤宏郎：スイカの密度選果に関する研究—松本ハイランド農協スイカ集出荷施設—，第58回農業機械学会年次大会講演要旨，pp. 327〜328（1999）
29) T. Nishizu, Y. Ikeda, Y. Torikata, S. Manmoto, T. Umehara and T. Mizukami : Automatic, Continuous Food Volume Measurement with a Helmholtz Resonator, the CIGR Journal of Scientific Research and Development, 3, FP 01 004（2001）

30) 西津貴久，後藤清和，前澤重禮，中野浩平，大西康平，近藤　直：キウイフルーツの比重測定装置の開発．農業機械学会関西支部第 122 回例会（8 月 22 日，2009）（金沢市）
31) 西津貴久，後藤清和，前澤重禮，山崎文菜，中野浩平，大西康平，近藤　直：最終糖度予測情報に基づくキウイフルーツの流通管理の提案，第 52 回自動制御連合講演会（11 月 22 日，2009）（豊中市）
32) 冨田さくら：ヘルムホルツ共鳴現象を利用した魚介類の体積計測に関する研究，平成 25 年京都大学農学研究科修士論文．
33) 篠原義昭：ウォーターリード法による水中ヘルムホルツ共鳴を用いた体積測定法に関する研究，平成 26 年京都大学農学研究科修士論文．
34) 坂井丈泰：GPS のための実用プログラミング，東京電機大学出版局，pp. 39〜49（2006）
35) 坂井丈泰：GPS のための実用プログラミング，東京電機大学出版局，pp. 132〜134（2006）
36) S. Widodo, T. Shiigi, N. M. Than, H. Kikuchi, K. Yanagida, Y. Nakatsuchi, Y. Ogawa, N. Kondo : Wind Compensation using Base Station for Spread Spectrum Sound-based Positioning System in Open Field", EAEF, **7**, 3, pp. 127〜132（2014）
37) 矢野俊正，桐栄良三 監修，矢野俊正，松本幸雄，林　弘通，加固正敏 著：乳化と分散，食品工学基礎講座 9，pp. 105〜114，光琳（1988）
38) 岡野光治：分散系の見掛の粘弾性定数，応用物理，**36**，12, pp. 1003〜1007（1967）
39) J.K. Mackenzie : Proceedings of the Physical Society, **63B**, 2（1950）
40) 西津貴久，池田善郎：音波による果菜類の品質評価に関する基礎的研究（第 1 報）—気泡分散系における縦波音速と弾性的特性の関係—，農機誌，**62**，3, pp. 51〜59（2000）
41) 西津貴久，池田善郎：音波による果菜類の品質評価に関する基礎的研究（第 2 報）—果菜類柔組織の組織内ガスが縦波音速と弾性的特性に及ぼす影響—，農機誌，**63**，3，pp. 74〜83（2001）

演習問題解答

2 章

2.1 省略

2.2 波長 300 nm と 800 nm を式(2.14)に代入すると，それぞれ出射角 β は 17° と 53° となる。よって，回折格子に対して $17\sim53^\circ$ の方向にかけて Si フォトダイオードアレイを設置するとよい。

2.3 音が単位面積になす仕事 $\varDelta w$ は，微小時間 $\varDelta t$ に粒子が移動した量 $u\varDelta t$ と圧力 P の積である。

$$\varDelta w = u\varDelta t \times P$$

$\varDelta t$ で除すと $\dfrac{\varDelta w}{\varDelta t} = uP$ となるが，これが単位時間当たりの仕事（仕事率）に相当する。

2.4 流体中の音速は，式(2.9)の剛性率を零とすると，$c = \sqrt{\dfrac{K}{\rho}}$ で表される。空気中を伝播する音波を考える場合，圧力変動に対する体積変動は断熱的であると考える。理想気体の断熱変化式を適用できるとすると，$PV^\gamma = 一定$ が成立する。圧力が大気圧 P_0 まわりで $\varDelta P$ だけ変動したとき，体積が V まわりで $\varDelta V$ だけ変動したとすると次式が成立する。

$$P_0 V^\gamma = (P_0 + \varDelta P)(V + \varDelta V)^\gamma \quad \Leftrightarrow \quad 1 + \frac{\varDelta P}{P_0} = \left(1 + \frac{\varDelta V}{V}\right)^{-\gamma}$$

$\dfrac{\varDelta V}{V} \ll 1$ より，$1 + \dfrac{\varDelta P}{P_0} = 1 - \gamma \dfrac{\varDelta V}{V} \quad \Leftrightarrow \quad \varDelta P = -\gamma P_0 \dfrac{\varDelta V}{V}$ を得る。この式は体積弾性率 K の定義式であり，γP_0 が K に相当する。

以上から，空気中の音速は $c = \sqrt{\dfrac{K}{\rho}} = \sqrt{\dfrac{\gamma P_0}{\rho}}$ で表される。

2.5 物体を観測者とし，観測者が移動している場合のドップラー効果を考えればよい。物体が音源に近づく方向の速度 u_o を正とすると，式(2.35)より

$$u_o = \frac{c(f' - f)}{f} = \frac{340\,(24\,100 - 24\,000)}{24\,000} = 1.42\ \mathrm{m/s}$$

となる。

2.6 （1） 省略

（2） サンプリング定理より 2 kHz 以上の周波数でサンプリングする。

（3） 熱雑音や結晶の欠陥などが原因で入力光がない状態でも生じる電流で，フォトダイオードのダイナミックレンジを低減させる。

2.7 **解図 2.1** より，M 系列符号の 1 周期は「1001110」となる。

クロック	0	1	2	3	4	5	6	7
D_1	1	0	0	1	1	1	0	1
D_2	0	0	1	1	1	0	1	0
D_3	0	1	1	1	0	1	0	0

解図 2.1

2.8 例えば，搬送波周波数 24 kHz，データのシンボル長を 0.667 ms にすると，信号のメインローブは 21～27 kHz となる。

3　章

3.1　ラマン分光法は電場による分極率の変化を，赤外分光法は分子内の双極子モーメントが振動する様子が観測される。ラマン分光法は，入射光のエネルギーに対して分子の振動エネルギー分シフトしたラマン散乱を観測し，赤外分光法は，分子の振動エネルギーに相当する光エネルギーの吸収を検出する。

3.2

（1）　複素誘電率の実部と虚部は複素屈折率とつぎのような関係が成り立つ。

$$\mathrm{Re}\,[\tilde{\varepsilon}] = n^2 - \kappa^2 = 8.92, \quad \mathrm{Im}\,[\tilde{\varepsilon}] = 2\,n\kappa = 2.29$$

を連立させて解くと，$n = 3.01$，$\kappa = 0.38$ が得られる。

以上より，複素屈折率は $\tilde{n} = 3.01 - i0.38$

（2）　吸収係数 α は以下の式で表すことができる。

$$\alpha = \frac{4\,\pi\kappa}{\lambda}$$

よって，$\alpha = 9.55\ \mu\mathrm{m}^{-1}$

3.3　式(3.3)より，$\varepsilon = 1.1 \times 10^4\ \mathrm{M}^{-1}\mathrm{cm}^{-1}$

3.4　吸収係数 $\alpha = \dfrac{4\,\pi\kappa}{\lambda}$ より，消衰係数 κ は

$$\kappa = \frac{1.3 \times 10^6 \times 800 \times 10^{-9}}{4 \times 3.14} \approx 0.082\,8$$

式(3.14)に $n = 3.68$，$\kappa = 0.082\,8$ を代入すると，$R = 0.328$（もしくは 32.8 %）。

3.5　透過測定して得た吸収スペクトルと比較すると，拡散反射法による吸収スペクトルにはひずみが見られる。

粉体内部にまで入り込んだ光は，反射を繰り返す過程で吸収されるが，深く内部まで入る光と浅い部分までしか入らない光は実効的に光路長が異なり，サンプル濃度と測定される吸光度に比例関係がみられなくなる。この結果，吸収の少ない後者の光の方が吸収が大きく強調されて吸収スペクトルがひずむ。

3.6　基底状態にある電子が励起されて励起状態になった後，振動緩和により一部を熱エネルギーとして失いながら低い安定なエネルギー状態になるため。

3.7　粉末サンプルは散乱を生じやすく，分光測定では散乱と吸収による検出光量の低下を判別することが困難なため，散乱を生じにくくするように流動性パラフィンで粉末サンプルの間を埋めるヌジョール法が用いられる。

3.8　周波数 1 THz は，波長 300 μm。

式(3.21)より，35.8 μm。

3.9　説明変数間に強い相関がある場合に重回帰分析を行うと正しく計算が行われず，適切なモデルを作成できないこと。

3.10　平行平板内部への入射角を θ とすると，スネルの法則より $\sin\theta = 0.098$（$\cos\theta = 0.995$）。板厚 1 往復分遅れて多重反射が観測されるため，平行平板内での光路長は以下のようになる。

$$\frac{2 \times 30}{\cos\theta} = 60.3\ \mathrm{mm}$$

光が屈折率 3.5 をもつ物質内で光路長 60.3 mm を伝播するのに要する時間は，光速で光路 3.5 × 60.3 mm を伝播するのに要する時間と等しいことから

$$\frac{3.5 \times 60.3 \times 10^{-6}}{3 \times 10^5} = 0.7 \times 10^{-9}\ \mathrm{s}$$

4　章

4.1　ブリュースター角 θ_b は式(4.3)より

$$\theta_b = \tan^{-1} 1.4 = 54.5°$$

4.2　式(4.3)より $b = \dfrac{aB}{A} = \dfrac{200 \times 6.4}{200} = 6.4\ \mathrm{mm}$，式(4.5)より $f = \dfrac{ab}{a+b} = \dfrac{200 \times 6.4}{213} = 6\ \mathrm{mm}$

4.3　① 例えば RGB の比率 $\left(\dfrac{R}{G},\ \dfrac{R}{R+G+B}\ \text{など}\right)$，HSI 変換，L*a*b* など，② 縦横比（例えば，フェレ長比，針状比など），③ 面積，最大弦長など，④ テクスチャ特徴量（例えば，ASM，コントラストなど）。

4.4　$R_T = 288$，$G_T = 129$，$B_T = 19$ であることより，式(4.9)より

$$X = 0.486\,9,\quad Y = 0.737\,1,\quad Z = 0.140\,7$$

式(4.8)より，$x = 0.356\,8,\quad y = 0.540\,1,\quad z = 0.103$

L*a*b* では，式(4.11)より，$L^* = 88.785\,5$，$a^* = -51.579\,8$，$b^* = 79.559\,2$

HSI では，式(4.13)より，$M_1 = 93.080\,6$，$M_2 = 77.781\,8$，$I_1 = 194$

$$H = 0.874\,7,\quad S = 121.301\,3,\quad I = 336$$

4.5　対象物の中心と撮像素子上の P_2 の点を結ぶ線分を平行移動して，上のカメラの撮像素子上に重ねると，わかりやすい。三角形の相似で，$\dfrac{P_2 - P_1}{d} = \dfrac{L}{D_y}$ の関係となる。

4.6　式(4.41)は，移動前のカメラにおいて三角形の相似から

$$\frac{N_{l_1}}{d} = \frac{D_f}{D_y + L}$$

ここで，d はセンサとレンズとの距離，D_f は対象物の直径。

移動後のカメラの三角形の相似から

$$\frac{N_{l_2}}{d} = \frac{D_f}{D_y}$$

これらの連立方程式より

$$N_{l_1}(D_y + L) = N_{l_2} D_y$$

これから $D_y = \dfrac{N_{l_1} L}{N_{l_2} N_l}$

4.7　式(4.38)より

$$D_y = \frac{50 \times 200}{25} = 400\ \mathrm{mm}$$

5　章

5.1　媒質 1 と媒質 2 中の速度ポテンシャルの複素実効値をそれぞれ $\dot{\phi}_1$，$\dot{\phi}_2$（ドットは複素量）とする。速度ポテンシャル $\dot{\phi}$ を波動方程式に代入して得られる微分方程式の一般解は $\dot{\phi} = \dot{A} \exp(-jkx + \omega t) + \dot{B} \exp(jkx + \omega t)$（$k$，$x$，$t$，$j$ はそれぞれ波数，波の進行方向に平行な座標軸，時間，虚数単位）と表される。左辺第 1 項は正の進行方向の波，第 2 項は逆向きの波を表す。媒質 1，媒質 2，入射波，反射波，透過波を表す添え字をそれぞれ，1，2，i，r，t とすると，次式が成立する。

$$\dot{\phi}_1 = \dot{A}_1 \exp(-jk_1x + \omega t) + \dot{B}_1 \exp(jk_1x + \omega t) \tag{1}$$

$$\dot{\phi}_2 = \dot{A}_2 \exp(-jk_2x + \omega t) + \dot{B} \exp(jk_2x + \omega t) \tag{2}$$

音圧は $\dot{P}$，体積速度は $\dot{V}$ について，式(1)と式(2)から次式が成立する。

$$\dot{P}_1 = \dot{P}_i + \dot{P}_r = j\omega\rho_1\{\dot{A}_1 \exp(-jk_1x + \omega t) + \dot{B}_1 \exp(jk_1x + \omega t)\} \tag{3}$$

$$\dot{P}_2 = \dot{P}_t = j\omega\rho_2\dot{A}_2 \exp(-jk_2x + \omega t) \tag{4}$$

$$\dot{V}_1 = \dot{V}_i + \dot{V}_r = jk_1\{\dot{A}_1 \exp(-jk_1x + \omega t) + \dot{B}_1 \exp(jk_1x + \omega t)\} \tag{5}$$

$$\dot{V}_2 = \dot{V}_t = jk_2\dot{A}_2 \exp(-jk_2x + \omega t) \tag{6}$$

ただし，ρ は密度。

境界面 $x = 0$ では音圧，体積速度は連続であることから，$\dot{P}_1 = \dot{P}_2$，$\dot{V}_1 = \dot{V}_2$ となる。式(3)，(4)，(5)，(6)を代入すると次式が得られる。

$$(\dot{A}_1 + \dot{B}_1)\rho_1 = \dot{A}_2\rho_2 \tag{7}$$

$$(\dot{A}_1 - \dot{B}_1)k_1 = \dot{A}_2k_2 \tag{8}$$

式(7)，式(8)から次式が得られる。

$$\frac{\dot{B}_1}{\dot{A}_1} = \frac{\dot{\phi}_r}{\dot{\phi}_i} = \frac{\rho_2c_2 - \rho_1c_1}{\rho_1c_1 + \rho_2c_2} = \frac{Z_2 - Z_1}{Z_1 + Z_2} \tag{9}$$

音圧の反射率 R_P は $\dfrac{\dot{\phi}_r}{\dot{\phi}_i}$ であることから，式(9)から $R_P = \dfrac{Z_2 - Z_1}{Z_1 + Z_2}$ となる。

（参考文献）　実吉純一，菊池喜充，能本乙彦：超音波技術便覧，日刊工業新聞社，pp. 9～21（1991）

5.2　一般に共振周波数は試料の密度と大きさに影響を受ける。選果場では密度測定することは困難なため，指標の式では密度と大きさの情報を質量に集約している。したがって，同じサイズの球体果でも，試料間の密度差が大きいと共振周波数は異なってくる。しかし同一種に限定すると，構造，密度の試料間差が小さくなり，共振周波数に及ぼす影響を抑えることができる。

5.3　メインローブの周波数帯域は，24 kHz を中心に 12～36 kHz となる。また，相関ピークの山の数は三つとなる。

5.4　GPS 方式では，送信機を測定範囲に複数個配置し受信機の位置を計測する。多数の位置を計測することに向いており，また，計測の遅延が少ないことが利点である。一方，IGPS 方式では，受信機を測定範囲に複数個配置し送信機の位置を計測する。利点としては，移動側での計算量を少なくできること，計測対象の数が少ない場合 GPS 方式と比較して消費電力を低減できることがある。

5.5　5.2.1 項の式(5.2)は，共鳴器が同じでかつ空気中の音速が一定であれば共鳴周波数は試料体積のみの関数であることを示している。空気中の音速は気温の影響を受けるため，気温が異なると同じ体積の試料でも共鳴周波数 f が異なってくるため，夏の暑い時期につくった較正式は真冬には使えない。そこで，試料体積測定前後に，空の共鳴器の共鳴周波数 f_0 を測定するとで，式(5.2)中の気温が同一であるとして空気中の音速 c をキャンセルすると $V = W(1-f_0^2/f^2)$ が得られる。この式で較正式を作成しておくと，気温を気にすることなく測定することが可能となる。

索　　引

【さ】

【し】

【す】

【せ】

【そ】

【た】

【ち】

【て】

【と】

【な】

【に】

【ぬ】

【ね】

——編著者・著者略歴——

近藤　直（こんどう　なおし）
1984年　京都大学大学院農学研究科修士課程修了
1993年　岡山大学助教授
2000年　石井工業株式会社技術開発部 部長
2006年　愛媛大学教授
2007年　京都大学教授
現在に至る

小川　雄一（おがわ　ゆういち）
1997年　岡山大学大学院農学研究科修士課程修了
1997年　ヤンマー農機中央研究所
2003年　理化学研究所川瀬独立主幹研究ユニット
ユニット研究員
2004年　東北大学助手
2005年　東北大学助教授
2009年　京都大学准教授
現在に至る

鈴木　哲仁（すずき　てつひと）
2012年　京都大学大学院農学研究科修士課程修了
2012年　日本学術振興会特別研究員（DC1）
2013年　京都大学助教
現在に至る

西津　貴久（にしづ　たかひさ）
1989年　京都大学農学部農業工学科卒業
1990年　京都大学助手
2008年　岐阜大学准教授
2014年　岐阜大学教授
現在に至る

椎木　友朗（しいぎ　ともを）
2012年　京都大学大学院農学研究科博士課程研究
指導認定
2015年　水産大学校助教
現在に至る

生物センシング工学　——光と音による生物計測——
Bio-Sensing Engineering
—— Optical and Acoustic Measurement for Biological Material ——

2016年9月28日　初版第1刷発行　★

検印省略

編著者　近藤　直
小川　雄一
鈴木　哲仁
著者　西津　貴久
椎木　友朗
発行者　株式会社　コロナ社
代表者　牛来真也
印刷所　三美印刷株式会社

112-0011　東京都文京区千石4-46-10
発行所　株式会社　**コロナ社**
CORONA PUBLISHING CO., LTD.
Tokyo Japan
振替 00140-8-14844・電話(03)3941-3131(代)
ホームページ　http://www.coronasha.co.jp

ISBN 978-4-339-06752-1　（高橋）（製本：愛千製本所）
Printed in Japan